全国高等职业教育技能型紧缺人才培养培训推荐教材

# 建筑工程质量与安全管理

## （建筑工程技术专业）

本教材编审委员会组织编写

主编　廖品槐

主审　史广德



中国建筑工业出版社

**图书在版编目（CIP）数据**

建筑工程质量与安全管理/廖品槐主编. —北京：中国建筑工业出版社，2005

全国高等职业教育技能型紧缺人才培养培训推荐教材. 建筑工程技术专业

ISBN 978-7-112-07171-5

Ⅰ. 建... Ⅱ. 廖... Ⅲ. ①建筑工程-工程质量-高等学校：技术学校-教材②建筑工程-安全管理-高等学校：技术学校-教材 Ⅳ. TU71

全国高等职业教育技能型紧缺人才培养培训推荐教材

**建筑工程质量与安全管理**

**（建筑工程技术专业）**

本教材编审委员会组织编写

主编 廖品槐

主审 史广德

*

中国建筑工业出版社出版、发行（北京西郊百万庄）

各地新华书店、建筑书店经销

北京市安泰印刷厂印刷

*

开本：787×1092毫米 1/16 印张：17¾ 字数：426千字

2005年8月第一版 2014年11月第二十一次印刷

定价：**30.00**元

ISBN 978-7-112-07171-5

（20934）

本书为全国高等职业教育技能型紧缺人才培养培训推荐教材，全书分上、下篇。上篇内容包括：建筑工程质量管理概述，质量管理体系，施工项目质量控制，施工质量控制实施要点及常见质量通病防治，建筑工程施工质量验收和建筑工程质量事故的处理。下篇内容包括：建筑工程安全生产管理的概念，施工项目安全管理，施工过程安全控制，施工机械与临时用电安全管理，施工现场防火安全管理以及文明施工与环境保护。

本书可作为高职高专相关专业教材，也可供从事工程建设的技术人员、管理人员参考。

* * *

本书在使用过程中有何意见和建议，请与我社教材中心(jiaocai@china-abp.com.cn)联系。

责任编辑：朱首明　牛　松
责任设计：郑秋菊
责任校对：刘　梅　李志瑛

# 本教材编审委员会

# 序

改革开放以来，我国建筑业蓬勃发展，已成为国民经济的支柱产业。随着城市化进程的加快、建筑领域的科技进步、市场竞争的日趋激烈，急需大批建筑技术人才。人才紧缺已成为制约建筑业全面协调可持续发展的严重障碍。

面对我国建筑业发展的新形势，为深入贯彻落实《中共中央、国务院关于进一步加强人才工作的决定》精神，2004年10月，教育部、建设部联合印发了《关于实施职业院校建设行业技能型紧缺人才培养培训工程的通知》，确定在建筑施工、建筑装饰、建筑设备和建筑智能化等四个专业领域实施技能型紧缺人才培养培训工程，全国有71所高等职业技术学院、94所中等职业学校、702个主要合作企业被列为示范性培养培训基地，通过构建校企合作培养培训人才的机制，优化教学与实训过程，探索新的办学模式。这项培养培训工程的实施，充分体现了教育部、建设部大力推进职业教育改革和发展的办学理念，有利于职业院校从建设行业人才市场的实际需要出发，以素质为基础，以能力为本位，以就业为导向，加快培养建设行业一线迫切需要的高技能人才。

为配合技能型紧缺人才培养培训工程的实施，满足教学急需，中国建筑工业出版社在跟踪“高等职业教育建设行业技能型紧缺人才培养培训指导方案”编审过程中，广泛征求有关专家对配套教材建设的意见，组织了一大批具有丰富实践经验和教学经验的专家和骨干教师，编写了高等职业教育技能型紧缺人才培养培训“建筑工程技术”、“建筑装饰工程技术”、“建筑设备工程技术”、“楼宇智能化工程技术”4个专业的系列教材。我们希望这4个专业的系列教材对有关院校实施技能型紧缺人才的培养培训具有一定的指导作用。同时，也希望各院校在实施技能型紧缺人才培养培训工作中，有何意见及建议及时反馈给我们。

**建设部人事教育司**

2005年5月30日

# 前　言

建筑工程质量与安全管理是建筑工程专业的一门重要专业课。通过本课程的学习，使学生了解我国建设工程施工质量管理与安全生产管理方面的法律、法规，掌握建筑工程质量管理与安全管理的基本知识，牢固树立“质量第一”、“安全第一”的意识并大力培养在施工项目管理中以质量和安全管理为核心的自觉性。同时，根据现行建筑工程施工验收标准和规范对工程建设实体各阶段质量进行控制检查和验收；能够在施工现场检查和实施安全生产的各项技术措施，掌握处理质量事故和安全事故的程序和方法。

针对技能型紧缺人才培养培训目标，本书知识以“够用”为度，“实用”为准，力求加强可操作性。

考虑到专业知识的完整性和系统性，本书中部分内容可能与工程项目管理课程相关章节内容重复，请授课教师事先沟通，决定取舍和详略。

本书由廖品槐主编，共分 12 个单元，其中单元 1、2 由廖洪彬编写，单元 3、4 由苏乾民编写，单元 5、6、9、10 由廖品槐编写，单元 7、8、11、12 由林文剑编写，全书由廖品槐统稿。

本书由史广德主审，在编写过程中得到了四川建筑职业技术学院的支持和关心，在此一并感谢。

本书在编写过程中参阅了大量资料，谨向参考文献著者深表谢意。

由于编者水平有限，书中疏漏、错误难免，恳请使用本教材师生和读者不吝指正。

# 目　录

## 上篇　建筑工程质量管理

## 下篇 建筑工程安全管理

# 上篇　建筑工程质量管理

# 单元1　建筑工程质量管理概述

**知识点：**本章主要介绍了建筑工程质量管理的重要性和发展阶段，工程质量管理的概念及有关术语，我国工程质量管理的法规等内容。

**教学目标：**通过本章学习，要求学生掌握建筑工程质量管理的重要性，掌握工程质量管理的概念和现阶段我国工程质量管理的法规。

## 课题1　建筑工程质量管理的重要性和发展阶段

### 1.1　建筑工程质量管理的重要性

《中华人民共和国建筑法》第一条明确了制订此法的目的是“为了加强对建筑活动的监督管理、维护建筑市场秩序，保证建筑工程的质量和安全，促进建筑业的健康发展”。第三条又再次强调了对建筑活动的基本要求：“建筑活动应当确保建筑工程质量和安全，符合国家的建筑工程安全标准。”由此可见，建筑工程质量与安全问题在建筑活动中占有重要地位。数十年来几乎在所有建筑工地上都悬挂着“百年大计，质量第一”的醒目标语，这实质上是质量与安全的高度概括。所以，工程项目的质量是项目建设的核心，是决定工程建设成败的关键。它对提高工程项目的经济效益、社会效益和环境效益具有重大意义，它直接关系到国家财产和人民生命安全，关系着社会主义建设事业的发展。

要确保和提高工程质量，必须加强质量管理工作。如今，质量管理工作已经越来越为人们所重视，大部分企业领导清醒地认识到高质量的产品和服务是市场竞争的有效手段，是争取用户、占领市场和发展企业的根本保证。但是与国民经济发展水平和国际水平相比，我国的质量水平仍有很大差距。国际标准化组织（ISO）于1987年发布了通用的ISO 9000《质量管理和质量保证》系列标准（现已采用ISO 9000—2000版。我国等同采用，发布了GB/T 19000，19001，19004—2000）。该系列标准得到了国际社会和国际组织的认可和采用，已成为世界各国共同遵守的工作规范。

作为建设工程产品的工程项目，投资和耗费的人工、材料、能源都相当大，投资者付出巨大的投资，要求获得理想的、满足适用要求的工程产品，以期在预定时间内能发挥作用，为社会经济建设和物质文化生活需要作出贡献。如果工程质量差，不但不能发挥应有的效用，而且还会因质量、安全等问题影响国计民生和社会环境安全。因此，从发展战略的高度来认识质量问题，质量已关系到国家的命运、民族的未来，质量管理的水平已关系到行业的兴衰、企业的命运。

建筑施工项目质量的优劣，不但关系到工程的适用性，而且还关系到人民生命财产的安全和社会安定。因为施工质量低劣，造成工程质量事故或潜伏隐患，其后果是不堪设想的，所以在工程建设过程中，加强质量管理，确保国家和人民生命财产安全是施工项目管理的头等大事。

工程质量的优劣，直接影响国家经济建设的速度。工程质量差本身就是最大的浪费，低劣的质量一方面需要大幅度增加返修、加固、补强等人工、材料、能源的消耗，另一方面还将给用户增加使用过程中的维修、改造费用。同时，低劣的质量必将缩短工程的使用寿命，使用户遭受经济损失。此外，质量低劣还会带来其他的间接损失（如停工、降低使用功能、减产等），给国家和使用者造成的浪费、损失将会更大。因此，质量问题直接影响着我国经济建设的速度。

综上所述，加强工程质量管理是市场竞争的需要，是加快社会主义建设的需要，是实现现代化生产的需要，是提高施工企业综合素质和经济效益的有效途径，是实现科学管理、文明施工的有力保证。我国已由国务院发布了《建设工程质量管理条例》，它是指导我国建设工程质量管理（含施工项目）的法典，也是质量管理工作的灵魂。

## 1.2 建筑工程质量管理的发展阶段

随着科学技术的发展和市场竞争的需要，质量管理已越来越为人们所重视，并逐渐发展成为一门新兴的学科。最早提出质量管理的国家是美国。日本在第二次世界大战后引进美国的一整套质量管理技术和方法，结合本国实际，又将其向前推进，使质量管理走上了科学的道路，取得了世界瞩目的成绩。质量管理作为企业管理的有机组成部分，它的发展也是随着企业管理的发展而发展的，其产生、形成、发展和日益完善的过程大体经历了以下几个阶段。

### 1.2.1 质量检验阶段（20 世纪 20~40 年代）

20 世纪前，主要是手工作业和个体生产方式，依靠生产操作者自身的手艺和经验来保证质量，只能称为“操作者质量管理”时期。进入 20 世纪，由于资本主义生产力的发展，机器化大生产方式与手工作业的管理制度矛盾，阻碍了生产力的发展，于是出现了管理革命。美国的泰勒研究了从工业革命以来的大工业生产的管理实践创立了“科学管理”的新理论。他提出了计划与执行、检验与生产的职能需要分开的主张，即企业中设置专职的质量检验部门和人员，从事质量检验。这使产品质量有了基本保证，对提高产品质量、防止不合格产品出厂或流入下一道工序有积极意义。这种制度把过去的“操作者质量管理”变成了“检验员的质量管理”，标志着进入了质量检验阶段。由于这个阶段的特点是质量管理单纯依靠事后检查、剔除废品，因此，它的管理效能有限。按现在的观点来看，它只是质量管理中的一个必不可少的环节。

1924 年，美国统计学家休哈特提出了“预防缺陷”的概念。他认为，质量管理除了事后检查以外，还应做到事先预防，在有不合格产品出现的苗头时，就应发现并及时采取措施予以制止。他创造了统计质量控制图等一套预防质量事故的理论。与此同时，还有一些统计学家提出了抽样检验的办法，把统计方法引入了质量管理领域使得检验成本得到降低。但由于当时不为人们充分认识和理解，故未得到真正执行。

### 1.2.2 统计质量管理阶段（20 世纪 40~50 年代）

第二次世界大战初期，由于战争的需要，美国许多民用生产企业转为军用品生产。由于事先无法控制产品质量，造成废品量很大，耽误了交货期，甚至因军火质量差而发生事故。同时，军需品的质量检验大多属于破坏性检验，不可能进行事后检验。于是人们采用了休哈特的“预防缺陷”的理论。美国国防部请休哈特等研究制定了一套美国战时质量管理方法，强制生产企业执行。这套方法主要是采用统计质量控制图，了解质量变动的先兆，进行预防，使不合格产品率大为下降，对保证产品质量收到了较好的效果。这种用数理统计方法来控制生产过程中影响质量的因素，把单纯的质量检验变成了过程管理。使质量管理从“事后”转到了“事中”，较单纯的质量检验前进了一大步。战后，许多工业发达国家生产企业也纷纷采用和仿效这种质量工作模式。但因为对数理统计知识的掌握有一定的要求，在过分强调的情况下，给人们以统计质量管理是少数数理统计人员责任的错觉，而忽略了广大生产与管理人员的作用，结果是既没有充分发挥数理统计方法的作用，又影响了管理功能的发展，把数理统计在质量管理中的应用推向了极端。到了20世纪50年代人们认识到统计质量管理方法并不能全面保证产品质量，进而导致了“全面质量管理”新阶段的出现。

### 1.2.3 全面质量管理阶段（20世纪60年代后）

20世纪60年代以后，随着社会生产力的发展和科学技术的进步，经济上的竞争也日趋激烈。特别是一大批高安全性、高可靠性、高科技和高价值的技术密集型产品和大型复杂产品的质量在很大程度上依靠对各种影响质量的因素加以控制，才能达到设计标准和使用要求。大规模的工业化生产，其质量保证除与设备、工艺、材料、环境等因素有关外，与职工的思想意识、技术素质，企业的生产技术管理等息息相关。同时检验质量的标准与用户中所需求的功能标准之间也存在时差，必须及时地收集反馈信息，修改制定满足用户需要的质量标准，使产品具有竞争性。20世纪60年代，美国的菲根堡姆首先提出了较系统的“全面质量管理”概念。其中心意思是，数理统计方法是重要的，但不能单纯依靠它，只有将它和企业管理结合起来，才能保证产品质量。这一理论很快应用于不同行业生产企业（包括服务行业和其他行业）的质量工作。此后，这一要领通过不断完善，便形成了今天的“全面质量管理”。

全面质量管理阶段的特点是针对不同企业的生产条件、工作环境及工作状态等多方面因素的变化，把组织管理、数理统计方法以及现代科学技术、社会心理学、行为科学等综合运用于质量管理，建立适用和完善的质量工作体系，对每一个生产环节加以管理，做到全面运行和控制。通过改善和提高工作质量来保证产品质量；通过对产品的形成和使用全过程管理，全面保证产品质量；通过形成生产（服务）企业全员、全企业、全过程的质量工作系统，建立质量体系以保证产品质量始终满足用户需要，使企业用最少的投入获取最佳的效益。

全面质量管理的核心是“三全”管理（全过程、全员、全企业的质量管理）；全面质量管理的基本观点是全面质量的观点，为用户服务的观点，预防为主的观点，用数据说话的观点；全面质量管理的基本工作方法是PDCA循环法。

### 1.2.4 质量管理与质量保证标准的形成

质量检验、统计质量管理和全面质量管理三个阶段的质量管理理论和实践的发展，促使世界各发达国家和企业纷纷制定出新的国家标准和企业标准，以适应全面质量管理的需要。这样的作法虽然促进了质量管理水平的提高，却也出现了各种各样的不同标准。各国在质量管理术语、概念、质量保证要求、管理方式等方面都存在很大差异，这种标准显然不利于国际经济交往与合作的进一步发展。

近30年来国际化的市场经济迅速发展，国际间商品和资本的流动空间增长，国际间的经济合作、依赖和竞争日益增强，有些产品已超越国界形成国际范围的社会化大生产。特别是不少国家把提高进口商品质量作为限入奖出的保护手段，利用商品的非价格因素竞争设置关贸壁垒。为了解决国际间质量争端，消除和减少技术壁垒，有效地开展国际贸易，加强国际间技术合作，统一国际质量工作语言，制订共同遵守的国际规范，各国政府、企业和消费者都需要一套通用的、具有灵活性的国际质量保证模式。在总结发达国家质量工作经验基础上，20世纪70年代末，国际标准化组织着手制订国际通用质量管理和质量保证标准。1980年5月国际标准化组织质量保证技术委员会在加拿大应运而生。它通过总结各国质量管理经验，于1987年3月制订和颁布了ISO 9000系列质量管理及质量保证标准。此后又不断对它进行补充、完善。标准一经发布，相当多的国家和地区表示欢迎，等同或等效采用该标准，指导企业开展质量工作。

质量管理和质量保证的概念和理论是在质量管理发展的三个阶段的基础上逐步形成的，是市场经济和社会化大生产发展的产物，是与现代生产规模、条件适应的质量管理工作模式。因此，ISO 9000系列标准的诞生，顺应了消费者的要求；为生产方提供了当代企业寻求发展的途径；有利于一个国家对企业的规范化管理，更有利于国际间贸易和生产合作。它的诞生顺应了国际经济发展的形势，适应了企业和顾客及其他受益者的需要。

# 课题2 术语及工程质量管理的概念

## 2.1 有关质量的术语

（1）质量 quality

一组固有特性满足要求的程度。

术语“质量”可使用形容词如差、好或优秀来修饰。

“固有的”（其相反是“赋予的”）就是指在某事或某物中本来就有的，尤其是那种永久的特性。

（2）要求 requirement

明示的、通常隐含的或必须履行的需求和期望。

“通常隐含”是指组织、顾客和其他相关方的惯例或一般做法，所考虑的需求或期望是不言而喻的。

特定要求可使用修饰词表示，如产品要求、质量管理要求、顾客要求。

规定要求是经明示的要求，如在文件中阐明。

要求可由不同的相关方提出。

（3）等级 grade

对功能用途相同但质量要求不同的产品、过程或体系所作的分类或分级。

在确定质量要求时，等级通常是规定的。

（4）顾客满意 customer satisfaction

顾客对其要求已被满足和程度的感受。

顾客抱怨是一种满意程度低的最常见的表达方式，但没有抱怨并不一定表明顾客很满意。

即使规定的顾客要求符合顾客的愿望并得到满足，也不一定确保顾客很满意。

（5）能力 capability

组织、体系或过程实现产品并使其满足要求的本领。

ISO 3534—2 中确定了统计领域中过程能力术语。

## 2.2 有关管理的术语

（1）体系（系统）system

相互关联或相互作用的一组要素。

（2）管理体系 management system

建立方针和目标并实现这些目标的体系。

一个组织的管理体系可包括若干个不同的管理体系，如质量管理体系、财务管理体系或环境管理体系。

（3）质量管理体系 quality management system

在质量方面指挥和控制组织的管理体系。

（4）质量方针 quality policy

组织的最高管理者正式发布的该组织总的宗旨和方向。

通常质量方针与组织的总方针一致并为制定质量目标提供框架。

本标准中提出的质量管理原则可以作为制定质量方针的基础。

（5）质量目标 quality objective

在质量方面所追求的目的。

质量目标通常依据组织的质量方针制定。

通常对组织的相关职能和层次分别规定质量目标。

（6）管理 management

指挥和控制组织的协调的活动。

在英语中，术语"management"有时指人，即具有领导和控制组织的职责和权限的一个人或一组人。当"management"以这样的意义使用时，均应附有某些修饰词以避免与上述"management"的定义所确定的概念相混淆。

（7）最高管理者 top management

在最高层指挥和控制组织的一个人或一组人。

（8）质量管理 quality management

在质量方面指挥和控制组织的协调的活动。通常包括制定质量方针和质量目标以及质量策划、质量控制、质量保证和质量改进。

（9）质量策划 quality planning

质量管理的一部分，致力于制定质量目标并规定必要的运行过程和相关资源以实现质量目标。

编制质量计划可以是质量策划的一部分。

（10）质量控制 quality control

质量管理的一部分，致力于满足质量要求。

（11）质量保证 quality assurance

质量管理的部分，致力于提供质量要求会得到满足的信任。

（12）质量改进 quality improvement

质量管理的一部分，致力于增强满足质量要求的能力。

要求可以是有关任何方面的，如有效性、效率、或可追溯性。

（13）持续改进 continual improvement

增强满足要求的能力的循环活动。

制定改进目标和寻求改进机会的过程是一个持续过程，该过程使用审核发现和审核结论、数据分析、管理评审或其他方法，其结果通常导致纠正措施或预防措施。

（14）有效性 effectiveness

完成策划的活动和达到策划结果的程度。

（15）效率 efficiency

达到的结果与所使用的资源之间的关系。

## 2.3 产 品 质 量

产品被定义为："过程的结果"（GB/T 19000）。

过程被定义为："一组将输入转化为输出的相互作用的活动"。

所以，产品即是"一组将输入转化为输出的相互关联或相互作用的活动的结果"。

产品包括服务、软件、硬件、流程性材料或它们的组合。产品分为有形产品和无形产品。有形产品是经过加工的成品、半成品、零部件，如设备、预制构件、施工机械、各种原材料等；无形产品包括服务、回访、维修、信息等。

产品质量是指产品固有特性满足人们在生产及生活中所需的使用价值及要求的属性，它们体现为产品的内在和外观质量指标。根据质量的定义，可以从两方面理解产品的质量。第一，产品质量的好坏和优劣，是根据产品所具备的质量特性能否满足人们需要及满足程度来衡量的。一般有形产品的质量特性主要包括性能、质量标准、寿命、可靠性、安全性、经济性等；无形产品的特性强调服务及时、准确、圆满与友好等。第二，产品质量具有相对性，即一方面，对有关产品所规定的标准、性能及要求等因时而异，会随时间、条件而变化；另一方面，满足期望的程度亦由于用户要求程度不同，因人而异。建筑产品质量的内涵分为施工质量及服务质量两方面，后者包括项目的施工期限、费用、安全及环境保护。具体说：（1）施工质量——包括工程物资质量、分部分项工程质量、单位工程质量以及整个项目质量等；（2）项目施工期限——在施工承包合同中规定，施工期间可能由于特定原因，在建设单位、监理单位、施工单位协商后修订；（3）施工项目费用——在施工承包合同中规定，按时间阶段、已完工程量及其他原则的约定方式支付；（4）施工安全及环境保护——必须符合相关法令、法规、标准规定，包括施工期间对周围环境要防止违规污染。

## 2.4 工 程 项 目 质 量

工程项目质量是国家现行的有关法律、法规、技术标准、设计文件及工程合同中对工程的安全、使用、经济、美观等特性的综合要求。工程项目一般都是按照合同条件承包建设的，因此，工程项目质量是在“合同环境”下形成的。合同条件中对工程项目的功能、使用价值及设计、施工质量等的明确规定都是业主的“需要”，因而都是质量的内容。

从功能和使用价值来看，工程项目质量又体现在适用性、可靠性、经济性、外观质量与环境协调等方面。由于工程项目是根据业主的要求而兴建的，不同的业主也就有不同的功能要求，所以，工程项目的功能与使用价值的质量是相对于业主的需要而言，并无一个固定和统一的标准。

任何工程项目都是由分项工程、分部工程和单位工程所组成，而工程项目的建设，则是通过一道道工序来完成，是在工序中创造的。所以，工程项目质量包含工序质量、分项工程质量、分部工程质量和单位工程质量。

但工程项目质量不仅包括活动或过程的结果，还包括活动或过程本身，即还要包括生产产品的全过程。因此，工程项目质量应包括如下工程建设各个阶段的质量及其相应的工作质量：

1）工程项目决策质量；

2）工程项目设计质量；

3）工程项目施工质量；

4）工程项目回访保修质量。

工程项目质量也包含工作质量。工作质量是指参与工程建设者，为了保证工程项目质量所从事工作的水平和完善程度。工作质量包括：社会工作质量，如社会调查、市场预测、质量回访和保修服务等；生产过程工作质量，如政治工作质量、管理工作质量、技术工作质量和后勤工作质量等。工程项目质量的好坏是决策、计划、勘察、设计、施工等单位各方面、各环节工作质量的综合反映，而不是单纯能由质量检验检查出来的。要保证工程项目的质量，就要求有关部门和人员精心工作，对决定和影响工程质量的所有因素严加控制，即通过提高工作质量来保证和提高工程项目的质量。

## 2.5 工程建设各阶段对质量形成的影响

要实现对工程项目质量的控制，就必须严格执行工程建设程序，对工程建设过程中各个阶段的质量严格控制。工程建设的不同阶段，对工程项目质量的形成起着不同的作用和影响。具体表现在：

### 2.5.1 项目可行性研究对工程项目质量的影响

项目可行性研究是运用技术经济学原理，在对投资建议有关的技术、经济、社会、环境等所有方面进行调查研究的基础上，对各种可能的拟建方案和建成投产后的经济效益、社会效益和环境效益等进行技术经济分析、预测和论证，确定项目建设的可行性，并在可行的情况下提出最佳建设方案作为决策、设计的依据。在此阶段，需要确定工程项目的质量要求，并与投资目标相协调。因此，项目的可行性研究直接影响项目的决策质量和设计质量。这就要求项目可行性研究应对以下内容进行分析论证：

1）建设项目的生产能力、产品类型适合和满足市场需求的程度。

2）建设地点（或厂址）的选择是否符合城市、地区总体规划要求。

3）资源、能源、原料供应的可靠性。

4）工程地质、水文地质、气象等自然条件的良好性。

5）交通运输条件是否有利生产、方便生活。

6）治理“三废”、文物保护、环境保护等的相应措施。

7）生产工艺、技术是否先进、成熟，设备是否配套。

8）确定的工程实施方案和进度表是否最合理。

9）投资估算和资金筹措是否符合实际。

### 2.5.2 项目决策阶段对工程项目质量的影响

项目决策阶段，主要是确定工程项目应达到的质量目标及水平。对于工程项目建设，需要控制的总体目标是投资、质量和进度，它们三者之间互相制约。要做到投资、质量、进度三者协调统一，达到业主最为满意的质量水平，则应通过可行性研究和多方案比较来确定。因此，项目决策阶段是影响工程项目质量的关键阶段，要能充分反映业主对质量的要求和意愿。在进行项目决策时，应从整个国民经济角度出发，根据国民经济发展的长期计划和资源条件，有效地控制投资规模，以确定工程项目最佳的投资方案、质量目标和建设周期，使工程项目的预定质量标准，在投资、进度目标下能顺利实现。

### 2.5.3 工程设计阶段对工程项目质量的影响

工程项目设计阶段，是根据项目决策阶段已确定的质量目标和水平，通过工程设计使其具体化。设计在技术上是否可行、工艺是否先进、经济是否合理、设备是否配套、结构是否安全可靠等，都将决定着工程项目建成后的使用价值和功能。因此，设计阶段是影响工程项目质量的决定性环节。

### 2.5.4 工程项目施工阶段对工程项目质量的影响

工程项目施工阶段，是根据设计文件和图纸的要求，通过施工形成工程实体。这一阶段直接影响工程的最终质量。因此，施工阶段是工程质量控制的关键环节。

### 2.5.5 工程竣工验收阶段对工程项目质量的影响

工程项目竣工验收阶段，就是对项目施工阶段的质量进行试车运转、检查评定，考核质量目标是否达到设计阶段的质量要求。这一阶段是工程建设向生产转移的必要环节，影响工程能否最终形成生产能力，体现了工程质量水平的最终结果。因此，工程竣工验收阶段是工程质量控制的最后一个重要环节。

综上所述，工程项目质量的形成是一个系统的过程，即工程质量是由可行性研究、投资决策、工程设计、工程施工和竣工验收各阶段质量的综合反映。

## 课题3 我国工程质量管理的法规

为了使我国的建筑施工项目质量管理逐步走上法制化、规范化的轨道，自1998年以来我国颁布了《建筑法》、《建设工程质量管理条例》、《工程建设标准强制性条文》、《建设工程质量监督机构监督工作指南》、《GB/T 19000—2000》等一系列最新的法律法规，为人们依法行政、依法管理提供了法定依据。

为了便于在实践工作中贯彻执行特将有关法规附规附录于后。

## 复习思考题

1. 简述建筑工程质量管理的发展阶段。
2. 简述工程建设各阶段对质量的影响。
3. 现阶段我国工程质量管理的法规有哪些？

# 单元2 质量管理体系

**知识点：** 本章主要介绍了质量管理体系的 ISO 9000 族标准及我国的 GB/T 19000 族标准，质量管理的八项原则，质量管理体系的十二条基础，质量管理体系文件的构成，质量管理体系的建立和运行等内容。

**教学目标：** 通过本章学习，要求学生掌握质量管理体系的 ISO 9000 族标准及我国的 GB/T 19000 族标准，掌握质量管理八项原则。

## 课题1 质量管理体系与 ISO 9000 标准

### 1.1 质量管理体系标准的产生和发展

第二次世界大战期间，军事工业得到了迅猛的发展，各国政府在采购军品时，不但提出产品特性要求，还对供应厂商提出了质量保证的要求。五十年代末，美国发布了MIL-Q-9858A《质量大纲要求》，成为世界上最早的有关质量保证方面的标准。而后，美国国防部制订和发布了一系列的生产武器和承包商评定的质量保证标准。

20 世纪 70 年代初，借鉴了军用质保标准的成功经验，美国标准化协会（ANSI）分别发布一系列有关原子能发电和压力容器生产的质量保证标准。

美国军品生产方面和质保活动的成功经验，在世界范围内产生了很大的影响，一些工业发达国家，如英国、法国、加拿大等，在七十年代末先后制订和发布了用于民品生产的质量管理和质量保证标准。随着各国经济的相互合作交流，对供方质量体系审核已逐渐成为国际贸易和国际合作的前提。世界各国先后发布了许多关于质量体系及审核的标准。由于各国标准的不一致，给国际贸易带来了障碍，质量管理和质量保证的国际化成为当时世界各国的迫切需要。

随着地区化、集团化、全球化经济的发展，市场竞争日趋激烈，顾客对质量的期望越来越高，每个组织为了竞争和保持良好的经济效益，努力设法提高自身的竞争能力以适应市场竞争的需要。为了成功地领导和运作一个组织，需要采用一种系统的和透明的方式进行管理，针对所有顾客和相关方的需求，必须建立、实施并保持持续改进其业绩的管理体系，从而使组织获得成功。

顾客要求产品具有满足其需求和期望的特性，这些需求和期望在产品规范中表述。如果提供和支持产品的组织质量管理体系不完善，规范本身就不能始终满足顾客的需要。因此，这方面的关注导致了质量管理体系标准的产生，并以其作为对技术规范中有关产品要求的补充。

国际标准化组织（ISO）于 1979 年成立了质量管理和质量保证技术委员会（TC176）负责制定质量管理和质量保证标准。1986 年发布了 ISO 8402《质量　术语》标准，1987 年发布了 ISO 9000《质量管理和质量保证标准 选择和使用指南》、ISO 9001《质量体系—设计开发、生产、安装和服务的质量保证模式》、ISO 9002《质量体系—生产和安装的质量保证模式》、ISO 9003《质量体系—最终检验和试验的质量保证模式》、ISO 9004《质量管理和质量体系要素—指南》等 6 项标准，通称为 ISO 9004 系列标准。

ISO 9000 系列标准的颁布，使各国的质量管理和质量保证活动统一在 ISO 9000 系列标准的基础上。标准总结了工业发达国家先进企业的质量管理实践经验，统一了质量管理和质量保证的术语和概念，并对推动组织的质量管理，实现组织的质量目标，消除贸易壁垒，提高警惕产品质量和顾客的满意程度等产生了积极的影响，受到了世界各国的普遍关注和采用。迄今为止，它已被全世界 150 多个国家和地区等同采用为国家标准，并广泛用于工业、经济和政府的管理领域，有 50 多个国家建立了质量体系认证制度，世界各国质量管理体系审核员注册的互认和质量体系认证的互认制度也在广泛范围内得以建立和实施。

为了使 1987 年版的 ISO 9000 系列标准更加协调和完善，ISO/TC 176 质量管理和质量保证技术委员会于 1990 年决定对标准进行修订，提出了《90 年代国际质量标准的实施策略》(国际上通称为《2000 年展望》)。

按《2000 年展望》提出的目标，标准分两阶段修改。第一阶段修改称之为："有限修改"，即修改为 1994 年版本的 ISO 9000 族标准。第二阶段修改是在总体结构和技术内容上作较大的全新修改。其主要任务是："识别并理解质量保证及质量领域中顾客的需求，制订有效反映顾客期望的标准；支持这些标准的实施，并促进对实施效果的评价"。

2000 年 12 月 15 日，ISO/TC 176 正式发布了 2000 年版本的 ISO 9000 族标准。该标准的修订充分考虑了 1987 年和 1994 年版标准，以及现有其他管理体系标准的使用经验，因此，它将使质量管理体系更加适合组织的需要，可以更适应组织开展其商业活动需要。

新版标准的修订，更加强调了顾客满意及监视和测量的重要性，促进了质量管理原则在各类组织中的应用，满足了使用者对标准应更通俗易懂的要求，强调了质量管理体系要求标准和指南标准一致性。新版标准反映了当今世界科学技术和经济贸易的发展以及"变革"和"创新"这一 21 世纪企业经营的主题。

## 1.2 什么是 ISO 9000 族

### 1.2.1 2000 版 ISO 9000 族标准的构成

2000 版 ISO 9000 族标准包括了以下密切相关的质量管理体系核心标准：

——ISO 9000《质量管理体系—基础和术语》，表述质量管理体系基础知识，并规定质量管理体系术语。

——ISO 9001《质量管理体系—要求》，规定质量管理体系要求，用于证实组织具有提供满足顾客要求和适用法规要求的产品的能力，目的在于增进顾客满意。

——ISO 9004《质量管理体系—业绩改进指南》，提供考虑质量管理体系的有效性和改进两方面的指南。该标准的目的是促进组织业绩改进和使顾客及其他相关方满意。

——ISO 19011《质量和（或）环境管理体系审核指南》，提供审核质量和环境管理体系的指南。

### 1.2.2 GB/T 19000—ISO 9000 族核心标准简介

"ISO 9000 族"是国际标准化组织（ISO）在 1994 年提出的概念。它是指"由

ISO/TC 176（国际标准化组织质量管理和质量保证技术委员会）制定的所有国际标准”。该标准族可帮助组织实施并运行有效的质量管理体系，是质量管理体系通用的要求或指南。它不受具体的行业或经济部门的限制，可广泛适用于各种类型和规模的组织，在国内和国际贸易中促进相互理解。

GB/T 19000—2000《质量管理体系—基础和术语》（idt ISO 9000：2000）。此标准表述了 ISO 9000 族标准中质量管理体系的基础，并确定了相关的术语。

标准明确了质量管理的八项原则，是组织改进其业绩的框架，能帮助组织获得持续成功，也是 ISO 9000 族质量管理体系标准的基础。标准表述了建立和运行质量管理体系应遵循的 12 个方面的质量管理体系基础知识。

标准给出了有关质量的术语共 80 个词条，分成 10 个部分，阐明了质量管理领域所用术语的概念，提供了术语之间的关系图。

GB/T 19001—2000《质量管理体系—要求》（idt ISO 9001：2000）。标准提供了质量管理体系的要求，供组织需要证实其具有稳定地提供满足顾客要求和适用法律法规要求的产品的能力时应用。组织可通过体系的有效应用，包括持续改进体系的过程及保证符合顾客与适用的法规要求，增强顾客满意。

标准应用了以过程为基础的质量管理体系模式的结构，鼓励组织在建立、实施和改进质量管理体系及提高其有效性时，采用过程方法，通过满足顾客要求，增强顾客满意。过程方法的优点是对质量管理体系中诸多单个过程之间的联系及过程的组合和相互作用进行连续的控制，以达到质量管理体系的持续改进。

GB/T 19004—2000《质量管理体系—业绩改进指南》（idt ISO 9004：2000）。此标准以八项质量管理原则为基础，帮助组织用有效和高效的方式识别并满足顾客和其他相关方的需求和期望，实现、保持和改进组织的整体业绩，从而使组织获得成功。

该标准提供了超出 ISO 9000 要求的指南和建议，不用于认证或合同的目的，也不是 ISO 9001 的实施指南。

该标准的结构，也应用了以过程为基础的质量管理体系模式，鼓励组织在建立、实施和改进质量管理体系及提高其有效性和效率时，采用过程方法，以便通过满足相关方要求来提高相关方的满意程度。

标准还给出了自我评定和持续改进过程的示例，用于帮助组织寻找改进的机会；通过 5 个等级来评价组织质量管理体系的成熟程度；通过给出的持续改进方法，提高组织的业绩并使相关方受益。

ISO 19011：2000《质量和（或）环境管理体系审核指南》。标准遵循“不同管理体系可以有共同管理和审核要求”的原则，为质量和环境管理体系审核的基本原则、审核方案的管理、环境和质量管理审核的实施以及对环境和质量管理体系审核员的资格要求提供了指南。它适用于所有运行质量和（或）环境管理体系的组织，指导其内审和外审的管理工作。

该标准在术语和内容方面，兼容了质量管理体系的特点。在对审核员的基本能力及审核方案的管理中，均增加了应了解及确定法律和法规的要求。

## 1.3 我国 GB/T 19000 族标准

随着 ISO 9000 的发布和修订，我国及时、等同地发布和修订了 GB/T 19000 族国家标准。2000版 ISO 9000族标准发布后，我国又等同地转换为 GB/T 19000：2000（IdtISO 9000：2000）族国家标准。

## 1.4 术 语

ISO 9000：2000中有术语80个，分成10个方面。

术语的10个方面有：

1）有关质量的术语5个：质量、要求、质量要求、等级、顾客满意；

2）有关管理的术语15个：体系、管理体系、质量管理体系、质量方针、质量目标、管理、最高管理者、质量管理、质量策划、质量控制、质量保证、质量改进、持续改进、有效性、效率；

3）有关组织的术语7个：组织、组织结构、基础设施、工作环境、顾客、供方、相关方；

4）有关过程和产品的术语5个：过程、产品、项目、设计和开发、程序；

5）有关特性的术语4个：特性、质量特性、可信性、可追溯性；

6）有关合格（符合）的术语13个：合格（符合）、不合格（不符合）、缺陷、预防措施、纠正措施、纠正、返工、降级、返修、报废、让步、偏离许可、放行；

7）有关文件的术语6个：信息、文件、规范、质量手册、质量计划、记录；

8）有关检查的术语7个：客观证据、检验、试验、验证、确认、鉴定过程、评审；

9）有关审核的术语12个：审核、审核方案、审核准则、审核证据、审核发现、审核结论、审核委托方、受审核方、审核员、审核组、技术专家、能力；

10）有关测量过程质量保证的术语6个：测量控制体系、测量过程、计量确认、测量设备、计量特性、计量职能。

# 课题2 质量管理的八项原则

GB/T 19000质量管理体系标准是我国按等同原则，从2000版 ISO 9000族国际标准化而成的质量管理体系标准。

八项质量管理原则是2000版 ISO 9000族标准的编制基础，八项质量管理原则是世界各国质量管理成功经验的科学总结，其中不少内容与我国全面质量管理的经验吻合。它的贯彻执行能促进企业管理水平的提高，并提高顾客对其产品或服务的满意程度，帮助企业达到持续成功的目的。

质量管理八项原则的具体内容：

（1）以顾客为关注焦点

组织（从事一定范围生产经营活动的企业）依存于其顾客。组织应理解顾客当前的和未来的需求，满足顾客要求并争取超越顾客的期望。

（2）领导作用

领导者确立本组织统一的宗旨和方向，并营造和保持员工充分参与实现组织目标的内部环境。因此领导在企业的质量管理中起着决定的作用。只有领导重视，各项质量活动才能有效开展。

(3) 全员参与

各级人员都是组织之本，只有全员充分参加，才能使他们的才干为组织带来收益。产品质量是产品形成过程中全体人员共同努力的结果，其中也包含着为他们提供支持的管理、检查、行政人员的贡献。企业领导应对员工进行质量意识等各方面的教育，激发他们的积极性和责任感，为其能力、知识、经验的提高提供机会，发挥创造精神，鼓励持续改进，给予必要的物质和精神，使全员积极参与，为达到让顾客满意的目标而奋斗。

(4) 过程方法

将相关的资源和活动作为过程进行管理，可以更高效地得到期望的结果。任何使用资源生产活动和将输入转化为输出的一组相关联的活动都可视为过程。2000 版 ISO 9000 标准是建立在过程控制的基础上。一般在过程的输入端、过程的不同位置及输出端都存在着可以进行测量、检查的机会和控制点，对这些控制点实行测量、检测和管理，便能控制过程的有效实施。

(5) 管理的系统方法

将相互关联的过程作为系统加以识别、理解和管理，有助于组织提高实现其目标的有效性和效率。不同企业应根据自己的特点，建立资源管理、过程实现、测量分析改进等方面的关联关系，并加以控制。即采用过程网络的方法建立质量管理体系，实施系统管理。一般建立实施质量管理体系包括：a. 确定顾客期望；b. 建立质量目标和方针；c. 确定实现目标的过程和职责；d. 确定必须提供的资源；e. 规定测量过程有效性的方法；f. 实施测量确定过程的有效性；g. 确定防止不合格并清除产生原因的措施；h. 建立和应用持续改进质量管理体系的过程。

(6) 持续改进

持续改进总体业绩是组织的一个永恒目标，其作用在于增强企业满足质量要求的能力，包括产品质量、过程及体系的有效性和效率的提高。持续改进是增强和满足质量要求能力的循环活动，使企业的质量管理走上良性循环的轨道。

(7) 基于事实的决策方法

有效的决策应建立在数据和信息分析的基础上，数据和信息分析是事实的高度提炼。以事实为依据作出决策，可防止决策失误。为此企业领导应重视数据信息的收集、汇总和分析，以便为决策提供依据。

(8) 与供方互利的关系

组织与供方是相互依存的，建立双方的互利关系可以增强双方创造价值的能力。供方提供的产品是企业提供产品的一个组成部分。处理好与供方的关系，涉及到企业能否持续稳定提供顾客满意产品的重要问题。因此，对供方不能只讲控制，不讲合作互利，特别是关键供方，更要建立互利关系，这对企业与供方双方都有利。

## 课题 3　质量管理体系基础

2000 版 GB/T 19000 提出了质量管理体系的 12 条基础，是八项质量管理原则在质量管理体系中的具体应用。

## 3.1 质量管理体系的理论说明

质量管理体系能够帮助组织增强顾客满意度。

顾客要求产品具有满足其需求和期望的特性，这些需求和期望在产品规范中表述，并集中归结为顾客要求。顾客要求可以由顾客以合同方式规定或组织自己确定，在任一情况下，产品是否可接受最终由顾客确定。因为顾客的需求和期望是不断变化的，以及竞争的压力和技术的发展，这些都促使组织持续地改进产品和过程。

质量管理体系方法鼓励组织分析顾客要求，规定相关的过程，并使其持续受控，以实现顾客能接受的产品。质量管理体系能提供持续改进的框架，以增加顾客和其他相关方满意的机会。质量管理体系还就组织能够提供持续满足要求的产品，向组织及其顾客提供信任。

## 3.2 质量管理体系要求与产品要求

GB/T 19000 族标准区分了质量管理体系要求和产品要求。

GB/T 19001 规定了质量管理体系要求，质量管理体系要求是通用的，适用于所有行业或经济领域，不论其提供何种类别的产品。GB/T 19001 本身并不规定产品要求。

产品要求可由顾客规定，或由组织通过预测顾客的要求规定，或由法规规定。在某些情况下，产品要求和有关过程的要求可包含在诸如技术规范、产品标准、过程标准、合同协议和法规要求中。

## 3.3 质量管理体系方法

建立和实施质量管理体系的方法包括以下步骤：

1）确定顾客和其他相关方的需求和期望；

2）建立组织的质量方针和质量目标；

3）确定实现质量目标必需的过程和职责；

4）确定和提供实现质量目标必需的资源；

5）规定测量每个过程的有效性和效率的方法；

6）应用这些测量方法确定每个过程的有效性和效率；

7）确定防止不合格并消除产生的原因的措施；

8）建立和应用持续改进质量管理体系的过程。

上述方法也适用于保持和改进现有的质量管理体系。

采用上述方法的组织能对其过程能力和产品质量树立信心，为持续改进提供基础，从而增进顾客和其他相关方满意并使组织成功。

## 3.4 过 程 方 法

任何使用资源将输入转化为输出的活动或一组活动可视为一个过程。

为使组织有效运行，必须识别和管理许多相互关联的相互作用的过程。通常，一个过程的输出将直接成为下一个过程的输入。系统地识别和管理组织所应用的过程，特别是这些过程之间的相互作用，称为"过程方法"。

本标准鼓励采用过程方法管理组织。

由 GB/T 19000 族标准表述的，以过程为基础的质量管理体系如图 2-1 所示。该图表明在向组织提供输入方面相关起重要作用。监视相关方满意程度需要评价有关相关方感受的信息，这种信息可以表明其需求和期望已得到满足的程度。图 2-1 中的模式没有表明更详细的过程。

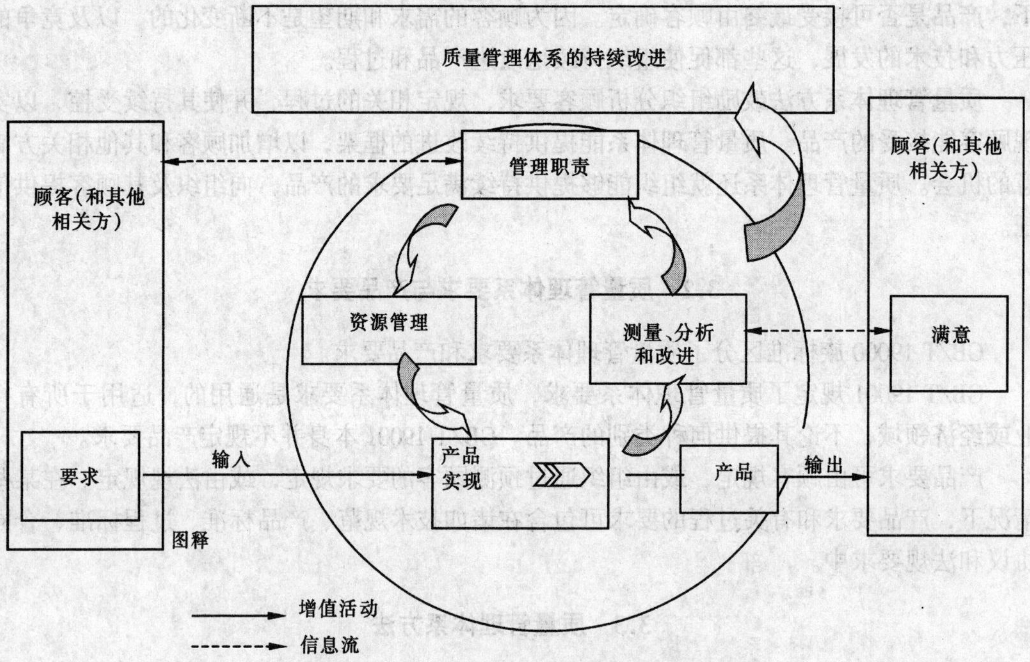


图 2-1　以过程为基础的质量管理体系模式

注：括号中的陈述不适用于 GB/T 19001

## 3.5　质量方针和质量目标

建立质量方针和质量目标为组织提供了关注的焦点。两者确定了预期的结果，并帮助组织利用其资源达到这些结果。质量方针为建立和评审质量目标提供了框架。质量目标需要与质量方针的持续改进的承诺相一致，其实现需要是可测量的。质量目标的实现对产品质量、运行有效性和财务业绩都有积极影响，因此对相关的满意和信任也产生积极影响。

## 3.6　最高管理者在质量管理体系中的作用

最高管理者通过其领导作用及各种措施可以创造一个员工充分参与的环境，质量管理体系能够在这种环境中有效运行。最高管理者可以运用质量管理原则（见课题 2）作为发挥以下作用的基础：

1）制定并保持组织质量方针和质量目标；

2）通过增强员工的意识、积极性和参与程度，在整个组织内促进质量方针和质量目标的实现；

3）确保整个组织关注顾客要求；

4）确保实施适宜的过程以满足顾客和其他相关方要求并实现质量目标；

5）确保建立、实施和保持一个有效的质量管理体系以实现这些质量目标；

6）确保获得必要资源；

7）定期评审质量管理体系；

8）决定有关质量方针和质量目标的措施；

9）决定改进质量管理体系的措施。

## 3.7 文　件

### 3.7.1 文件的价值

文件能够沟通意图、统一行动，其使用有助于：

1）满足顾客要求的质量改进；

2）提供适宜的培训；

3）重复性和可追溯性；

4）提供客观证据；

5）评价质量管理体系的有效性和持续适宜性。

文件的形成本身并不是目的，它应是一项增值的活动。

### 3.7.2 质量管理体系中使用的文件类型

在质量管理体系中使用下述几种类型的文件：

1）向组织内部和外部提供关于质量管理体系的一致信息的文件，这类文件称为质量手册；

2）表述质量管理体系如何应用于特定产品、项目或合同的文件，这类文件称为质量计划；

3）阐明要求的文件，这类文件称为规范；

4）阐明推荐的方法或建议的文件，这类文件称为指南；

5）提供如何一致地完成活动和过程的信息的文件，这类文件包括形成文件的程序、作业指导书和图样；

6）为完成的活动或达到的结果提供客观证据的文件，这类文件称为记录。

每个组织确定其所需文件的多少和详略程度及使用的媒体。这取决于下列因素，诸如组织的类型和规模、过程的复杂性和相互作用、产品的复杂性、顾客要求、适用的法规要求、经证实的人员能力以及满足质量管理体系要求所需证实的程度。

## 3.8 质量管理体系评价

### 3.8.1 质量管理体系过程的评价

评价质量管理体系时，应对每一个被评价的过程提出如下四个基本问题：

1）过程是否已被识别并适当规定？

2）职责是否已被分配？

3）程序是否得到实施和保持？

4）在实现所要求的结果方面，过程是否有效？

综合上述问题的答案可以确定评价结果。质量管理体系评价，如质量管理体系审核和质量管理体系评审以及自我评定，在涉及的范围上可以有所不同，并可包括许多活动。

3.8.2 质量管理体系审核

审核用于确定符合质量管理体系要求的程度。审核发现用于评定质量管理体系的有效性识别改进的机会。

第一方审核用于内部目的，由组织自己或以组织的名义进行，可作为组织声明自我合格的基础。

第二方审核由组织的顾客或由其他人以顾客的名义进行。

第三方审核由外部独立的组织进行。这类组织通常是经认可的，提供符合相关要求的认证或注册。

ISO 19011 提供审核指南。

3.8.3 质量管理体系评审

最高管理者的任务之一是就质量方针和质量目标，有规则的、系统的评价质量管理体系的适宜性、充分性、有效性和效率。这种评审可包括考虑修改质量方针和质量目标的需求以响应相关方需求和期望的变化。评审包括确定采取措施的需求。

审核报告与其他信息源一同用于质量管理体系的评审。

3.8.4 自我评定

组织的自我评定是一种参照质量管理体系或优秀模式对组织的活动和结果所进行的全面和系统的评审。

自我评定可提供一种对组织业绩和质量管理体系成熟程度的总的看法。它还有助于识别组织中需要改进的领域并确定优先开展的事项。

## 3.9 持 续 改 进

持续改进质量管理体系的目的在于增加顾客和其他相关方满意的机会，改进包括下述活动：

1）分析和评价现状，以识别改进区域；

2）确定改进目标；

3）寻找可能解决办法，以实现这些目标；

4）评价这些解决办法并用出选择；

5）实施选定的解决办法；

6）测量、验证、分析和评价实施的结果，以确定这些目标已经实现；

7）正式采纳更改。

必要时，对结果进行评审，以确定进一步改进的机会。从这种意义上说，改进是一种持续的活动。顾客和其他相关方的反馈以及质量管理体系的审核和评审均能用于识别改进的机会。

## 3.10 统计技术的作用

应用统计技术可帮助组织了解变异，从而有助于组织解决问题并提高有效性和效率。这些技术也有助于更好地利用可获得的数据进行决策。

在许多活动的状态和结果中，甚至是在明显的稳定条件下，均可观察到变异。这种变异可通过产品和过程可测量的特性观察到，并且在产品的整个寿命周期（从市场调研到顾客服务和最终处置）的各个阶段，均可看到其存在。

统计技术有助于对这类变异进行测量、描述、分析、解释和建立模型，甚至在数据有限的情况下也可实现。这种数据的统计分析能对更好地理解变异的性质、程度和原因提供帮助。从而有助于解决，甚至防止由变异引起的问题，并促进持续改进。GB/Z 19027 给出了统计技术在质量管理体系中的指南。

### 3.11 质量管理体系与其他管理体系的关注点

质量管理体系是组织的管理体系的一部分，它致力于使与质量目标有关的结果适当地满足相关方的需求、期望和要求。组织的质量目标与其他目标，如增长、资金、利润、环境及职业卫生与安全等目标相辅相成。一个组织的管理体系的各个部分，连同质量管理体系可以合成一个整体，从而形成使用共有要素的单一的管理体系。这将有利于策划、资源配置、确定互补的目标并评价组织的整体有效性。组织的管理体系可以对照其要求进行评价，也可以对照国家标准如 GB/T 19001 和 GB/T 24001—1996 的要求进行审核，这些审核可分开进行，也可合并进行。

### 3.12 质量管理体系与优秀模式之间的关系

GB/T 19000 族标准和组织优秀模式提出的质量管理体系方法依据共同的原则。它们两者均：

1）使组织能够识别它的强项和弱项；

2）包含对照通用模式进行评价的规定；

3）为持续改进提供基础；

4）包含外部承认的规定。

GB/T 19000 族质量管理体系与优秀模式之间的差别在于它们应用范围不同。GB/T 19000族标准提出了质量管理体系要求和业绩改进指南，质量管理体系评价可确定这些要求是否得到满足。优秀模式包含能够对组织业绩进行比较评价的准则，并能适用于组织的全部活动和所有相关方。优秀模式评定准则提供了一个组织与其他组织的业绩相比较的基础。

## 课题 4 质量管理体系文件的构成及质量管理体系的建立和运行

GB/T 19000 质量管理体系标准对质量体系文件的重要性作了专门的阐述，要求企业重视质量体系文件的编制和使用。编制和使用质量体系文件本身是一项具有动态管理要求的活动。因为质量体系的建立、健全要从编制完善体系文件开始，质量体系的运行、审核与改进都是依据文件的规定进行，质量管理实施的结果也要形成文件，作为证实产品质量符合规定要求及质量体系有效的证据。

## 4.1 质量管理体系文件的构成

GB/T 19000质量管理体系对文件提出明确要求，企业应具有完整和科学的质量体系文件。质量管理体系文件一般由以下内容构成：形成文件的质量方针和质量目标；质量手册；质量管理标准所要求的各种生产、工作和管理的程序文件；质量管理标准所要求的质量记录。

以上各类文件的详略程度无统一规定，以适于企业使用，使过程受控为准则。

### 4.1.1 质量方针和质量目标

一般都以简明的文字来表述，是企业质量管理的方向目标，应反映用户及社会对工程质量的要求及企业相应的质量水平和服务承诺，也是企业质量经营理念的反映。

### 4.1.2 质量手册

质量手册是规定企业组织建立质量管理体系的文件，质量手册对企业质量体系作系统、完整和概要的描述。其内容一般包括：企业的质量方针、质量目标；组织机构及质量职责；体系要素或基本控制程序；质量手册的评审、修改和控制的管理办法。

质量手册作为企业质量管理系统的纲领性文件应具备指令性、系统性、协调性、先进性、可行性和可检查性。

### 4.1.3 程序文件

质量体系程序文件是质量手册的支持性文件，是企业各职能部门为落实质量手册要求而规定的细则，企业为落实质量管理工作而建立的各项管理标准、规章制度都属程序文件范畴。各企业程序文件的内容及详略可视企业情况而定。一般有以下六个方面的程序为通用性管理程序，各类企业都应在程序文件中制订下列程序：

1）文件控制程序；

2）质量记录管理程序；

3）内部审核程序；

4）不合格品控制程序；

5）纠正措施控制程序；

6）预防措施控制程序。

除以上六个程序以外，涉及产品质量形成过程各环节控制的程序文件，如：生产过程、服务过程、管理过程、监督过程等管理程序，不作统一规定，可视企业质量控制的需要而制定。

为确保过程的有效运行和控制，在程序文件的指导下，尚可按管理需要编制相关文件，如作业指导书、具体工程的质量计划等。

### 4.1.4 质量记录

质量记录是产品质量水平和质量体系中各项质量活动进行及结果的客观反映。对质量体系程序文件所规定的运行过程及控制测量检查的内容如实加以记录，用以证明产品质量达到合同要求及质量保证的满足程度。如在控制体系中出现偏差，则质量记录不仅须反映偏差情况，而且应反映出针对不足之处所采取的纠正措施及纠正效果。

质量记录应完整地反映质量活动实施、验证和评审的情况，并记载关键活动的过程参数，具有可追溯性的特点。质量记录以规定的形式和程序进行，并有实施、验证、审核等签署意见。

## 4.2 质量管理体系的建立和运行

质量管理体系的建立是企业按照八项质量管理原则，在确定市场及顾客需求的前提下，制定企业的质量方针、质量目标、质量手册、程序文件及质量记录等体系文件，确定企业在生产（或服务）全过程的作业内容、程序要求和工作标准，并将质量目标分解落实到相关层次、相关岗位的职能和职责中，形成企业质量管理体系执行系统的一系列工作。质量管理体系的建立还包含着组织不同层次的员工培训，使体系工作的执行要求为员工所了解，为形成全员参与的企业质量管理体系的运行创造条件。

质量管理体系的建立需识别并提供实现质量目标和持续改进所需的资源，包括人员、基础设施、环境、信息等。

质量管理体系的运行是在生产及服务的全过程质量管理文件体系制定的程序、标准、工作要求及目标分解的岗位职责进行操作运行。

在质量管理体系运行的过程中，按各类体系文件要求，监视、测量和分析过程的有效性和效率，做好文件规定的质量记录，持续收集、记录并分析过程的数据和信息，全面体现产品的质量和过程符合要求及可追溯的效果。

按文件规定的办法进行管理评审和考核：过程运行的评审考核工作，应针对发现的主要问题，采取必要的改进措施，使这些过程达到所策划的结果和实现对过程的持续改进。

落实质量体系的内部审核程序，有组织有计划开展内部质量审核活动，其主要目的是：评价质量管理程序的执行情况及适用性；揭露过程中存在的问题，为质量改进提供依据；建立质量体系运行的信息；向外部审核单位提供体系有效的证据。

为确保系统内部审核的效果，企业领导应进行决策领导，制定审核政策、计划，组织内审人员队伍，落实内部审核，并对审核发现的问题采取纠正措施和提供人财物等方面的支持。

## 复习思考题

1. 什么是 ISO 9000 标准？
2. 简述我国 GB/T 19000 族国家标准及主要内容。
3. 八项质量管理原则及内容是什么？
4. 质量管理体系如何建立和运行？

# 单元3　施工项目质量控制

**知 识 点：**本章从影响施工项目质量的主要因素：人、机械、材料、方法、环境五个方面介绍施工项目质量控制的操作要点，以及施工项目质量控制的原则、方法和手段。

**教学目标：**通过对本章的学习，使学生了解施工项目质量、施工项目质量控制的概念。掌握4M1E因素对施工项目质量控制的重要性，以及应在这五个方面如何实施对施工项目质量的控制。

## 课题1　施工项目质量控制的特点

### 1.1　工程项目质量概述

1.1.1　工程项目质量概念

工程项目质量是指国家现行的有关法律、法规、技术标准、设计文件及工程合同中对工程的安全、使用、经济、美观等特性综合的要求，工程项目是指按照建设工程项目承包合同条件下形成的，其质量也是在相应合同条件下形成的，而合同条件是业主的需要，是质量的重要内容，通常表现在项目的适用性、可靠性、经济性、外观质量与环境协调等方面。

1.1.2　工程项目质量的内容

任何工程项目都是由分项工程、分部工程、单位工程及单项工程所构成，就工程项目建设而言，是由一道道工序完成的。因此，工程项目质量包含工序质量、分项工程质量(包括检验批质量)、分部工程质量、单位工程质量以及单项工程质量。同时工程项目质量还包括工作质量，工作质量是指参与工程建设者，为了保证工程项目质量所从事工作的水平和完善程度，因工程项目质量的高低是由业主、勘察、设计、施工、监理等单位各方面、各环节工程质量的综合反映，并不是单纯靠质量检验检查出来的，要保证工程项目质量就必须提高工作质量。

1.1.3　工程项目质量阶段

工程项目质量不仅包括活动或过程的结果，还包括活动或过程本身，即包括工程项目形成全过程，按照我国工程项目建设程序所包括的四阶段八步骤，工程项目质量包括工程项目决策质量、工程项目设计质量、工程项目施工质量、工程项目验收保修质量。

1.1.4　工程项目质量的特点

工程项目质量的特点由工程项目的特点决定，建筑工程项目特点主要体现在其施工生产上，而施工生产又由建筑产品特点反映，建筑产品特点表现在产品本身位置上的固定性、类型上的多样性、体积庞大性三个方面，从而建筑施工具有生产的单体性、生产的流动性、露天作业和生产周期长的特点。

由于上述工程项目的特点，造就了工程项目质量具有以下特点：

(1) 影响因素多

如决策、设计、材料、机械、环境、施工工艺、施工方案、施工人员素质等都直接或间接影响工程项目质量。

(2) 质量波动大

工程项目建设因其单件性、施工的复杂性，其生产工艺和检测技术均不完善，其工业化程度、机械化操作程度低，因而其质量波动大。

(3) 易产生质量变异

由于影响工程项目质量因素多，任何一个因素出现偏差，均会造成质量事故。由于影响质量的系统性因素和偶然性因素存在，工程项目易产生质量变异。

(4) 质量具有隐蔽性

由于工程项目在施工过程中，工序交接多，中间产品多，隐蔽工程多，若不及时检查验收，发现存在的质量问题，事后查看虽质量较好，却容易产生第二类判断错误，即将不合格的产品认为是合格的。

(5) 终检局限大

当工程项目建成后，无法拆卸和解体来检查内在的质量问题，而是通过过程中形成的相关资料进行评定，因而工程项目终检验收时难以发现内在的隐蔽质量缺陷。

当建筑工程项目建成后发现有质量问题，是无法重新更换零件的，更不可能退货，因此，对于建筑工程项目质量应重视事前控制和过程控制，防患于未然，将质量事故消灭在萌芽状态。

## 1.2 施工项目质量控制

### 1.2.1 质量控制

质量控制是指为达到一定的质量要求所采取的作业技术和活动。其质量要求需要转化为可用定性和定量的规范表示的质量特性，以便于质量控制的执行和检查。

### 1.2.2 施工项目质量控制

施工项目质量控制定义为：为达到工程项目质量要求采取的作业技术和活动，即指为了保证达到工程合同、设计文件、技术规程规定的质量标准而采取的一系列措施、手段和方法。

### 1.2.3 施工项目质量控制分类：

施工项目质量控制按其实施者，分为三个方面：

1）业主和监理的质量控制，属于外部的，横向的控制。

①控制目的：保证施工项目能够按照工程合同规定的质量要求达到业主的建设意图，取得良好的投资效益。

②控制依据：合同文件、设计图纸、国家现行法律、法规。

③控制内容：在设计阶段及其前期以审查可行性研究报告及设计文件、图纸为主，在审查基础上确定设计是否符合业主要求。在施工阶段对进驻现场实施监理，检查是否严格按图施工，并达到合同文件规定的质量标准。

2）政府监督机构的质量控制，属于外部的、纵向的控制。

①控制目的：维护社会公共利益，保证技术性法规和标准贯彻执行。

②控制依据：相关的法律文件和法定技术标准。

③控制内容：在设计阶段及其前期以审查设计纲要、选址报告、建设用地申请及设计图纸为主，施工阶段以不定期的检查为主，审核是否违反城市规划，是否符合有关技术法规、标准的规定，对环境影响的性质和程度大小，有无防止污染、公害的的技术措施。

3）承建商的质量控制，属于内部的、自身的控制。

①控制目的：按业主的需求将蓝图建造成实物。

②控制依据：合同文件、设计图纸、相关的法律法规和标准。

③控制内容：以施工项目的质量、成本、进度、安全和现场管理等为主。

### 1.2.4 施工项目质量控制的基本要求

质量控制的目的是为了满足预定的质量要求，以取得期望的经济效益。对于建筑工程，一般来说，有效的质量控制的基本要求有：

1）提高预见性。要实现这项要求，就应及时地通过工程建设过程中的信息反馈预见可能发生的重大工程质量问题，采取切实可行的措施加以防范，以满足"预防为主"的宗旨。

2）明确控制重点。一般是以关键工序和特殊工序为重点，设置控制点。

3）重视控制效益。工程质量控制同其他质量控制一样，要付出一定的代价，投入和产出的比值是必须考虑的问题。对建筑工程来说，是通过控制其质量与成本的协调来实现。

4）系统地进行质量控制。系统地进行质量控制，它要求有计划地实施质量体系内各有关职能的协调和控制。

5）制订控制程序。质量控制的基本程序是：按照质量方针和目标，制订工程质量控制措施并建立相应的控制标准；分阶段地进行监督检查，及时获得信息与标准相比较，作出工程合格性判定；对于出现的工程质量的问题，及时采取纠偏措施，保证项目预期目标的实现。

### 1.2.5 工程项目质量控制原则

工程项目质量控制应遵循以下原则：

1）坚持质量第一，用户至上。

2）以人为核心。

3）以预防为主。

4）用数据说话，坚持质量标准、严格检查。

5）贯彻科学、公正、守法的职业规范。

### 1.2.6 工程项目质量控制的过程

从工程项目的质量形成过程来看，要控制工程项目质量，就要按照建设过程的顺序依法控制各阶段的质量。

1）项目决策阶段的质量控制。选择合理的建设场地，使项目的质量要求和标准符合投资者的意图，并与投资目标相协调；使建设项目与所在的地区环境相协调，为项目的长期使用创造良好的运行环境和条件。

2）项目设计阶段的质量控制。第一，选择好设计单位，要通过设计招标，必要时组织设计方案竞赛，从中选择能够保证质量的设计单位。第二，保证各个部分的设计符合决策阶段确定的质量要求。第三，保证各个部分设计符合有关的技术法规和技术标准的规定。第四，保证各个专业设计之间协调。第五，保证设计文件、图纸符合现场和施工的实际条件，其深度应满足施工的要求。

3）项目施工阶段的质量控制。首先，展开施工招标，选择优秀施工单位，认真审核投标单位的标书中关于保证质量的措施和施工方案，必要时组织答辩，使质量作为选择施工单位的重要依据。其次，在于保证严格按设计图纸进行施工，并最终形成符合合同规定质量要求的最终产品。

4）项目验收与保修阶段的质量控制，按《建筑工程施工质量验收统一标准》GB 50300—2001系列质量验收标准组织验收，经验收合格，备案签署合格证和使用证，监督承建商按国家法律、法规规定的内容和时间履行保修义务。

## 1.3 工程项目施工阶段质量控制过程

根据工程质量形成阶段的时间，施工阶段的质量控制可以分为事前控制、事中控制和事后控制。

### 1.3.1 事前质量控制

事前质量控制即在施工前进行质量控制，其具体内容有：

1）审查各承包单位的技术资质。

2）对工程所需材料、构件、配件的质量进行检查和控制。

3）对永久性生产设备和装置，按审批同意的设计图纸组织采购或订货。

4）施工方案和施工组织设计中应含有保证工程质量的可靠措施。

5）对工程中采用的新材料、新工艺、新结构、新技术，应审查其技术鉴定书。

6）检查施工现场的测量标桩、建筑物的定位放线和高程水准点。

7）完善质量保证体系。

8）完善现场质量管理制度。

9）组织设计交底和图纸会审。

### 1.3.2 事中质量控制

事中质量控制即在施工过程中进行质量控制，其具体内容有：

1）完善的工序控制。

2）严格工序之间的交接检查工作。

3）重点检查重要部位和专业过程。

4）对完成的分部、分项工程按照相应的质量评定标准和办法进行检查、验收。

5）审查设计图纸变更和图纸修改。

6）组织现场质量会议，及时分析通报质量情况。

### 1.3.3 事后质量控制

1）按规定质量评定标准和办法对已完成的分项分部工程、单位工程进行检查验收。

2）组织联动试车。

3）审核质量检验报告及有关技术性文件。

4）审核竣工图。

5）整理有关工程项目质量的技术文件，并编目、建档。

## 1.4 工序质量控制

### 1.4.1 工序及工序质量

施工工序是产品（工程）构配件或零部件生产（施工）过程的基本环节，是构成生产的基本单位，也是质量检验的基本环节。从工序的组合和影响工序因素看，工序就是人、机、料、法和环境对产品（工程）质量起综合作用的过程。工序的划分主要是取决于生产技术的客观要求，同时也取决于劳动分工和提高劳动生产率的要求。

工序质量是工序过程的质量。在生产（施工）过程中，由于各种因素的影响而造成产品（工程）产生质量波动，工序质量就是去发现、分析和控制工序中的质量波动，使影响各道工序质量的制约因素都能控制在一定范围内，确保每道工序的质量，不使上道工序的不合格品转入下道工序。工序质量决定最终产品（工程）的质量，因此，对于施工企业来说，搞好工序质量就是保证单位工程质量的基础。

工序管理的目的是使影响产品（工程）质量的各种因素能始终处于受控状态的一种管理方法。因此，工序管理实质上就是对工序质量的控制，一般采用建立质量控制点（管理点）的方法来加强工序管理。

工程项目施工质量控制就是对施工质量形成的全过程进行监督、检查、检验和验收的总称。施工质量由工作质量、工序质量和产品质量三者构成。工作质量是指参与项目实施全过程人员，为保证施工质量所表现的工作水平和完善程度，例如管理工作质量、技术工作质量、思想工作质量等。产品质量即是指建筑产品必须具有满足设计规范所要求的安全可靠性、经济性、适用性、环境协调性、美观性等。工序质量包括工序作业条件和作业效果质量。工程项目的施工过程是一系列相互关联、相互制约的工序构成，工序质量是基础，直接影响工程项目的产品质量，因此，必须先控制工序质量，从而保证整体质量。

### 1.4.2 工序质量控制的程序

工序质量控制就是通过工序子样检验，来统计、分析和判断整道工序质量，从而实现工序质量控制。工序质量控制的程序是：

1）选择和确定工序质量控制点。

2）确定每个工序控制点的质量目标。

3）按规定检测方法对工序质量控制点现状进行跟踪检测。

4）将工序质量控制点的质量现状和质量目标进行比较，找出二者差距及产生原因。

5）采取相应的技术、组织和管理措施，消除质量差距。

### 1.4.3 工序质量控制的要点

1）必须主动控制工序作业条件，变事后检查为事前控制。对影响工序质量的各种因素，如材料、施工工艺、环境、操作者和施工机具等项，要预先进行分析，找出主要影响因素，并加以严格控制，从而防止工序质量出现问题。

2）必须动态控制工序质量，变事后检查为事中控制。及时检验工序质量，利用数理统计方法分析工序质量状态，并使其处于稳定状态。如果工序质量处于异常状态，则应停止施工。在分析原因，采取措施消除异常状态后，方可继续施工。

3）建立工序质量控制卡，合理设置工序质量控制点，并做好工序质量预控工作：

①确定工序质量标准，并规定其抽样方法、测量方法、一般质量要求和上下波动幅度。

②确定工序技术标准和工艺标准，具体规定每道工序的操作要求，并进行跟踪检验。

## 1.5 质量控制点设置

### 1.5.1 质量控制点的概念

质量控制点的定义是：为保证工序处于受控状态，在一定的时间和一定的条件下，在产品制造过程中需重点控制的质量特性、关键部件或薄弱环节。质量控制点也称为“质量管理点”。

质量控制点是根据对重要的质量特性需要进行重点质量控制的要求而逐步形成的。任何一个施工过程或活动总是有许多项的特性要求，这些质量特性的重要程度对工程使用的影响程度不完全相同。质量控制点就是在质量管理中运用“关键的少数”、“次要的多数”这一基本原理的具体体现。

质量控制点一般可分为长期型和短期型两种。对于设计、工艺方面要求较高的关键、重要项目，是必须长期重点控制的，而对工序质量不稳定、不合格品多的或用户反馈的项目，或因为材料供应、生产安排等在某一时期内的特殊需要，则要设置短期适量控制点。当技术改进项目的实施、新材料的采用、控制措施的标准化等经过一段时间验证有效后，可以相应撤销，转入一般的质量控制。

如果对产品（工程）的关键特性、关键部位和重要因素都设置了质量控制点，得到了有效控制，则这个产品（工程）的质量就有了保证。同时控制点还可以收集大量有用的数据、信息，为质量改进提供依据。所以设置建立质量控制点，加强工序管理，是企业建立质量体系的基础环节。

### 1.5.2 质量控制点的设置原则

在什么地方设置质量控制点，需要通过对工程的质量特性要求和施工过程中的各个工序进行全面分析来确定。设置质量控制点一般应考虑下列原则：

1）对产品（工程）的适用性（可靠性、安全性）有严格影响的关键质量特性、关键部位或重要影响因素，应设置质量控制点。

2）对工艺上有严格要求，对下道工序有严重影响的关键部位应设置质量控制点。

3）对经常容易出现不良产品的工序，必须设立质量控制点。

4）对会影响项目质量的某些工序的施工顺序，必须设立质量控制点。

5）对会严重影响项目质量的材料质量和性能，必须设立质量控制点。

6）对会影响下道工序质量的技术间歇时间，必须设立质量控制点。

7）对某些与施工质量密切相关的技术参数，要设立质量控制点。

8）对容易出现质量通病的部位，必须设立质量控制点。

9）某些关键操作过程，必须设立质量控制点。

10）对用户反馈的重要不良项目应建立质量控制点。

建筑产品（工程）在施工过程中应设置多少质量控制点，应根据产品（工程）的复杂程度、技术文件上标记的特性分类以及缺陷分级的要求而定。

1.5.3 质量控制点实施

根据质量控制点的设置原则，质量控制点的落实与实施一般有以下几个步骤：

1）确定质量控制点，编制质量控制点明细表。

2）绘制“工程质量控制程序图”及“工艺质量流程图”明确标出建立控制点的工序、质量特性、质量要求等。

3）组织有关人员进行工序分析，绘制质量控制点设置表。

4）组织有关部门对质量部门进行分析，明确质量目标、检查项目、达到标准及各质量保证相关部门的关系及保证措施等，并编制质量控制点内部要求。

5）组织有关人员找出影响工序质量特性的主导因素，并绘制因果分析图和对策表。

6）编制质量控制点工艺指导书。

7）按质量评定表进行验评。为保证质量，严格按照建筑工程质量验评标准进行验评。

## 1.6 施工项目质量控制方法和手段

1.6.1 施工项目质量控制的方法

施工项目质量控制的方法，主要是审核有关技术文件、报告和直接进行现场质量检验或必要的试验等。

对技术文件、报告、报表的审核，是项目管理者对工程质量进行全面控制的重要手段，其具体内容有：

1）审核有关技术资质证明文件；

2）审核开工报告，并经现场核实；

3）审核施工方案、施工组织设计和技术措施；

4）审核有关材料、半成品的质量检验报告；

5）审核反映工序质量动态的统计资料或控制图表；

6）审核设计变更、修改图纸和技术核定书；

7）审核有关质量问题的处理报告；

8）审核有关应用新工艺、新材料、新技术、新结构的技术鉴定书；

9）审核有关工序交接检查，分项、分部工程质量检查报告；

10）审核并签署现场有关技术签证、文件等。

现场质量检验主要包括以下内容：

1）开工前检查。目的是检查是否具备开工条件，开工后能否连续正常施工，能否保证工程质量。

2）工序交接检查。对于重要的工序或对工程质量有重大影响的工序，在自检、互检的基础上，还要组织专职人员进行工序交接检查。

3）隐蔽工程检查。凡是隐蔽工程均应检查认证后方能掩盖。

4）停工后复工前的检查。因处理质量问题或某种原因停工后需复工时，亦应经检查认可后方能复工。

5）分项、分部工程完工后，应经检查认可，签署验收记录后，才许进行下一阶段施工。

6）成品保护检查。检查成品有无保护措施，或保护措施是否可靠。

此外，还应经常深入现场，对施工操作质量进行巡视检查。必要时，还应进行跟班或追踪检查。

现场进行质量检查的方法有目测法、实测法和试验法三种。

1）目测法。其手段可归纳为看、摸、敲、照四个字。

2）实测法。就是通过实测数据与施工规范及质量标准所规定的允许偏差对照，来判别质量是否合格。实测检查法的手段，也可归纳为靠、吊、量、套四个字。

3）试验检查。指必须通过试验手段，才能对质量进行判断的检查方法。

### 1.6.2 施工质量控制

#### 1.6.2.1 质量控制的方法

（1）PDCA 循环工作方法

PDCA 循环是指由计划（Plan）、实施（Do）、检查（Check）和处理（Action）四个阶段组成的工作循环。

1）计划——包含分析质量现状，找出存在的质量问题；分析产生质量问题的原因和影响因素；找出影响质量的主要因素；制定改善质量的措施；提出行动计划并预计效果。

2）实施——组织对质量计划或措施的执行。

3）检查——检查采取措施的结果。

4）处理——总结经验，巩固成绩。提出尚未解决的问题，反馈到下一步循环中去，使质量水平不断提高。

（2）质量控制统计法

1）排列图法，又称主次因素分析图法。用来寻找影响工程质量主要因素的一种方法。

2）因果分析图法，又称树枝图或鱼刺图，它是用来寻找某种质量问题的所有可能原因的有效方法。

3）直方图法，又称频数（或频率）分布直方图。它是把从生产工序搜集来的产品质量数据，按数量整理分成若干级，画出以组距为底边，以根数为高度的一系列矩形图。通过直方图可以从大量统计数据中找出质量分布规律，分析判断工序质量状态，进一步推算工序总体的合格率，并能鉴定工序能力。

4）控制图法，又称管理图。它是用样本数据分析判断工序（总体）是否处在稳定状态的有效工具。它的主要作用有二：一是分析生产过程是否稳定，为此，应随机地连续收集数据，绘制控制图，观察数据点子分布情况并评定工序状态。二是控制工序质量，为此，要定时抽样取得数据，将其描在图上，随时进行观察，以发现并及时消除生产过程中的失调现象，预防不合格产生。

5）散布图法，它是用来分析两个质量特性之间的是否存在相关关系。即根据影响质量特性因素的各对数据，用点子表示在直角坐标图上，以观察判断两个质量特性之间的关系。

6）分层法，又称分类法。它是将搜集的不同数据，按其性质、来源、影响因素等进行分类和分层研究的方法。它可以使杂乱的数据和错综复杂的因素系统化、条理化，从而找出主要原因，采取相应措施。

7）统计分析表法，它是用来统计整理数据和分析质量问题的各种表格，一般根据调查项目，可设计出不同表格格式的统计分析表，对影响质量的原因作粗略分析和判断。

1.6.2.2 质量控制的手段

1）日常性的检查，即是在现场施工过程中，质量控制人员（专业工长、质检员、技术人员）对操作人员进行操作情况及结果的检查和抽查，及时发现质量问题或质量隐患、事故苗头，以便及时进行控制。

2）测量和检测，利用测量仪器和检测设备对建筑物水平和竖向轴线、标高、几何尺寸、方位进行控制，对建筑结构施工的有关砂浆或混凝土强度进行检测，严格控制工程质量，发现偏差及时纠正。

3）试验及见证取样，各种材料及施工试验应符合相应规范和标准的要求，诸如原材料的性能，混凝土搅拌的配合比和计量，坍落度的检查和成品强度等物理力学性能及打桩的承载能力等，均需通过试验的手段进行控制。

4）实行质量否决制度，质量检查人员和技术人员对施工中存有的问题，有权以口头方式或书面方式要求施工操作人员停工或者返工，纠正违章行为责令不合格的产品推倒重做。

5）按规定的工作程序控制，预检、隐检应有专人负责并按规定检查，作出记录，第一次使用的配合比要进行开盘鉴定，混凝土浇筑应经申请和批准，完成的分项工程质量要进行实测实量的检验评定等。

6）对使用安全与功能的项目实行竣工抽查检测。

对于施工项目质量影响的因素，归纳起主要有五大方面（人、材料、机械、施工方法和环境因素），以下将针对影响质量的主要原因的控制进行讲述。

# 课题2 人的因素控制

人，是指直接参与工程建设的决策者、组织者、指挥者和操作者。人，作为控制的对象，是避免产生失误；作为控制的动力，要充分调动人的积极性，发挥“人的因素第一”的主导作用。

为了避免人的失误，调动人的主观能动性，增强人的责任感和质量观，达到以工作质量保工序质量、促工程质量的目的，除了加强政治思想教育、劳动纪律教育、职业道德教育、专业技术知识培训、健全岗位责任制、改善劳动条件、公平合理的激励外，还需根据工程项目的特点，从确保质量出发，本着适才适用，扬长避短的原则来控制人的使用。

在工程质量控制中，人员的参与，一种是以个体形态存在，另一种方式常以某一组织的形态参与，下面分别介绍两种形态下的人的控制。

## 2.1 个体人员因素控制

2.1.1 领导者的素质

在对设计、监理施工承包单位进行资质认证和优选时，一定要考核领导层领导者的素质。因为领导层整体的素质好，必然决策能力强，组织机构健全，管理制度完善，经营作风正派，技术措施得力，社会信誉高，实践经验丰富，善于协作配合。这样，就有利于合同执行，有利于确保质量、投资、进度三大目标的控制。事实证明，领导层的整体素质，是提高工作质量和工程质量的关键。

### 2.1.2 人的理论、技术水平

人的理论、技术水平直接影响工程质量水平，尤其是对技术复杂、难度大、精度高、工艺新的建筑结构设计或建筑安装的工序操作。例如：功能独特、造型新颖的建筑设计；特种结构；空间结构的理论计算；危害性大、原因复杂的工程质量事故分析处理等均应选择既有丰富理论知识，又有丰富实践经验的建筑师、结构工程师和有关的工程技术人员承担。必要时，还应对他们的技术水平予以考核，进行资质认证。

### 2.1.3 人的违纪违章

人的违纪违章，指人粗心大意、漫不经心、注意力不集中、不懂装懂、无知而又不虚心、不履行安全措施、安全检查不认真、随意乱扔东西、任意使用规定外的机械装置、不按规定使用防护用品、碰运气、图省事、玩忽职守、有意违章等，都必须严加教育、及时制止。

### 2.1.4 施工企业管理人员和操作人员控制

建筑施工队伍的管理者和操作者，是建筑工程的主体，是工程产品形成的直接创造者，人员素质高低及质量意识的强弱都直接影响到工程产品的优劣。应认真抓好操作者的素质教育，不断提高操作者的生产技能，严格控制操作者的技术资质、资格与准入条件，是施工项目质量管理控制的关键途径。

(1) 持证上岗

1) 项目经理实行持证上岗制度。从事工程项目施工管理的项目经理，必须取得《全国建筑施工企业项目经理培训合格证》和《建筑施工企业项目经理资质证书》(一、二、三级资质)。

项目经理是岗位职务，在承担工程建设时，必须具有国家授予的项目经理资质，其承担工程规格应符合项目经理资质等级许可的范围。

按照国家相关规定的要求，以及同国际操作方式的接轨需求，从2008年开始，项目经理必须由取得建造师执业资格证书（分为一级建造师和二级建造师）的同志担任。

2) 项目技术负责人的资格应与所承包的工程项目的结构特征、规模大小和技术要求相适应。

多层房屋建筑或建筑面积在1万平方米以内的一般工程项目，应由具有建筑类中专学历及以上的助理工程师，且有三年以上施工经验的人员担任。

高层建筑或建筑面积5万平方米以内的一般工程项目和住宅小区工程，应由具有建筑类工程师以上或相当于工程师技术职称的人员担任。

大型和技术复杂的工程或建筑面积在5万平方米以上的工程项目和住宅小区工程，应由具有建筑类高级工程师或相当于高级工程师的人员担任。

3) 专业工长和专业管理人员（九大员）必须经培训、考核合格，具有岗位证书的人员担任。

4) 特殊专业工种（焊工、电工、防水工等）的操作人员应经专业培训并获得相应资格证书，其他工种的操作工人应取得高、中、初级工的技能证书。

(2) 素质教育

1) 学习有关建设工程质量的法律、法规、规章，提高法律观念、质量意识，树立良好的职业道德。

2) 学习国家标准、规范、规程等技术法规，提高业务素质，加强技术标准、管理标准和企业标准化建设。

3）组织工人学习工艺、操作规程，提高操作技能，开展治理质量通病活动，消除影响结构安全和使用功能的质量通病。

4）全面开展“五严活动”。严禁偷工减料，严禁粗制滥造，严禁假冒伪劣，以次充好，严禁盲目指挥、玩忽职守，严禁私招乱揽、层层转包、违法分包。

## 2.2 组织体人员因素控制

人在参与施工项目质量控制时，是以各种组织的身份来做出或不做出某种行为的，这就要求参与人必须充分了解并切实履行所代表的组织在施工项目质量控制中应承担的质量责任和义务。按照《建设工程质量管理条例》的规定，参与施工项目质量控制单位应承担以下质量责任与义务。

### 2.2.1 建设单位的质量责任和义务

1）建设单位应当将工程发包给具有相应资质等级的承建单位。建设单位不得将建设工程肢解发包。

2）建设单位应当依法对工程项目的勘察、设计、施工、监理以及工程建设有关的重要设备、材料采购进行招标。

3）建设单位必须向有关的勘察、设计、工程监理等单位提供与建筑工程有关的原始资料，原始资料必须真实、准确、齐全。

4）建设单位不得明示或者暗示设计单位或者施工单位违反工程建设强制性标准，降低建设工程质量。

5）建设单位应将施工图设计文件报县级以上人民政府建设行政主管部门或者其他有关部门审查。施工图设计文件审查的具体办法，由国务院建设行政主管部门会同国务院其他有关部门制定。施工图设计文件未经审查的，不得使用。

6）实行监理的工程，建设单位应当委托具有相应资质等级的工程监理单位进行监理，也可以委托具有工程监理相应资质等级并与被监理工程的施工承包单位没有隶属关系或者其他利害关系的该工程的设计单位进行监理。下列建设工程必须实施监理：

①国家重点建设工程；

②大中型公用事业工程；

③成片开发建设的住宅小区工程；

④利用外国政府或者国际组织贷款、援助资金的工程；

⑤国家规定必须实行监理的其他工程。

7）建设单位在领取施工许可证或者开工报告前，应当按照国家有关规定办理工程质量监督手续。

8）建设单位不得明示或者暗示施工单位使用不合格的建筑材料、建筑构配件和设备。

9）房屋建筑使用者在装修过程中，不得擅自变动房屋建筑材料、建筑主体和承重结构。

10）建设工程竣工验收应具备下列条件：

①完成建设工程设计和合同约定的各项内容；

②有完整的技术档案和管理资料；

③有工程使用的主要建筑材料、建筑配件和设备的进场试验报告；

④有勘察、设计、施工、工程监理等单位分别签署的质量合格文件；

⑤有施工单位签署的工程保修书。

建设工程经验收合格的，方可交付使用。

11）建设单位应当严格按照国家有关档案管理的规定，及时收集、整理建设项目各环节的文件资料，建立、健全建设项目档案，并在建设工程竣工验收后，及时向建设行政主管部门或者其他有关部门移交建设项目档案。

2.2.2 勘察、设计单位的质量责任和义务

1）从事建设工程勘察、设计的单位应当依法取得相应等级的资质证书，并在其资质等级许可的范围内承揽工程。

禁止勘察、设计单位超越其资质等级许可的范围或者以其他勘察、设计单位的名义承揽工程。禁止勘察、设计单位允许其他单位或者个人以本单位的名义承揽工程。

勘察、设计单位不得转包或者违法分包所承揽的工程。

2）勘察、设计单位必须按照工程建设强制性标准进行勘察、设计，并对其勘察、设计的质量负责。

注册建筑师、注册结构工程师等注册执业人员应当在设计文件上签字，对设计文件负责。

3）勘察单位提供的地质、测量、水文等勘察成果必须真实、准确。

4）设计单位应当根据勘察成果文件进行建设工程设计。设计文件应当符合国家规定的设计深度要求，注明工程合理使用年限。

5）设计单位在设计文件中选用的建筑材料、建筑构配件和设备，应当注明规格、型号、性能等技术指标，其质量要求符合国家规定的标准。

除有特殊要求的建筑材料、专用设备、工艺生产等外，设计单位不得指定生产厂、供应商。

6）设计单位应当就审查合格的施工设计文件向施工单位作出详细说明。

7）设计单位应当参与建设工程质量事故分析，并对因设计造成的质量事故，提出相应的技术处理方案。

2.2.3 施工单位的质量责任和义务

1）施工单位应当依法取得相应等级的资质证书，并在其资质等级许可的范围内承揽工程。

禁止施工单位超越本单位资质等级许可的业务范围或者以其他施工单位的名义承揽工程。禁止施工单位允许其他单位或者个人以本单位的名义承揽工程。

施工单位不得转包或者违法分包工程。

2）施工单位对建设工程的施工质量负责。

施工单位应当建立质量责任制，确定工程项目的项目经理、技术负责人和施工管理负责人。

建设工程实行总承包的，总承包单位应当对全部建设工程质量负责；建设工程勘察、设计、施工、设备采购的一项或者多项实行总承包的，总承包单位应当对其承包的建设工程或者采购的设备的质量负责。

3）总承包单位依法将建设工程分包给其他单位的，分包单位应当按照分包合同的约定对其分包工程的质量向总承包单位负责，总承包单位与分包单位对分包工程的质量承担连带责任。

4）施工单位必须按照工程设计图和施工技术标准施工，不得擅自修改工程设计，不得偷工减料。施工单位在施工过程中发现设计文件和图纸有差错的，应当及时提出意见和建议。

5）施工单位必须按照工程设计要求、施工技术标准和合同约定，对建筑材料、建筑构配件、设备和商品混凝土进行检验，检验应当有书面记录和专人签字；未经检验或者检验不合格的，不得使用。

6）施工单位必须建立、健全施工质量的检验制度，严格工序管理，作好隐蔽工程的质量检查和记录。隐蔽工程在隐蔽前，施工单位应当通知建设单位和建设工程质量监督机构。

7）施工人员对涉及结构安全的试块、试件以及有关材料，应当在建设单位或者工程监理单位监督下现场取样，并送具有相应资质等级的质量检测单位进行检测。

8）施工单位对施工中出现质量问题的建设工程或者竣工验收不合格的建设工程，应当负责返修。

9）施工单位应当建立、健全教育培训制度，加强对职工的教育培训；未经教育培训或者考核不合格的人员，不得上岗作业。

2.2.4 工程监理单位的质量责任和义务

1）工程监理单位应当依法取得相应等级的资质证书，并在其资质等级许可的范围内承担工程监理业务。

禁止工程监理单位超越本单位资质等级许可的范围或者以其他工程监理单位的名义承担工程监理业务。禁止工程监理单位允许其他单位或者个人以本单位的名义承担工程监理业务。工程监理单位不得转让工程监理业务。

2）工程监理单位与被监理工程的施工承包单位以及建筑材料、建筑构配件和设备供应单位有隶属关系或者其他利害关系的，不得承担该项建设工程的监理业务。

3）工程监理单位应当依照法律、法规以及有关技术标准、设计文件和建设工程承包合同，代表建设单位对施工质量实施监理，并对施工质量承担监理责任。

4）工程监理单位应当选具备相应的总监理工程师和监理工程师进驻施工现场。

未经监理工程师签字，建筑材料及设备不得在工程上使用或者安装，施工单位不得进行下一道工序的施工，未经总监理工程师签字，建设单位不拨付工程款，不进行竣工验收。

5）监理工程师应当按照工程监理规范的要求，以旁站、巡视和平行检验等形式，对建设工程实施监理。

# 课题3 机械设备控制

## 3.1 施工现场机械设备控制意义

建筑施工生产活动，除了要具备劳动力和劳动对象之外，还必须具有一定数量的劳动资料。机械设备是建筑产品生产的主要劳动资料，是生产建筑产品必备的基本要素。随着建筑工业化的发展，施工机械越来越多，并将逐步代替繁重的体力劳动，在施工生产中发挥愈来愈大的作用。

加强现场施工机械设备管理，使机械设备经常处于良好的技术状态，对提高劳动生产效率、减轻劳动强度，改善劳动环境，保证工程质量，加快施工速度等都具有重要作用。同时现场施工机械设备管理是建筑企业管理的重要组成部分，是提高工程项目经济效益的重要环节。

## 3.2 施工现场机械设备控制的任务与内容

建筑企业机械设备管理是对企业的机械设备运动，即从选购（或自制）机械设备开始，包括投入施工、磨损、补偿直到报废为止的全过程的管理。而现场施工机械设备管理主要是正确选择（或租赁）和使用机械设备，及时搞好施工机械设备的维护和保养，按计划检查和修理，建立现场施工机械设备使用管理制度等。其主要任务是采取技术、经济、组织措施对机械设备合理使用，用养结合，提高施工机械设备的使用效率，尽可能降低工程项目的机械使用成本，提高工程项目的经济效益。

现场施工机械设备管理的内容主要有以下几个方面。

### 3.2.1 机械设备的选择与配套

任何一个工程项目施工机械设备的合理装备，必须依据施工组织设计。首先，对机械设备的技术经济进行分析，选择既满足生产，技术先进又经济合理的机械设备。结合施工组织设计，分析自测、购买和租赁的分界点，进行合理装备。其次，现场施工机械设备的装备必须配套成龙，使设备在性能、能力等方面相互配套。如果设备数量多，但相互之间不配套，不仅机械性能不能充分发挥，而且会造成经济上的浪费。所以不能片面地认为设备的数量越多越好。现场施工机械设备的配套必须考虑主机和辅机的配套关系，在综合机械化组列中前后工序机械设备间的配套关系，大、中、小型工程机械及动力工具的多层次结构的合理比例关系。

### 3.2.2 现场机械设备的合理使用

现场机械设备管理要处理好“养”、“管”、“用”三者之间的关系，遵照机械设备使用的技术规律和经济规律，合理、有效地利用机械设备，使之发挥较高的使用效率。为此，操作人员使用机械时必须严格遵守操作规程，反对“拼设备”、“吃设备”等野蛮操作。

### 3.2.3 现场机械设备的保养和修理

为了提高机械设备的完好率，使机械设备经常处于良好的技术状态，必须做好机械设备的维修保养工作。同时，定期检查和校验机械设备的运转情况和工作精度，发现隐患及时采取措施。根据机械设备的性能、结构和使用状况，制订合理的修理计划，以便及时恢复现场机械设备的工作能力，预防事故的发生。

## 3.3 施工机械设备使用控制

### 3.3.1 合理配备各种机械设备

由于工程特点及生产组织形式各不相同，因此，在配备现场施工机械设备时必须根据工程特点，经济合理地为工程配好机械设备，同时又必须根据各种机械设备的性能和特点，合理地安排施工生产任务，避免“大机小用”、“精机粗用”，以及超负荷运转的现象。

而且还应随工程任务的变化及时调整机械设备，使各种机械设备的性能与生产任务相适应。

现场施工单位在确定施工方案和编制施工组织设计时，应充分考虑现场施工机械设备管理方面的要求，统筹安排施工顺序和平面布置图，为机械施工创造必要的条件。如水、电、动力供应，照明的安装、障碍物的拆除，以及机械设备的运行路线和作业场地等。现场负责人要善于协调施工生产和机械使用管理间的矛盾，既要支持机械操作人员的正确意见，又要向机械操作人员进行技术交底和提出施工要求。

### 3.3.2 实行人机固定的操作证制度

为了使施工机械设备在最佳状态下运行使用，合理配备足够数量的操作人员并实行机械使用、保养责任制是关键。现场的各种机械设备应定机定组交给一个机组或个人，使之对机械设备的使用和保养负责。操作人员必须经过培训和统一考试，合格取得操作证后，方可独立操作。无证人员登机操作应按严重违章操作处理。坚决杜绝为赶进度而任意指派机械操作人员之类事件的发生。

### 3.3.3 建立健全现场施工机械设备使用的责任制和其他规章制度

人员岗位责任制，操作人员在开机前、使用中、停机后，必须按规定的项目要求，对机械设备进行检查和例行保养，做好清洁、润滑、调整、紧固防腐工作。经常保持机械设备的良好状态，提高机械设备的使用效率，节约使用费用、取得良好的经济效益。

遵守磨合期使用的有关规定。由于新机械设备或经大修理后的机械设备在磨合期间，零件表面尚不够光洁，因而期间的间隙及啮合尚未达到良好的配合。所以，机械设备在使用初期一定时间内，对操作提了一些特殊规定和要求即磨合期使用规定。

凡是新购、大修以及经过发行的机械设备，在正式使用初期，都必须按规定执行磨合。其目的是使机械零件磨合良好，增强零件的耐用性，提高机械运行的可靠性和经济性。在磨合期内，加强机械设备的检查和保养，应经常注意运转情况、仪表指示，检查各总分轴承、齿轮的工作温度和连接部分的松紧，并及时润滑、紧固和调整，发现不正常现象及时采取措施。

### 3.3.4 创造良好的环境和工作条件

1）创造适宜的工作场地。水、电、动力供应充足，工作环境应整洁、宽敞、明亮，特别是夜晚施工时，要保证施工现场的照明。

2）配备必要的保护，安全、防潮装置，有些机械设备还必须配备降温、保暖、通风等装置。

3）配备必要测量、控制和保险用的仪表和仪器等装置。

4）建立现场施工机械设备的润滑管理系统。即实行“五定”的润滑管理——定人、定质、定点、定量、定期的润滑制度。

5）开展施工现场范围内的完好设备竞赛活动。完好设备是指零件、部件和各种装置完整齐全、油路畅通、润滑正常、内外清洁，性能和运转状况均符合标准的设备。

6）对于在冬季施工中使用的机械设备，要及时采取相应的技术措施，以保证机械正常运转。如准备好机械设备的预热保温设备；在投入冬季使用前，对机械设备进行一次季节性保养，检查全部技术状态，换用冬季润滑油等。

3.3.5 现场施工机械设备使用控制建立“三定”制度

(1)“三定”制度的意义

“三定”制度，即定人、定机、定岗位责任，是人机固定原则的具体表现，是保证现场施工机械设备得到最合理使用和精心维护的关键。“三定”制度是把现场施工机械设备的使用、保养、保管的责任落实到个人。

(2) 施工现场落实“三定”制度形式

施工现场“三定”制度的形式可多种多样，根据不同情况而定，但是必须把本工地所属的全部机械设备的使用、保管、保养的责任落实到人。做到人人有岗位，事事有专责，台台机械有人管，具体可利用以下几种形式：

1) 多人操作式多班作业的机械设备，在指定操作人员的基础上，任命一人为机长，实行机长负责制；

2) 一人一机或一人多机作业的机械，实行专机专人负责制；

3) 掌握有中、小型机械设备的班组，在机械设备和操作人员不能固定的情况下，应任命机组长对所管机械设备负责；

4) 施工现场向企业租赁或调用机械设备时，对大型机械原则上做到机调人随，重型或关键机械必须人随机走。

(3)“三定”制定的内容

在“三定”制度内部，建立健全机械操作人员与机长的职责，班与班之间的责任制

1) 操作人员职责

①严格遵守操作规程，主动积极为施工生产服务，高质低耗地完成机械作业任务；

②爱护机械设备，执行保养制度，认真按规定要求做好机械设备的清洁、润滑、加固、调整、防腐等工作，保证机械设备经常整洁完好；

③保管好原机零件、部件、附属设备、随机工具，做到完整齐全，不丢失或无故损坏；

④认真执行交接班制度，及时准确地填写机械设备的各项原始记录，经常反映机械设备的技术状况。

2) 机长职责

机长是不脱产的操作人员，除履行操作人员职责外，还应做到：

①组织并督促检查全组人员对机械设备的正确使用、保养、保管和维修、保证完成机械施工作业任务。

②检查并汇总各项原始记录及报表，及时准确上报，组织机组人员进行单机核算；

③组织并检查交接班制度执行情况；

④组织机组人员的技术业务学习，并对人员的技术考核提出意见。

3) 交接班制度

为了使多班作业的机械设备不致由于班与班之间交接不清而发生操作事故、附件丢失或责任不清等现象，必须建立交接班制度作为岗位责任制的组成部分。机械设备交接班时，首先应由交方填写交接班记录，并作口头补充介绍，经接方核对确认签收后方可下班。交接班的内容是：

①交清本班任务完成情况，工作面情况及其他有关注意事项或要求；

②交清机械运转及使用情况，特别应介绍有无异常情况及处理经过；

③交清机械保养情况及存在问题；

④交清机械随机工具，附件和消耗材料等情况；

⑤填好本班各项原始记录，做机械清洁工作。

# 课题4 材料的控制

材料（含构配件）是工程施工的物质条件，没有材料就无法施工。材料的质量是工程质量的基础，材料质量不符合要求，工程质量也就不可能符合标准。所以，加强材料的质量控制，是提高工程质量的重要保证，也是创造正常施工条件的前提。

## 4.1 材料质量控制的要点

### 4.1.1 掌握材料信息，优选供货厂家

掌握材料质量、价格、供货能力的信息，选择好供货厂家，就可获得质量好、价格低的材料资源，从而确保工程质量，降低工程造价。这是企业获得良好社会效益、经济效益、提高市场竞争能力的重要因素。

材料订货时，要求厂方提供质量保证文件，用以表明提供的货物完全符合质量要求。质量保证文件的内容主要包括：供货总说明；产品合格证及技术说明书；质量检验证明；检测与试验者的资质证明；不合格品或质量问题处理的说明及证明；有关图纸及技术资料等。

对于材料、设备、构配件的订货、采购，其质量要满足有关标准和设计的要求；交货期应满足施工及安装进度计划的要求。对于大型的或重要设备，以及大宗材料的采购，应当实行招标采购的方式；对某些材料，如瓷砖等装饰材料，订货时最好一次订齐和备足货源，以免由于分批订货而出现颜色差异、质量不一。

### 4.1.2 合理组织材料供应，确保施工正常进行

合理、科学地组织材料的采购、加工、储备、运输，建立严密的计划、调度体系，加快材料的周转，减少材料的占用量，按质、按量、如期地满足建设需要，乃是提高供应效益、确保正常施工的关键环节。

### 4.1.3 合理组织材料使用，减少材料的损失

正确按定额计量使用材料，加强运输、仓库、保管工作，加强材料限额管理和发放工作，健全现场材料管理制度，避免材料损失、变质，乃是确保材料质量、节约材料的重要措施。

### 4.1.4 加强材料检查验收，严把材料质量关

1）对用于工程的主要材料，进场时必须具备正式的出厂合格证和材质化验单。如不具备或对检验证明有怀疑时，应补做检验。

2）工程中所有各种构件，必须具有厂家批号和出厂合格证。钢筋混凝土和预应力钢筋混凝土构件，均应按规定的方法进行抽样检验。由于运输、安装等原因出现的构件质量问题，应分析研究，经处理鉴定合格后方能使用。

3）凡标志不清或认为质量有问题的材料；对质量保证资料有怀疑或与合同规定不符的一般材料；由于工程重要程度决定，应进行一定比例试验的材料；需要进行追踪检验，

以控制和保证其质量的材料等，均应进行抽检。对于进口的材料设备和重要工程或关键施工部位所用的材料，则应进行全部检验。

4）材料质量抽样和检验的方法，应符合《建筑材料质量标准与管理规程》，要能反映该批材料的质量性能。对于重要构件或非匀质的材料，还应酌情增加采样的数量。

5）在现场配制的材料，如混凝土、砂浆等的配合比，应先提出试配要求，经试配检验合格后才能使用。

6）对进口材料、设备应会同商检局检验，如核对凭证中发现问题，应取得供方和商检人员签署的商务记录，按期提出索赔。

4.1.5 要重视材料的使用认证，以防错用或使用不合格的材料

1）对主要装饰材料及建筑配件，应在订货前要求厂家提供样品或看样订货；主要设备订货时，要审核设备清单，是否符合设计要求。

2）对材料性能、质量标准、适用范围和对施工要求必须充分了解，以便慎重选择和使用材料。

3）凡是用于重要结构、部位的材料，使用时必须仔细地核对、认证，其材料的品种、规格、型号、性能有无错误，是否适合工程特点和满足设计要求。

4）新材料应用，必须通过试验和鉴定；代用材料必须通过计算和充分的论证，并要符合结构构造的要求。

5）材料认证不合格时，不许用于工程中；有些不合格的材料，如过期、受潮的水泥是否降级使用，亦需结合工程的特点予以论证，但决不允许用于重要的工程或部位。

4.1.6 现场材料应按以下要求管理

1）入库材料要分型号、品种，分区堆放，予以标识，分别编号。

2）对易燃易爆的物资，要专门存放，有专人负责，并有严格的消防保护措施。

3）对有防湿、防潮要求的材料，要有防湿、防潮措施，并要有标识。

4）对有保质期的材料要定期检查，防止过期，并做好标识。

5）对易损坏的材料、设备，要保护好外包装，防止损坏。

## 4.2 建筑材料质量控制的原则

4.2.1 材料质量控制的基本要求

虽然工程使用的建筑材料种类很多，其质量要求也各不相同，但是从总体上说，建筑材料可以分为直接使用的进场材料和现场进行二次加工后使用的材料两大类。前者如砖或砌块，后者如混凝土和砌筑砂浆等。这两类进场材料质量控制的基本要求都应当掌握。

1）材料进场时其质量必须符合规定。

2）各种材料进场后应妥善保管，避免质量发生变化。

3）材料在施工现场的二次加工必须符合有关规定。如：混凝土和砂浆配合比、拌制工艺等必须符合有关规范标准和设计的要求。

4）了解主要建筑材料常见的质量问题及处理方法。

4.2.2 进场材料质量的验收

1）对材料外观、尺寸、形状、数量等进行检查。对材料外观等进行检查，是任何材料进场验收必不可缺的重要环节。

2）检查材料的质量证明文件。

3）检查材料性能是否符合设计要求。材料质量不仅应该达到规范规定的合格标准，当设计有要求时，还必须符合设计要求。因此，材料进场时，还应对照设计要求进行检查验收。

4）为了确保工程质量，对涉及地基基础与主体结构安全或影响主要建筑功能的材料，还应当按照有关规范或行政管理规定进行抽样复试。以检验其实际质量与所提供的质量证明文件是否相符。

#### 4.2.3 见证取样和送检

近年来，随着工程质量管理的深化，对工程材料试验的公正性、可靠性提出了更高的要求。从1995年开始，我国北京、上海等城市，开始实行有见证取样送检制度。具体作法是：对部分重要材料试验的取样、送检过程，由监理工程师或建设单位的代表到场见证，确认取样符合有关规定后，予以签认，同时将试样封存，直至送达试验单位。

为了更好地控制工程及材料质量，质量控制参与者应当熟悉见证取样的有关规定，要求建设单位、监理单位、施工单位认真实施。应当将见证取样送检的试验结果与其他试验结果进行对比，互相印证，以确认所试项目的结论是否正确、真实。如果应当进行见证取样送检的项目，由于种种原因未做时，应当采取补救措施。例如，当条件许可时，应该补做见证取样送检试验，当不具备补做条件时，对相应部位应该进行检测等等。

见证取样送检制度提高了取样与送检环节的公正性，但对试验环节，没有涉及。通常由各地根据自己的情况对试验环节加以管理。

#### 4.2.4 新材料的使用

新材料通常指新研制成功或新生产出来的未曾在工程上使用过的材料。建筑工程使用新材料时，由于缺乏相对成熟的使用经验，对新材料的某些性能不熟悉，因此必须贯彻“严格”、“稳妥”的原则，我国许多地区和城市，对建筑工程使用新型材料，都有明确和严格的规定。通常，新材料的使用应该满足以下三条要求：

1）新材料必须是生产或研制单位的正式产品，有产品质量标准，产品质量应达到合格等级。任何新材料，生产研制单位除了应有开发研制的各种技术资料外，还必须具有产品标准。如果没有国家标准、行业标准或地方标准，则应该制定企业标准，企业标准应按规定履行备案手续。材料的质量，应该达到合格等级。没有质量标准的材料，或不能证明质量达到合格的材料，不允许在建筑工程上使用。

2）新材料必须通过试验和鉴定

新材料的各项性能指标，应通过试验确定。试验单位应具备相应的资质。为了确保新材料的可靠性与耐久性，在新材料用于工程前，应通过一定级别的技术论证与鉴定。对涉及地基基础、主体结构安全及环境保护、防火性能以及影响重要建筑功能的材料，应经过有关管理部门批准。

3）使用新材料，应经过设计单位和建设单位的认可，并办理书面认可手续。

## 4.3 材料质量控制的内容

材料质量控制的内容主要有：材料的质量标准，材料的性能，材料取样、试验方法，材料的适用范围和施工要求等。

4.3.1 材料质量标准

材料质量标准是用以衡量材料质量的尺度，也是作为验收、检验材料质量的依据。不同的材料有不同的质量标准，如水泥的质量标准有细度、标准稠度用水量、凝结时间、强度、体积安定性等。掌握材料的质量标准，就便于可靠地控制材料和工程的质量。如水泥颗粒越细，水化作用就越充分，强度就越高；初凝时间过短，不能满足施工有足够的操作时间，初凝时间过长，又影响施工进度；安定性不良，会引起水泥石开裂，造成质量事故；强度达不到等级要求，直接危害结构的安全。为此，对水泥的质量控制，就是要检验水泥是否符合质量标准。

4.3.2 材料质量的检（试）验

（1）材料质量的检验目的

材料质量检验的目的，是通过一系列的检测手段，将所取得的材料数据与材料的质量标准相比较，借以判断材料质量的可靠性，能否使用于工程中；同时，还有利于掌握材料信息。

（2）材料质量的检验方法

材料质量检验方法有书面检验、外观检验、理化检验和无损检验等四种。

1）书面检验，是通过对提供的材料质量保证资料、试验报告等进行审核，取得认可方能使用。

2）外观检验，是对材料从品种、规格、标志、外形尺寸等进行直观检查，看其有无质量问题。

3）理化检验，是借助试验设备和仪器对材料样品的化学成分、机械性能等进行科学的鉴定。

4）无损检验，是在不破坏材料样品的前提下，利用超声波、X 射线、表面探伤仪等进行检测。

（3）材料质量检验程度

根据材料信息和保证资料的具体情况，其质量检验程度分免检、抽检和全部检查三种。

1）免检就是免去质量检验过程。对有足够质量保证的一般材料，以及实践证明质量长期稳定、且质量保证资料齐全的材料，可予免检。

2）抽检就是按随机抽样的方法对材料进行抽样检验。当对材料的性能不清楚，或对质量保证资料有怀疑，或对成批生产的构配件，均应按一定比例进行抽样检验。

3）全检验。凡对进口的材料、设备和重要工程部位的材料，以及贵重的材料，应进行全部检验，以确保材料和工程质量。

（4）材料质量检验项目

材料质量的检验项目分：“一般试验项目”，为通常进行的试验项目；“其他试验项目”，为根据需要进行的试验项目。具体内容参阅材料检验项目的相关规定。如水泥，一般要进行标准稠度、凝结时间、抗压和抗折强度检验；若是小窑水泥，往往由于安定性不良好，则应进行安定性检验。

（5）材料质量检验的取样

材料质量检验的取样必须有代表性，即所采取样品的质量应能代表该批材料的质量。

具体方法和数量见有检证取样规定的相关资料（因各地存在一定的差异）。

4.3.3 材料的选择和使用要求

材料的选择和使用不当，均会严重影响工程质量或造成质量事故。为此，必须针对工程特点，根据材料的性能、质量标准、适用范围和对施工要求等方面进行综合考虑，慎重地选择和使用材料。

如不同品种、强度等级的水泥，由于水化热不同，不能混合使用；硅酸盐水泥、普通水泥因水化热大，适宜于冬期施工，而不适宜于大体积混凝土工程。

## 4.4 常用建筑材料的质量控制

4.4.1 进场水泥的质量控制

水泥是一种有效期短、质量极容易变化的材料，同时又是工程结构最重要的胶结材料。水泥质量对建筑工程的安全具有十分重要的意义。由水泥质量引发的工程质量问题比较常见，对此应该引起足够重视。

(1) 对进场水泥的质量进行验收应该做好以下工作

1) 检查进场水泥的生产厂是否具有产品生产许可证。

2) 检查进场水泥的出厂合格证或试验报告。

3) 对进场水泥的品种、标号、包装或散装仓号、出厂日期等进行检查。对袋装水泥的实际重量进行抽查。

4) 按照产品标准和施工规范要求，对进场水泥进行抽样复试。抽样方法及试验结果必须符合国家有关标准的规定。由于水泥有多种不同类别，其质量指标与化学成分以及性能各不相同，故应对抽样复试的结果认真加以检查，各项性能指标必须全部符合标准。

5) 当对水泥质量有怀疑时，或水泥出厂日期超过三个月时，应进行复试，并按试验结果使用。

6) 水泥的抽样复试应符合见证取样送检的有关规定。

(2) 进场水泥的保存、使用主要有以下要求

1) 必须设立专用库房保管。水泥库房应该通风、干燥、屋面不渗漏、地面排水通畅。

2) 水泥应按品种、标号、出厂日期分别堆放，并应当用标牌加以明确标示。标牌书写项目、内容应齐全。当水泥的贮存期超过三个月或受潮、结块时，遇到标号不明、对其质量有怀疑时，应当进行取样复试，并按复试结果使用。这样的水泥，不允许用于重要工程和工程的重要部位。

3) 为了防止材料混合后出现变质或强度降低现象，不同品种的水泥，不得混合使用。各种水泥有各自的特点，在使用时应予以考虑。例如，硅酸盐水泥、普通水泥因水化热大，适于冬期施工，而不适宜于大体积混凝土工程；矿渣水泥适用于大体积混凝土和耐热混凝土，但具有泌水性大的特点，易降低混凝土的匀质性和抗渗性，施工时必须注意。

4.4.2 进场钢筋的质量控制

(1) 进场钢筋验收的主要工作

1) 检查进场钢筋生产厂是否具有产品生产许可证。

2) 检查进场钢筋的出厂合格证或试验报告。

3) 按炉罐号批号及直径和级别等对钢筋的标志、外观等进行检查。进场钢筋的表面

或每捆（盘）均应有标志，且应标明炉罐号或批号。

4）按照产品标准和施工规范要求，按炉罐号、批号及钢筋直径和级别等分批抽取试样作力学性能试验。试验结果应符合国家有关标准的规定。

5）当钢筋在运输、加工过程中，发现脆断、焊接性能不良或力学性能显著不正常等现象时，应根据国家标准对该批钢筋进行化学成分检验或其他专项检验。

6）钢筋的抽样复试应符合见证取样送检的有关规定。

（2）对冷拉钢筋的质量验收

1）应进行分批验收。每批由不大于 20t 的同级别、同直径冷拉钢筋组成。

2）钢筋表面不得有裂纹和局部缩颈，当用作预应力筋时，应逐根检查。

3）从每批冷拉钢筋中抽取 2 根钢筋，每根取 2 个试样分别进行拉力和冷弯试验。当有一项试验结果不符合规定时，应当取加倍数量的试样重新试验，当仍有一个试样不合格时，则该批冷拉钢筋为不合格品。

（3）对冷拔钢丝的质量验收

1）逐盘检查外观，钢丝表面不得有裂纹和机械损伤。

2）甲级钢丝的力学性能应逐盘检验。从每盘钢丝上任一端截去不少于 500mm 后取 2 个试样，分别作拉力和 180 度反复弯曲试验，并按其抗拉强度确定该盘钢丝的组别。

3）乙级钢丝的力学性能可分批抽样检验。以同一直径的钢丝 5t 为一批，从中任取三盘，每盘各截取两个试样，分别作拉力和反复弯曲试验，如有一个试样不合格，应在未取过试样的钢丝盘中，另取双倍数量的试样，再做各项试验，如仍有一个试样不合格，则应对该批钢丝逐盘检验，合格者方可使用。

4）各种钢筋或冷拔钢丝验收合格后，应按批分别堆放整齐，避免锈蚀或油污，并应设置标示牌，标明品种、规格、数量等。

## 课题 5　方法的控制

方法控制是指施工项目为达到合同条件的要求，在项目施工阶段内所采取的技术方案、工艺流程、组织措施、检测手段、施工组织设计等的控制。

### 5.1　施工方案确定

施工项目的施工方案正确与否，是直接影响施工项目的进度控制、质量控制、投资控制三大目标能否顺利实现的关键。往往由于施工方案考虑不周而拖延进度，影响质量，增加投资。为此，在制定和审核施工方案时，必须结合工程实际从技术、组织、管理、工艺、操作、经济等方面进行全面分析、综合考虑，力求方案技术可行、经济合理、工艺先进、措施得力、操作方便，有利于提高质量、加快进度、降低成本。

施工方案的确定一般包括：确定施工流向、确定施工顺序、划分施工段、选择施工方法和施工机械。

#### 5.1.1　确定施工流向

确定施工流向是解决施工项目在平面上、空间上的施工顺序，确定时应考虑以下因素：

1）按生产工艺要求，须先期投入生产或起主导作用的工程项目先施工；

2）技术复杂、施工进度较慢、工期较长的工段和部位先施工；

3）满足选用的施工方法、施工机械和施工技术的要求；

4）符合工程质量与安全的要求；

5）确定的施工流向不得与材料、构件的运输方向发生冲突。

#### 5.1.2 确定施工顺序

施工顺序是指单位工程施工项目中，各分项分部工程之间进行施工的先后次序。主要解决工序间在时间上的搭接关系，以充分利用空间、争取时间、缩短工期。单位工程施工项目施工应遵循先地下、后地上；先土建、后安装；先高空、后地面；先设备安装、后管道电气安装的顺序。

#### 5.1.3 划分施工段

施工段的划分，必须满足施工顺序、施工方法和流水施工条件的要求，为使施工段划分合理，应遵循以下原则：

1）各施工段上的工程量应大致相等，相差幅度不超过10%～15%，确保施工连续、均衡地进行；

2）划分施工段界限应与施工项目的结构界限（变形缝、单元分界、施工缝位置）相一致，以确保施工质量和不违反操作顺序要求为前提；

3）施工段应有足够的工作面，以利于达到较高的劳动效果；

4）施工段的数量要满足连续流水施工组织的要求，最好 $m \geqslant n$。

#### 5.1.4 选择施工方法和施工机械

施工方法和施工机械的选择是紧密联系的，施工机械的选择是施工方法选择的中心环节，不同的施工方法所用的施工机具不同，在选择施工方法和施工机械时，要充分研究施工项目的特征、各种施工机械的性能、供应的可能性和企业的技术水平、建设工期的要求和经济效益等，一般遵循以下要求：

1）施工方法的技术先进性和经济合理性统一；

2）施工机械的适用性与多用性兼顾；

3）辅助机械应与主导机械的生产能力应协调一致；

4）机械的种类和型号在一个施工项目上应尽可能少；

5）尽量利用现有机械。

在确定施工方法和主导机械后，应考虑施工机械的综合使用和工作范围，工作内容得到充分利用，并制定保证工程质量与施工安全的技术措施。

#### 5.1.5 施工方案的技术经济分析

施工项目中的任何一个分项分部工程，应列出几个可行的施工方案，通过技术经济分析在其中选出一个工期短、质优、省料、劳动力和机械安排合理、成本低的最优方案。

施工方案的技术经济分析有定性分析和定量分析两种常用方法。

定性分析是结合施工经验，对几个方案的优缺点进行分析和比较，得出以下指标来评价确定。

1）施工操作上的难易程度和安全可靠性；

2）能否为后续工作创造有利的施工条件；

3）选择的施工机械设备是否可能取得；

4）能否为现场文明施工创造有利条件；

5）对周围其他工程施工影响的程度大小。

定量分析，是通过计算各方案的几个主要技术经济指标进行综合分析，从中选择技术经济指标最优的方案，主要指标有：

1）工期指标。当要求工程尽快完成时，选择施工方案就要确保工程质量、安全和成本较低的条件下，优先考虑缩短工期的方案。

2）劳动消耗量指标。它反映施工机械化程度和劳动生产率水平，在方案中劳动消耗量越小，说明机械化程度和劳动生产率越高。

3）主要材料消耗量指标。反映各施工方案的主要材料节约情况。

4）成本指标。反映施工方案成本高低。

5）投资额指标。当拟定的施工方案需要增加新的投资时，以投资额低的方案为好。

## 5.2 施工方法实例

引录某大厦施工项目施工方法（工程概况和施工条件略）部分。

（1）土方开挖

根据设计院设计图纸及现场目前状况，一旦进入现场，首先应进行已挖基坑内积水的排除，以及西南角下坑坡道的修筑，随即调进三台挖掘机及一台凿岩机进行土石方的开挖，自卸汽车负责外运。

机械在西南下基坑，首先将已挖基底上风化土挖除，及修理边坡。

挖掘前凿岩机将土石凿碎，挖掘机在后面挖除，边坡用人工、风镐进行挖掘。

土方开挖从东北角向西南角进行，最后，从西南角退出。基坑坡道部分的土方，挖土机边退出边挖除，剩余土方用长壁挖掘机挖除。

根据设计图纸及计算，基底土石方尚有 2 万 $m^3$ 需挖除，按每天 800$m^3$计算，需 25 天完成。运土配备 15t 自卸汽车 10 辆，以确保每天 800$m^3$ 开挖土方出土量。

土方开挖需分二步进行，第一步进行整个基础底板底土方的大面积开挖，然后进行二次放线，开挖承台、地梁等土石方。承台、地梁基坑的开挖主要用风镐加人工进行。现场配备风镐 8 台，平均每天每台风镐至少挖一个坑。

土方开挖时，必须注意土方挖好一块，随即验收一块，一旦合格立即浇筑混凝土垫层封底，并做好对帷幕桩的保护。

（2）钢筋工程

由于现场场地狭小，钢筋成型均在加工厂完成，按进度运至现场进行绑扎。现场配备一台钢筋弯曲机、一台钢筋切断机，进行现场辅助配料。

钢筋连接直径 $\geqslant \phi 22$ 的钢筋均采用锥螺纹连接，其他均采用绑扎接头。

主楼底板上、下层钢筋网支撑，采用钢管支撑，钢管间距为 2.5m，梅花形布置，钢筋上下均用钢板封死，中间加焊 15mm 厚止水板。

锥螺纹钢筋对接施工时，钢筋工长和质检员必须严格把关，首先检查锥螺纹加工质量是否符合有关规范，合格后方允许对接，对接时必须有专人验收每个接头，合格的做出标记，不合格的返工重来，每层需选三组进行拉力试验。

钢筋的扭紧用力矩板手完成，当听到力矩板手发出“卡嚓”响声时，即达到接头拧紧值，力矩板手需经过验定。

对于剪力墙暗柱、暗梁接头钢筋密集区，按以下措施处理：

先扎柱筋，将柱箍筋扎至主梁底标高处→放梁箍筋→套剩余柱箍筋→穿梁底与箍筋绑扎→落柱箍筋→穿梁面筋与梁箍筋绑扎→绑扎柱箍筋→扎板筋。

梁钢筋的保护层垫块按每 60cm 间距垫设；板保护层垫块按每 80cm 间距垫设。板的上层筋必须加工钢筋撑脚按间距小于 80cm 垫设，墙柱钢筋保护层垫块间距按小于 100cm 垫设。

(3) 混凝土工程

混凝土均采用泵送商品混凝土，现场配备一台混凝土搅拌机，进行临时应急搅拌，20m 以下采用汽车式泵车，20m 以上（含 20m）采用 80 型固定泵输送。

本工程地下室底板混凝土为大体积混凝土浇筑，混凝土采用低水化热的矿渣水泥，并掺用粉煤灰，浇筑时采用一个坡底分层浇筑、循序推进，一次到顶的浇筑方法，设二台混凝土泵，每小时供料为 $30m^3$，初凝时间不超过 4 小时，则每层浇筑厚度应为 40cm。

混凝土浇筑时按每一楼层浇筑二次的方法进行，第一次为柱、墙混凝土、施工缝留至梁底标高 -10cm 处，第二次为整个梁板钢筋完成后进行浇筑，平面不留施工缝，一次性浇筑。

混凝土浇筑后立即进行覆盖、保温，现场配备塑料薄膜一层，草袋两层，浇水养护，混凝土内外温差小于 20℃时方可拆除覆盖。

# 课题 6　环境因素控制

项目施工阶段是施工项目形成的关键阶段，此阶段是施工企业在项目的施工现场将设计的蓝图建造成实物，因而施工阶段的环境因素对施工项目质量起着非常重要的影响，在施工项目质量的控制中应重视施工现场环境因素的影响，并加以有效合理的控制。

影响施工项目质量的环境因素很多概括起来分为：工程技术环境（图纸资料、图纸会审、开工审批、技术交底等），工程管理环境（质量保证体系、质量管理制度等），现场施工环境（场地情况、交通状况、能源供应等），自然环境（地质、地下水位、气象等），以及其他环境因素。

环境因素对施工项目质量的影响具有复杂而多变的特点。比如气象条件：温度、湿度、降雨、严寒等都直接影响施工项目质量，气象变化主要体现在冬期、雨期、炎热季节性施工中，尤其是混凝土工程、土方工程、深基础及高空作业等深受季节性条件的影响。但气象条件是无法改变的，只能根据各自特点做好季节性施工的准备工作并采取有针对性的质量措施，降低或避免季节性环境因素对施工质量影响。

## 6.1 季节性施工准备工作控制

### 6.1.1 冬期施工准备工作

1）合理安排冬期施工项目。冬期施工条件差、技术要求高，费用增加。为此，应考虑既能保证施工质量，而费用又增加较少的项目安排在冬期施工，如吊装、打桩、室内抹灰、装修（可先安装好门窗及玻璃）等工程。

2）落实各种热源供应和管理。包括各种热源供应渠道、热源设备和冬期用的各种保温材料的储存和供应等工作。

3）做好保温防冻工作。

4）做好测温组织工作。测温要按规定的部位、时间要求进行，并要如实填写测温记录。

5）做好停工部位的安排、防护和检查。

6）加强安全教育，严防火灾发生。要有防火安全技术措施，经常检查落实确保各种热源设备完好。做好职工培训及冬期施工的技术操作和安全施工的教育，确保施工质量，避免安全事故发生。

6.1.2 雨期施工的准备工作

1）防洪排涝，做好现场排水工作。工程地点若在河流附近，上游有大面积山地丘陵，应有防洪排涝准备。施工现场雨期来临前，应做好排水沟渠的开挖，准备好抽水设备，防止场地积水和地沟、基槽、地下室等泡水，造成损失。

2）做好雨期施工安排，尽量避免雨期窝工造成的损失。一般情况下在雨期到来之前，应多安排完成基础、地下工程、土方工程、室外及屋面工程等不宜在雨期施工的项目；多留些室内工作在雨期施工。

3）做好道路维护，保证运输畅通。雨期前检查道路边坡排水，适当提高路面，防止路面凹陷，保证运输畅通。

4）做好物资的储存。雨期到来前，材料、物资应多储存，减少雨期运输量，以节约费用。要准备必要的防雨器材，库房四周要有排水沟渠，防止物品淋雨浸水而变质。

5）做好机具设备防护。雨期施工，对现场的各种设施、机具要加强检查，特别是脚手架、垂直运输设施等，要采取防倒塌、防雷击、防漏电等一系列技术措施。

6）加强施工管理，做好雨期施工的安全教育。要认真编制雨期施工技术措施，认真组织贯彻实施。加强对职工的安全教育，防止各种事故发生。

## 6.2 季节性施工措施

6.2.1 季节性施工措施

1）施工人员应熟悉认真执行冬期施工技术有关规定，掌握气候动态。

2）混凝土冬期施工以蓄热法为主，掺早强剂为辅，可用热水搅拌混凝土，短运输、快入模，混凝土浇筑完毕立即盖好，尽量使用高强度等级水泥。

3）混凝土搅拌时间增加常温时的50%，草帘子日揭夜盖，保持温度，直至强度达到设计标号的40%。

4）砌体工程冬期施工、石灰膏要遮盖防冻，砖及块材不浇水，砌筑时亦不浇水、刮浆；砌筑砂浆中可加早强剂、缓冲剂或加热，砌体上应用草帘覆盖。

5）大面积外抹灰冬期应停止施工。如必须进行时应尽量利用太阳光照热度。

6）内抹灰冬期施工，应将外门窗玻璃装好，洞口堵隔，出入门口挂草帘，室内温度在5℃以上时才得施工；小面积粉刷可在室内人工加温，保温应保持到粉刷干燥到九成以上。

7）做好雨天施工准备。现场道路要坚实，有排水沟及流水去向，施工安排要立体交叉，要考虑雨期可转入室内的工作。

8）地下室施工时要防止地面水淌进坑内，要设集水坑，并备用足够的排水设备。

9）正在浇筑混凝土遇雨时，已浇好的要及时覆盖，允许留施工缝的，中途停歇要按施工缝要求处理，现场应备用必要的挡雨设施。

10）夏季要做好防暑降温工作，混凝土夏季可掺缓凝剂，做好浇水养护工作。

### 6.2.2 混凝土冬期施工措施

混凝土冬期施工一般要求在正温浇筑，正温下养护，使混凝土强度在冰冻前达到受冻临界强度，在冬期施工时对原材料和施工过程均要求有必要的措施，并选择合理的施工方法，来保证混凝土的施工质量。

(1) 对材料的要求多加热

1）冬期施工中配制混凝土用的水泥，应优先选用活性高、水化热大的硅酸盐水泥和普通硅酸盐水泥。水泥的强度等级不应低于32.5R级。最小水泥用量不宜少于300kg/m$^3$。水灰比不应大于0.6。使用矿渣硅酸盐水泥时，宜采用蒸汽养护，使用其他品种水泥，应注意其中掺合材料对混凝土抗冻抗渗等性能的影响。冷混凝土法施工宜优先选用含引气成分的外加剂，含气量宜控制在2%~4%。掺用防冻剂的混凝土，严禁使用高铝水泥。

2）混凝土所用骨料必须清洁，不得含有冰雪等结物及易冻裂的矿物质。冬期骨料所用贮备场地应选择地势较高不积水的地方。

3）冬期施工对组成混凝土的加热，应优先考虑加热水，因为水的热容量大，加热方便，但加热温度不得超过80℃。当水、骨料达到规定温度仍不能满足热工计算要求时，可提高水温到100℃，但水泥不得与80℃以上的水直接接触。水的常用加热方法三种，用锅烧水、用蒸汽加热水、用电极加热水。水泥不得直接加热，使用前宜运入暖棚存放。

冬期施工拌混凝土的砂、石温度要符合热工计算需要温度。骨料加热的方法有，将骨料放在热源上面加温或铁板上面直接加热；或者通过蒸汽管、电热线加热等。但不得用火焰直接加热骨料，并应控制加热温度。加热的方法可因地制宜，但以蒸汽加热法为好。

4）钢筋冷拉可在负温下进行，但冷拉温度不宜低于-20℃。当采用控制应力方法时，冷拉控制应力较常温下提高30N/mm$^2$；采用冷拉率控制方法时，冷拉率与常温时相同。钢筋的焊接应在室内进行。如必须在室外焊接，其最低气温不低于-20℃，且须有防雪和防风措施。刚焊接的接头严禁立即碰到冰雪，避免造成冷脆现象。

5）冬期浇筑的混凝土，宜使用无氯盐类防冻剂，对抗冻性要求高的混凝土，宜使用引气剂或引气减水剂。

(2) 混凝土的搅拌、运输和浇筑

1）混凝土的搅拌。混凝土不宜露天搅拌，应尽量搭设暖棚，优先选用大容量的搅拌机，以减少混凝土的热损失。混凝土搅拌时间应根据各种材料的温度情况，考虑相互间的热平衡过程，可通过试拌确定延长时间，一般为常温搅拌时间的1.25~1.5倍。搅拌混凝土的最短时间应按规定采用。搅拌时为防止水泥出现“假凝”现象，应在水、砂、石搅拌一定的时间后再加入水泥。搅拌混凝土时，骨料不得带有冰、雪及冻团。

拌制掺用防冻剂的混凝土，当防冻剂为粉剂时，可按要求掺量直接撒在水泥上面和水泥同时投入；防冻剂为液体时，应先配制成规定浓度溶液，然后再根据使用要求，用规定浓度溶液再配成施工溶液。各溶液应分别置于明显标志的容器内，不得混淆，每班使用的外加剂溶液应一次配成。

2）混凝土的运输。

混凝土的运输过程是热损失的关键阶段，应采取必要的措施减少混凝土的热损失，同时应保证混凝土的和易性。常用的主要措施为减少运输时间和距离；使用大容积的运输工具并采取必要的保温措施。保证混凝土入模温度不低于5℃。

3）混凝土的浇筑。混凝土在浇筑前，应清除模板和钢筋上的冰雪和污垢，尽量加快混凝土的浇筑速度，防止热量散失过多。当采用加热养护时，混凝土养护前的温度不得低于2℃。

冬期不得在强冻胀性地基土上浇混凝土，当在弱冻胀性地基土上浇筑混凝土时，地基土应进行保温，以免遭冻。对加热养护的现浇混凝土结构，混凝土的浇筑程序和施工的位置，应能防止在加热养护时产生较大的温度应力。当分层浇筑厚大的整体结构时，已浇筑层的混凝土温度，在被一上层混凝土覆盖前，不得低于按蓄热法计算的温度，且不得低于2℃。混凝土振捣应采用机械振捣。

### 6.2.3 混凝土冬期施工方法

混凝土工程冬期施工方法是保证混凝土在硬化过程防止早期受冻所采取的各种措施并根据自然气温条件、结构类型、工期要求确定混凝土工程冬期施工方法。混凝土冬期施工方法主要有两大类，第一类为蓄热法、暖棚法、蒸汽加热法和电热法，这类冬期施工方法，实质是人为地创造一个正温环境，以保证新浇筑的混凝土强度能够正常地不间断地增长，甚至可以加速增长；第二类为冷混凝土法，这类冬期施工方法，实质是在拌制混凝土时，加入适量的外加剂，可以适当降低水的冰点，使混凝土中的水在负温下保持液相，从而保证了水化作用的正常进行，使得混凝土强度得以在负温环境中持续地增长。这种方法一般不再对混凝土加热。

在选择混凝土冬期施工方法时，应保证混凝土尽快达到冬期施工的临界强度，避免遭受冻害。一个理想的施工方案，首先应当在杜绝混凝土早期受冻的前提下，在最短的施工期限内，用最低的冬期施工费用，获得优良的施工质量。

## 复习思考题

1. 工程项目质量包括哪些方面？
2. 工程项目质量具有哪些特点？
3. 什么是施工项目质量控制？按控制者的不同分为哪三类？
4. 什么是工序质量控制，什么是质量控制点？
5. 施工单位质量控制有哪些方法和手段？
6. 施工单位在施工项目质量控制中有哪些质量责任和义务？
7. 材料质量控制中对进场材料质量如何验收？
8. 工程项目施工方案包括哪些内容？
9. 施工方案如何进行技术经济分析？其中定量分析包含哪些指标？
10. 影响施工项目质量的环境因素有哪些方面？
11. 季节性施工常见有哪些措施？
12. 混凝土冬期施工有哪些施工方法？

# 单元 4 施工质量控制实施要点及常见质量通病防治

**知 识 点：** 本章主要介绍地基与基础工程、砌体工程、钢筋混凝土工程和装饰装修工程等在施工过程中的质量控制要点和相关的质量验收标准、验收方法以及质量通病的防治。

**教学目标：** 通过对本章的学习，使学生了解相关的概念，熟悉相关的质量控制要点，掌握如何防范质量通病，能对工程各分部分项的施工进行合理的质量控制及对各分部分项工程进行质量评定与验收。

## 课题 1 地基基础工程的质量控制

### 1.1 地基基础工程特点

地基与基础工程是建筑工程中重要的分部工程，任何一个建筑物或构筑物都是由上部结构、基础和地基三个部分组成。基础担负着承受建筑物的全部荷载并将其传递给地基一起向下产生沉降，地基承受基础传来的全部荷载，并随土层深度向下扩散，被压缩而产生变形。

地基是指基础下面承受建筑物全部荷载的土层，其关键指标是地基每平方米能够承受基础传递下来荷载的能力，称为地基承载力。地基分为天然地基和人工地基，天然地基是指不经人工处理能直接承受房屋荷载的地基。人工地基是指由于土层较软弱或较复杂，必须经过人工处理，使其提高承载力，才能承受房屋荷载的地基。

基础是指建筑物（构筑物）地面以下墙（柱）的放大部分，根据埋置深度分为浅基础（埋深 5m 以内）和深基础。根据受力情况分为刚性基础和柔性基础，按基础构造形式分为：条形基础、独立基础、桩基础和整体式基础（筏形和箱形）。

任何建（构）筑物都必须有可靠的地基和基础。建筑物的全部重量（包括各种荷载）最终将通过基础传给地基，所以，对某些地基的处理及加固就成为基础工程施工中的一项重要内容。在施工过程如发现地基土质过软或过硬，不符合设计要求时，应本着使建筑物各部位沉降尽量趋于一致以减小地基不均匀沉降的原则对地基进行处理。

### 1.2 地基工程质量控制

根据规划和布局的要求，经常遇到在软弱地基上建造建（构）筑物，利用天然地基有时不能满足设计要求，需要对地基进行人工处理，以满足结构对地基的要求，常见的人工地基处理方法有换土垫层、振冲、砂石桩、深层搅拌、堆载预压、强夯、化学加固等方法，下面就前四种方式的施工质量控制进行介绍：

1.2.1 换土垫层施工质量控制

(1) 施工质量控制要点

1) 当对湿陷性黄土地基进行换填加固时，不得选用砂石。土料不得夹有砖、瓦和石块等可导致渗水的材料。

2）当用灰土作换填垫层加固材料时，应加强对活性氧化钙含量的控制，石灰的氧化钙含量降低，严重降低灰土强度。

3）当换土垫层底部存在古井、古墓、洞穴、旧基础、暗塘等软硬不均匀的部位时，应根据现行的技术规范予以处理。

4）垫层施工的最优含水量。垫层材料的含水量，在当地无可靠经验值取用时，应通过夯击试验来确定最优含水量；分层铺垫厚度，每层压实遍数和机械碾压速度应根据选用不同材料、施工机械通过压实试验确定。

5）垫层分段施工或垫层在不同标高层上施工时应遵守先低后高的顺序。

（2）施工质量检验要求

1）对素土、灰土、砂垫层用贯入仪检验垫层质量；对砂垫层也可用钢钎贯入度检验。

2）检验的数量、分层检验的深度按应根据现行的技术规范予以处理。

3）当用贯入仪和钢钎检验垫层质量时，均应通过现场控制压实系数所对应的贯入度为合格标准。

4）粉煤灰垫层的压实系数不小于0.9倍施工试验确定的压实系数为合格。

5）干渣垫层表面应达到坚实、平整、无明显软陷，每层压陷差小于2mm为合格。

（3）质量保证资料检查要求

1）检查地质资料与验槽是否吻合，当不吻合时，对进一步搞清地质情况的记录和设计采取进一步加固的图纸和说明。

2）确定施工参数的试验报告和记录：

①最优含水量的试验报告。

②分层铺土厚度，每层压实遍数，机械碾压运行速度的记录。

③每层垫层施工时的检验记录和检验点的图示。

### 1.2.2 振冲法施工质量控制

振冲法施工分为振冲置换法和振冲密实法两类。

#### 1.2.2.1 振冲置换法

（1）振冲置换法施工技术要求

1）材料要求：置换桩体材料可选用含泥量不大的碎石、卵石、角砾、圆砾等硬质材料，粒径为20～50mm，最大粒径不宜超过80mm。

2）施工设备要求：振冲器的功率不低于30kW。

（2）振冲置换法施工质量控制

1）振冲置换施工质量三参数：密实电流、填料量、留振时间应通过现场成桩试验确定。施工过程中要严格按施工三参数执行，并做好详细记录。

2）施工质量监督要严格检查每米填料的数量，达到密实电流值，振冲达到密实电流时，要保证留振10s后，才能提升振冲器继续施工上段桩体，留振是防止瞬间电流桩体尚不密实假象的措施。

3）开挖施工时，应将桩顶的松散桩体挖除，或用碾压等方法使桩顶松散填料密实，防止因桩顶松散而发生附加沉降。

#### 1.2.2.2 振冲密实法

振冲密实法的材料和设备要求同振冲置换法，振冲密实法又分填料和不填料两种。

振冲密实法施工质量控制

1）填料法是把填料放在孔口，振冲点上要放钢护筒护好孔口，振冲器对准护筒中心，使桩中心不偏斜。

2）振冲器下沉速率控制在1~2m/min范围内。

3）每段填料密实后，振冲器向上提0.3~0.5m，不要多提避免造成达不到密实效果。

4）不加填料的振冲密实法用于砂层中，每次上提振冲器高度不能大于0.3~0.5m。

5）详细记录各深度的最终电流值、填料量；不加填料的记录各深度留振时间和稳定密实电流值。

6）加料或不加料振冲密实加固均应通过现场成桩试验确定施工参数。

### 1.2.3 *砂石桩法施工*

(1) 砂石桩法施工技术要求

1）砂石桩孔内的填料宜用砾砂、粗砂、中砂、圆砾、角砾、卵石、碎石等，含泥量不大于5%，粒径不大于50mm。

2）振冲法施工时，采用功率30kW振冲器。沉管法施工时设计成桩直径与套管直径之比不宜大于1.5，一般采用300~700mm。

(2) 砂石桩法施工质量控制

1）砂、石桩孔内填料量可按砂石桩理论计算桩孔体积乘以充盈系数来确定，充盈系数，设计桩的间距在施工进行成桩挤密试验，试验桩数宜选7~9根，试桩后检验加固效果符合设计要求为合格，如达不到设计要求时，应调整桩的间距改变设计重做试验，直到符合设计要求，记录填石量等施工参数作为施工过程控制桩身质量的依据。

2）桩孔内实际填砂石量，不应少于设计值（通过挤密试验确认的填石量）的95%。

3）施工结束后，将基础底标高以下的桩间松土夯压密实。

### 1.2.4 *深层搅拌法施工*

有湿法和干法两种施工方法

(1) 深层搅拌法施工技术要求

1）软土的固化剂：一般选用32.5 MPa普通硅酸盐水泥，水泥的掺入量一般为被加固湿土重的10%~15%。

2）外掺剂：（湿法施工用）

早强剂：可选用三乙醇胺、氯化钙、碳酸钠或水玻璃等，掺入量宜分别取水泥重量的0.05%、2%、0.5%、2%。

减水剂：选用木质素磺酸钙，其掺入量宜取水泥重量的0.2%。

缓凝早强：石膏兼有缓凝和早强作用，其掺入量宜取水泥重量的2%。

3）施工设备要求：为使搅入土中水泥浆和喷入土中水泥粉体计量准确，湿法施工的深层搅拌机必须安装输入浆液计量装置；干法施工的粉喷桩机必须安装粉体喷出流量计，无计量装置的机械不能投入施工。

(2) 深层搅拌施工质量控制

1）湿、干法施工都必需做工艺试桩，把灰浆泵（喷粉泵）的输浆（粉）量和搅拌机提升速度等施工参数通过成桩试验使其符合设计要求，以确定搅拌桩的水泥浆配合比，每分钟输浆（粉）量，每分钟搅拌头提升速度等施工参数。以决定选用一喷二搅或二喷三搅施工工艺。

2）为了保证桩端的质量，当水泥浆液或粉体到达桩端设计标高后，搅拌头停止提升，喷浆或喷粉 30s，使浆液或粉体与已搅拌的松土充分搅拌固结。

3）水泥土搅拌桩作为工程桩使用时，施工时设计停灰面一般应高出基础底面标高 300～500mm，在基础开挖时把它挖除。

4）为了保证桩顶质量，当喷浆（粉）口到达顶标高时，搅拌头停止提升，搅拌数秒，保证桩头均匀密实。当选用干法施工且地下水位标高在桩顶以下时，粉喷制桩结束后，应在地面浇水，使水泥干粉与土搅拌后水解水化反应充分。

## 1.3 桩基工程质量控制

1.3.1 桩的分类

按《建筑桩基技术规范》GJ 94—94（以下简称“规范”）的统一分类方法：

按桩的受力状况分为：摩擦型桩（摩擦桩和端承摩擦桩）、端承型桩（端承桩和摩擦端承桩）。按桩身材料分为：钢筋混凝土桩、钢桩、木桩。按桩的施工方法分为：灌注桩、预制打入桩、静力压入桩等。现仅介绍常见的钢筋混凝土灌注桩、预制打入桩。

1.3.2 灌注桩施工

1.3.2.1 灌注桩施工材料要求

1）粗骨料：选用卵石或碎石，含泥量控制按设计混凝土强度等级从《普通混凝土用碎石或卵石质量标准及检验方法》JGJ 53—92 中选取。粗骨料粒径用沉管成孔时不宜大于 50mm；用泥浆护壁成孔时粗骨料粒径不宜大于 40mm，并不得大于钢筋间最小净距的 1/3；对于素混凝土灌注桩，不得大于桩径的 1/4，并不宜大于 70mm。

2）细骨料：选用中、粗砂，含泥量控制按设计混凝土强度等级从《普通混凝土用砂质量标准及检验方法》JGJ 52—92 中选取。

3）水泥：宜选用普通硅酸盐水泥、矿渣硅酸盐水泥、粉煤灰硅酸盐水泥，当灌注桩浇注方式为水下混凝土时，严禁选用快硬水泥作胶凝材料。

4）钢筋：钢筋的质量应符合国家标准《钢筋混凝土用热轧带肋钢筋》（GB 1499—98）的有关规定。

以上四种材料进场时均应有出厂质量证明书，材料到达施工现场后，取样复试合格后才能投入使用于工程。对于钢筋进场时应保护标牌不缺损，按标牌批号进行外观检验，外观检验合格后再取样复试，复试报告上应填明批号标识，施工现场核对批号标识进行加工。

1.3.2.2 灌注桩施工质量控制

(1) 灌注桩钢筋笼制作质量控制

1）钢筋笼制作允许偏差按“规范”执行。

2）主筋净距必须大于混凝土粗骨料粒径三倍以上，当因设计含钢量大而不能满足时，应通过设计调整钢筋直径加大主筋之间净距，以确保混凝土灌注时达到密实度要求。

3）箍筋宜设在主筋外侧，主筋需设弯钩时，弯钩不得向内圆伸露，以免钩住灌注导管，妨碍导管正常工作。

4）钢筋笼的内径应比导管接头处的外径大 100mm 以上。

5）分节制作的钢筋笼，主筋接头宜用焊接，由于在灌注桩孔口进行焊接只能做单面焊，搭接长度保证 10 倍主筋直径以上。

6）沉放钢筋笼前，在钢筋笼上套上或焊上主筋保护层垫块或耳环，使主筋保护层偏差符合以下规定：水下灌注混凝土桩 ± 20mm，非水下浇注混凝土桩 ± 10mm。

（2）泥浆护壁成孔灌注桩施工质量控制

1）泥浆制备和处理的施工质量控制：

①制备泥浆的性能指标按“规范”执行。

②一般地区施工期间护筒内的泥浆面应高出地下水位 1.0m 以上。在受潮水涨落影响地区施工时，泥浆面应高出最高水位 1.5m 以上。以上数据应记入开孔通知单或钻孔班报表中。

③在清孔过程中，要不断置换泥浆，直至浇注水下混凝土时才能停止置换，以保证已清好符合沉渣厚度要求的孔底沉渣不应由于泥浆静止渣土下沉而导致孔底实际沉渣度超差的弊病。

④浇注混凝土前，孔底 500mm 以内的泥浆相对密度应小于 1.25；含砂率不大于 8%；黏度不大于 28s。

2）正反循环钻孔灌注桩施工质量控制：

①孔深大于 30m 的端承型桩，钻孔机具工艺选择时宜用反循环工艺成孔或清孔。

②为了保证钻孔的垂直度，钻机应设置导向装置。潜水钻的钻头上应有不小于 3 倍钻头直径长度的导向装置；利用钻杆加压的正循环回转钻机，在钻具中应加设扶正器。

③钻孔达到设计深度后，清孔应符合下列规定：

端承桩≤50mm；摩擦端承桩，端承摩擦桩≤100mm；摩擦桩≤300mm。

④正反循环钻孔灌注桩成孔施工的允许偏差应满足“规范”表的规定要求。

3）冲击成孔灌注桩施工质量控制：

①冲孔桩孔口护筒的内径应大于钻头直径 200mm，护筒设置要求按“规范”条款规定执行。

②泥浆护壁要求见“规范”相应条款执行。

4）水下混凝土浇注施工质量控制：

①水下混凝土配制的强度等级应有一定的余量，能保证水下灌注混凝土强度等级符合设计强度的要求（并非在标准条件下养护的试块达到设计强度等级即判定符合设计要求）。

②水下混凝土必须具备良好的和易性，坍落度宜为 180～220mm，水泥用量不得少于 $360kg/m^3$。

③水下混凝土的含砂率宜控制在 40%～45%，粗骨料粒径应小于 40mm。

④导管使用前应试拼装、试压、试水压力取 0.6～1.0MPa。防止导管渗漏发生堵管现象。

⑤隔水栓应有良好的隔水性能，并能使隔水栓顺利从导管中排出，保证水下混凝土灌注成功。

⑥用以储存混凝土初灌斗的容量，必需满足第一斗混凝土灌下后能使导管一次埋入混凝土面以下 0.8m 以上。

⑦灌注水下混凝土时应有专人测量导管内外混凝土面标高，保证混凝土在埋管2~6m深时，才允许提升导管。当选用吊车提拔导管时，必须严格控制导管提拔时导管离开混凝土面的可能，防止发生断桩事故。

⑧严格控制浮桩标高，凿除泛浆高度后必须保证暴露的桩顶混凝土达到设计强度值。

### 1.3.3 混凝土预制桩施工

（1）预制桩钢筋骨架质量控制

1）桩主筋可采用对焊或电弧焊，同一截面的主筋接头不得超过50%，相邻主筋接头截面的距离应大于35$d$且不小于500mm。

2）为了防止桩顶击碎，桩顶钢筋网片位置要严格控制按图施工，并采取措施使网片位置固定正确、牢固。保证混凝土浇筑时不移位；浇注预制桩混凝土时，从柱顶开始浇筑，要保证柱顶和桩尖不积聚过多的砂浆。

3）为防止锤击时桩身出现纵向裂缝，导致桩身击碎，被迫停锤，预制桩钢筋骨架中主筋距桩顶的距离必需严格控制，绝不允许出现主筋距桩顶面过近甚至触及桩顶的质量问题出现。

4）预制桩分段长度的确定，应在掌握地层土质的情况下，决定分段桩长度时要避开桩应接近硬持力层或桩尖处于硬持力层中接桩，防止桩尖停在硬层内接桩，电焊接桩应抓紧时间，以免耗时长，桩摩阻得到恢复，使桩下沉产生困难。

（2）混凝土预制桩的起吊、运输和堆存质量控制

1）预制桩达到设计强度70%方可起吊，达到100%才能运输。

2）桩水平运输，应用运输车辆，严禁在场地上直接拖拉桩身。

3）垫木和吊点应保持在同一横断面上，且各层垫木上下对齐，防止垫木参差不齐而桩被剪切断裂。

4）根据许多工程的实践经验，凡龄期和强度都达到的预制桩，才能顺利打入土中，很少打裂。沉桩应做到强度和龄期双控制。

（3）混凝土预制桩接桩施工质量控制

1）硫磺胶泥锚接法仅适用于软土层，管理和操作要求较严；一级建筑桩基或承受拔力的桩应慎用。

2）焊接接桩材料：钢板宜用低碳钢，焊条宜用E43；焊条使用前必须经过烘焙，降低烧焊时含氢量，防止焊缝产生气孔而降低其强度和韧性；焊条烘焙应有记录。

3）焊接接桩时，应先将四角点焊固定，焊接必需对称进行以保证设计尺寸正确，使上下节桩对中好。

（4）混凝土预制桩沉桩质量控制

1）沉桩顺序是打桩施工方案的一项十分重要内容，必须正确选择确定，避免桩位偏移、上拔、地面隆起过多、邻近建筑物破坏等事故发生。

2）沉桩中停止锤击应根据桩的受力情况确定，摩擦型桩以标高为主，贯入度为辅，而端承型桩应以贯入度为主，标高为辅，并进行综合考虑，当两者差异较大时，应会同各参与方进行研究，共同研究确定停止锤击桩标准。

3）为避免或减少沉桩挤土效应和对邻近建筑物、地下管线的影响，在施打大面积密集桩群时，有采取预钻孔，设置袋装砂井或塑料排水板，消除部分超孔隙水压力以减少挤

土现象，设置隔离板桩或地下连续墙、开挖地面防振沟以消除部分地面振动等辅助措施。不论采取一种或多种措施，在沉桩前应对周围建筑、管线进行原始状态观测数据记录，在沉桩过程应加强观测和监护，每天在监测数据的指导下进行沉桩做到有备无患。

4）插桩是保证桩位正确和桩身垂直度的重要开端，插桩应控制桩的垂直度，并应逐桩记录，以备核对查验避免打偏。

## 1.4 土方工程质量控制

### 1.4.1 场地和基坑开挖施工

土方开挖施工技术要求：

（1）场地挖方

1）土方开挖应具有一定的边坡坡度，防止塌方和发生施工安全事故。

2）挖方上边缘至土堆坡脚的距离，应根据挖方深度，边坡高度和土的类别确定，当土质干燥密实时，不得小于3m；当土质松软时，不得小于5m。

（2）基坑（槽）开挖

1）基坑（槽）和管沟开挖上部应有排水措施，防止地面水流入坑内，以防冲刷边坡，造成塌方和破坏基土。

2）挖深5m之内应按规定放坡，为防止事故应设支撑。

3）在已有建筑物侧挖基坑（槽）应分段进行，每段不超过2.5m，相邻的槽段应待已挖好槽段基础回填夯实后进行。

4）开挖基坑深于邻近建筑物基础时，开挖应保持一定的距离和坡度，要满足$H/L \leq 0.5 \sim 1$（$H$为相邻基础高差，$L$为相邻两基础外边缘水平距离）。

5）正确确定基坑护面措施，确保施工安全。

深基坑开挖的技术要求：

1）有合理的经评审过的基坑围护设计，降水和挖土施工方案；

2）挖土前，围护结构达到设计要求，基坑降水至坑底以下500mm；

3）挖土过程中，对周围邻近建筑物、地下管线进行监测；

4）挖土过程中保证支撑、工程桩和立桩的稳定；

5）施工现场配备必要的抢险物资，及时减小事故的扩大。

土方开挖施工质量控制：

1）在挖土过程中及时排除坑底表面积水；

2）在挖土过程中若发生边坡滑移、坑涌时，则必须立即暂停挖土，根据具体情况采取必要的措施；

3）基坑严禁超挖，在开挖过程中，用水准仪跟踪监测标高，机械挖土遗留200～300mm原余土，采用人工修土。

### 1.4.2 土方工程质量验收标准

1）柱基、基坑、基槽和管沟基底的土质，必须符合设计要求，并严禁扰动；

2）填方的基底处理，必须符合设计要求或施工规范规定；

3）填方柱基、坑基、基槽、管沟回填的土料必须符合设计要求和施工规范要求；

4）填方柱基、坑基、基槽、管沟的回填，必须按规定分层夯压密实；

5）土方工程的允许偏差和质量检验标准。（见表 4-1，表 4-2）

土方开挖工程质量检验标准　　　　表 4-1

| 项目 | 序号 | 项　目 | 允许偏差或允许值（mm） | | | | | 检验方法 |
|---|---|---|---|---|---|---|---|---|
| | | | 柱基、坑基、基槽 | 挖方场地平整 | | 管沟 | 地（路）面基层 | |
| | | | | 人工 | 机械 | | | |
| 主控项目 | 1 | 标　高 | -50 | ±30 | ±50 | -50 | -50 | 用水准仪检查 |
| | 2 | 长度、宽度（由设计中心线向两边量） | +200<br>-50 | +300<br>-100 | +500<br>-150 | +100 | — | 用经纬仪和钢尺检查 |
| | 3 | 边坡坡度 | 按设计要求 | | | | | 观察或用坡度尺检查 |
| 一般项目 | 1 | 表面平整度 | 20 | 20 | 50 | 20 | 20 | 用 2m 靠尺和楔形塞尺检查 |
| | 2 | 基本土性 | 按设计要求 | | | | | 观察或土样分析 |

注：地（路）面基层的偏差只适用于直接在挖、填方上做地（路）面的基层。

填方工程质量检验标准　　　　表 4-2

| 项目 | 序号 | 检验项目 | 允许偏差或允许值（mm） | | | | | 检验方法 |
|---|---|---|---|---|---|---|---|---|
| | | | 柱基、坑基、基槽 | 挖方场地平整 | | 管沟 | 地（路）面基层 | |
| | | | | 人工 | 机械 | | | |
| 主控项目 | 1 | 标　高 | -50 | ±30 | ±50 | -50 | -50 | 用水准仪检查 |
| | 2 | 分层压实系数 | 按设计要求 | | | | | 按规定方法 |
| 一般项目 | 1 | 表面平整度 | 20 | 20 | 50 | 20 | 20 | 用 2m 靠尺和楔形塞尺检查 |
| | 2 | 回填土料 | 按设计要求 | | | | | 取样检查或直观鉴别 |
| | 3 | 分层厚度及含水量 | 按设计要求 | | | | | 用水准仪及抽样检查 |

# 课题 2　砌体工程的质量控制

## 2.1　砌体工程特点

砌体工程是指由砖、石或各种类型砌块通过粘结砂浆组砌而成的工程。砌体工程是建筑安装工程的重要分项工程，在砖混结构中，砌体是承重结构。在框架结构中，砌体是围护填充结构。墙体材料通过砌筑砂浆连成整体，实现对建筑物内部分隔和外部围护、挡风、防水、遮阳等作用。

早在三四千年前就已经出现了用天然石料加工成的块料的砌体结构。在大约二千多年前又出现了烧制黏土砖的砌体结构，留下了历史上非常有名的古代砌体建筑，中国的万里长城、埃及的金字塔等，在古代建筑中占有重要地位，至今仍在建筑工程中起着标志作用。这种砌体工程既有就地取材方便，又有保温、隔热、隔声、耐火等良好性能，还可以节约钢材和水泥，不需大型施工机械、施工组织简单等优点，但它存在着施工仍以手工操作为主，劳动强度大，生产效率低，且自重较大等缺点。需采用新型墙体材料，改善砌体施工工艺克服所存在的缺点。

当今，用砌体作为主要承重构件的建筑物还占有很大的比例，如砖混结构仍是当前六层及以下建筑物常用结构形式。由于砌体结构是由块料组砌而成，存在着承载能力低、整体性差、抗震性能弱的缺点，必须在工程中设置构造柱、圈梁等构件，以及设置砌筑拉结筋和与混凝土板之间设置加强拉结筋来提高其相关能力。

## 2.2 砌筑工程施工质量控制与验收

### 2.2.1 *砌体的一般要求*

砌体根据所用块料不同可分为：砖砌体、石砌体、砌块砌体和配筋砌体，此外，在非地震区采用的实心砖砌筑的空斗墙。工程中普遍采用砖砌体。

砌体除应采用符合质量要求的原材料外，还必须有良好的砌筑质量，以使砌体有良好的整体性、稳定性和良好的受力性能，一般要求灰缝横平竖直，砂浆饱满，厚薄均匀，砌块应上下错缝，内外搭砌，接槎牢固，墙面垂直，要预防不均匀沉降引起开裂，要注意施工中墙、柱的稳定性，冬期施工时还要采取相应的措施。

### 2.2.2 *砌砖工程质量控制*

墙体砌筑质量控制要点：

（1）基础墙砌筑

1）砖基础构造：

①砖基础应用实心砖与水泥砂浆砌筑，它由墙基和大放脚两部分组成。墙基与墙身同厚。大放脚即墙基下面的扩大部分，有等高式和不等高式两种。等高式大放脚是两皮一收，每收一次两边各收进 1/4 砖长；不等高式大放脚是两皮一收和一皮一收相间隔，每收一次两边各收进 1/4 砖长。

②大放脚的底宽应根据设计而定。大放脚各皮的宽度为半砖长的整倍数（包括灰缝）。

③大放脚下面为基础垫层，垫层一般用 300mm 厚 C10 素混凝土。

④在墙基顶面应设防潮层，防潮层宜用 1:2.5 水泥砂浆加适量的防水剂铺设，其厚度一般为 20 mm，位置在底层室内地面以下一皮砖处，即离底层室内地面下 60mm 处。也可用 60mm，C20 细石混凝土做防潮层，或用 C20 混凝土地圈梁代防潮层。

2）砖基础砌筑质量控制：

①砌筑前，应将垫层表面上的杂物清扫干净，并浇水湿润。

②在垫层转角处，交接处及高低处立好基础墙皮数杆。基础墙皮数杆要进行抄平，使杆上所示底层室内地面标高线与设计的底层室内地面标高相一致。并在皮数杆上标明皮数及竖向构造变化部位。

③砌筑时，可依皮数杆先在转角及交接处砌几皮砖，再在其间拉准线砌中间部分，其中第一皮砖应以基础底宽线为准砌筑。

④内外墙的砖基础应同时砌起。如因特殊情况不能同时砌起时，应留置斜槎，斜槎的长度不应小于斜槎高度的 2/3。

⑤大放脚部分一般采用一顺一丁砌筑形式。要注意十字及丁字接头处的砖块搭接，在这些交接处，纵横基础要隔皮砌通。

⑥大放脚转角处应在角外加砌 3/4 砖，以使竖缝上下错开。

⑦基础底标高不同时，应从低处砌起，并由高处向低处搭接。设计无要求时，搭接长度不应小于大放脚高度。

⑧大放脚的最下一皮砖应以丁砌为主。墙基的最上一皮砖（防潮层下面一皮砖）应为丁砖。

⑨水平灰缝及竖向灰缝的宽度应控制在 10mm 左右（8~12mm），水平灰缝的砂浆饱满度不得小于 80%，因此砖在砌筑前应提前 1~2d 充分浇水湿润，烧结普遍砖和多孔砖含水率宜为 10%~15%，当采用铺浆法砌筑时，铺灰长度不得超过 750mm。当气温超过 30℃时，铺灰长度不得超过 500mm。

⑩砖基础中的洞口、管道、沟槽和预埋件等，应于砌筑时正确留出或预埋，宽度超过 300mm 的洞口，应设置过梁。穿过基础墙管道安装时，管道上口与过梁底之间应有大于 100mm 的预留沉降空隙，以防止房屋沉降后压坏管道。

⑪砌完基础后，经验收备案后应及时回填。回填土应在基础两侧同时进行，并分层夯实。单侧填土应在砖基础达到侧向承载能力和满足允许变形要求后才能进行。

⑫底层厕所间、厨房间不能采用架空板，应直接进行回填土，并在其上做现浇混凝土地坪，可防止煤气泄露后集聚架空板下空间。

（2）墙体砌筑

1）砖墙砌筑形式：

①砖墙的厚度有半砖（115mm）、3/4 砖（178mm）、一砖（240mm）、一砖半（365mm）、二砖（490mm）等。

②砖墙立面的砌筑形式有以下几种：一顺一丁；梅花丁；三顺一丁；两平一侧；全顺；全丁。

2）砖墙砌筑质量控制

①砌筑前，应将砌筑部位清理干净，弹出墙身中心线和边线，浇水湿润。

②在砖墙的转角处及交接处立起皮数杆（皮数杆间距不超过 15m，过长应在中间加立），在皮数杆之间拉准线，依准线逐皮砌筑，其中第一皮砖按墙身边线砌筑。皮数杆应根据设计要求，块材规格和灰缝厚度在皮数杆上标明皮数及竖向构造的变化部位。

③砌砖操作方法可采用铺浆法或“三一”砌砖法，依各地的习惯而定。采用铺浆法砌筑时，铺浆长度不得超过 750mm；气温超过 30℃时，铺浆长度不得超过 500mm。“三一”砌砖法即“一铲灰、一块砖、一挤揉”的操作方法，八度以上地震区的砌砖工程宜采用此操作方法砌筑。

④砖墙水平灰缝和竖向灰缝宽度宜为 10mm，控制在 8~12mm。水平灰缝的砂浆饱满度不得小于 80%；竖缝宜采用挤浆或加浆方法，不得出现干缝，严禁用冲浆灌缝。

⑤砖墙的转角处，每皮砖的外角应加砌 3/4 头砖。当采用一顺一丁砌筑形式时，3/4 砖的顺面方向依次砌顺砖，丁面方向依次砌丁砖。

⑥砖墙的丁字交接处，横墙的端头隔皮加砌 3/4 砖，纵横隔皮砌通。当采用一顺一丁砌筑形式时，3/4 砖丁面方向依次砌丁砖。

⑦砖墙的十字交接处，应隔皮纵横墙砌通，交接处内角的竖缝应上下相互错开 1/4 砖长。

⑧每层承重墙的最上一皮砖，应是丁砖。在梁或梁垫的下面及挑檐、腰线等处，也应是丁砖。

⑨宽度小于 1m 的窗间墙，应选用整砖砌筑，半砖和破损的砖应分散使用在受力较小

的砖墙，小于1/4砖块体积的碎砖不能使用。

⑩砖墙中留置临时施工洞口时，其侧边离交接处的墙面不应小于500mm。洞口顶部宜设置过梁，也可在洞口上部采取逐层挑砖的办法封口，并预埋水平拉结筋，洞口净宽不超过1m。八度以上地震区的临时施工洞位置，应会同设计单位研究决定。临时施工洞口补砌时，洞口周围砖块表面应处理干净，并浇水湿润，再用与原墙相同的材料补砌严密。

⑪砖墙工作段的分段位置，宜设在伸缩缝、沉降缝、防震缝、构造柱或门窗处，相临工作段的砌筑高度差不得超过一个楼层的高度，也不宜大于4m。砖墙临时间断处高度差，不得超过一步脚手架的高度。伸缩缝、沉降缝、防震缝中，不得夹有砂浆、块材碎渣和杂物等。穿过变形缝的管道应有补偿装置。

⑫墙中的洞口、管道、沟槽和预埋件等应于砌筑时正确留出或预埋，宽度超度300mm的洞口应设置过梁。

⑬砖墙每天砌筑高度以不超过1.8m为宜。雨期施工时，每日砌筑高度不宜超过1.2m，应防止雨水冲刷砂浆，收工时，应采用防雨材料覆盖新砌砌体表面。

⑭在下列部位不得留脚手眼：半砖墙；过梁上按过梁净跨的1/2高度范围内的墙体，以及与过梁成60°角的三角形范围内墙体；宽度小于1m的窗间墙；梁或梁垫下及其左右500mm范围内的墙体；门窗洞口两侧200mm和墙转角处500mm范围内的墙体。

⑮门窗洞口的预埋木砖，铁件等应采用与砖横面一致规格的预埋混凝土预制块，并做好防腐处理，预埋木砖的木纹应与钉子垂直，木砖位置、数量正确，二块木砖间距不应大于1.2m，门洞口木砖每边不宜少于3块，窗洞口不宜少于2块。

⑯通气道、垃圾道等采用水泥制品时，接缝处外侧宜带有槽口，安装时除坐浆外尚应采用1∶2水泥砂浆将槽口封密实。

⑰搁置预制梁、板的砌体顶面应找平，并应在安装时坐浆。

(3) 临时间断处留槎

1) 砖墙的转角处和交接处应同时砌起，对不能同时砌起而必须留槎时，应砌成斜槎，斜槎长度不应小于斜槎高度的2/3。如留斜槎确有困难，除转角处外，可留直槎，但直槎必须作成凸槎，并加设$\phi 6$拉结筋，间距沿墙高度不得超过500mm，埋入长度从墙的留槎处算起，每边均不小于500mm；钢筋末端应有90°弯钩。抗震设防地区不得留槎。

2) 隔墙与承重墙之间不能同时砌筑又不能留成斜槎时，可于承重墙中引出凸槎，并在承重墙的水平灰缝中预埋拉结钢筋，其构造与上述直槎相同。120mm厚墙放1根直径为6mm的拉结钢筋。

(4) 屋面女儿墙的砌筑

1) 女儿墙砌筑应采用实心砖，用混合砂浆砌筑。

2) 屋面女儿墙每隔2m设置一个构造柱，其钢筋必须伸入女儿墙压顶内，锚固长度满足设计要求和规范要求。

3) 女儿墙根据屋面构造和防水层的厚度，在离防水层高度不小于250mm处，留置一条1/4砖的凹槽，以便卷材防水收头。

(5) 有防水要求房间的砌筑构造要求

1) 有防水要求的房间砌筑宜采用烧结普通砖或密实度较高的砌体材料，砌筑砂浆采用防水水泥砂浆，不得采用混合砂浆，拌制时加入适量的防水剂。

2）墙体在砌筑时不应留有脚手架孔，如确有需要，应在脚手架拆除之后立即用细石混凝土分两次灌密实。

3）厕所间、浴室等潮湿房间在砌体的底部应浇筑宽度不少于120mm、高度不少于120mm的混凝土墙，等达到一定强度后再在上面砌筑墙体。

4）砌体灰缝必须饱满，不允许有透缝、瞎缝，外墙砖缝必须嵌实勾缝，防止出现沙眼。

砖砌体冬期施工一般规定：

当室外日平均气温连续5d稳定低于5℃时，砌体工程应采取冬期施工措施，并应在气温突然下降时及时采取防冻措施。气温根据当地气象资料确定。冬期施工期限以外，当日最低气温低于-3℃时，也应采取防冻措施。

（1）冬期施工所用材料的规定

1）砌筑前，应清除块材表面污物、冰霜等。遭水浸冻后的砖或砌块不得使用；

2）砂浆宜采用普通硅酸盐水泥拌制；

3）石灰膏应防止受冻，如遭冻结，应经融化后方可使用；

4）拌制砂浆所用的砂，不得含有冰块和直径大于10mm的冻结块。

5）拌合砂浆宜采用两步投料法，水的温度不得超过80℃，砂的温度不得超过40℃；

6）冬期施工不得使用无水泥配制的砂浆。

（2）冬期施工的工艺要求

1）普通砖、多孔砖和空心砖在气温高于0℃条件下砌筑时，应适当浇水湿润。在气温低于0℃时，可不浇水，但必须增大砂浆的稠度。

2）冬期施工中，砌筑应按"三一"砌砖法施工，并应采用一顺一丁或梅花丁的组砌方法。

3）冬期施工中，每日砌筑后应及时在砌筑表面覆盖保温材料，砌筑表面不得留有砂浆。在继续砌筑前，应扫净砌筑表面，然后再施工。

砖砌体工程质量保证资料检查内容如下：

1）材料（砖、砂、水泥等）的出厂合格证和抽检试验资料；

2）砂浆试块强度实验报告；

3）砌体工程施工记录；

4）墙体分项工程质量检验评定记录；

5）隐蔽工程验收记录；

6）冬期施工记录；

7）结构尺寸和位置对设计的偏差及检查记录（技术复核单）；

8）重大技术问题的处理或修改设计的技术文件。

### 2.2.3 砌体工程质量验收

砖基础质量标准：

（1）主控项目

1）砖和砂浆的品种、强度等级必须符合设计要求，并应规格一致；

2）砌体砂浆必须密实饱满，实心砌体水平灰缝的砂浆饱满度不小于80%；

3）外墙的转角处严禁留直槎，其他的临时间断处，留槎的做法必须符合施工验收规范的规定。

(2) 一般项目

1) 砌体上下错缝；每间检查3处，每处3～5m；混水墙中长度大于等于300mm的通缝每间不超过3处，且不得在同一墙面上。

2) 砌体接槎处灰浆密实，灰缝平直。水平灰缝厚度应为10mm，不小于8mm，也不应大于12mm。

3) 预埋拉结筋的数量、长度均应符合设计要求和施工验收规范规定。

4) 构造柱位置留置应正确，大马牙槎要先退后进，残留砂浆要清理干净。

(3) 允许偏差项目

1) 轴线位置偏移：用经纬仪或拉线检查，其偏差不得超过10mm；

2) 基础顶面标高：用水准仪和尺量检查，其偏差不得超过±15mm；

3) 预留构造柱的截面：允许偏差不得超过±15mm，用尺量检验；

4) 表面平整度和水平灰缝平直度均应符合要求。

砖墙质量标准：

(1) 主控项目

1) 砖和砂浆的强度等级必须符合设计要求（查砖和砂浆试块试验报告）；

2) 砌体水平灰缝的砂浆饱满度不得小于80%，采用百格网法；

3) 砖砌体的转角处和交接处应同时砌筑，严禁无可靠措施的内外墙分砌施工；

4) 非抗震设防及抗震设防烈度为6度、7度地区的临时间断处，当不能留斜槎时，除转角处外，可留直槎，但直槎必须做成凸槎；

5) 砖砌体的位置及垂直度允许偏差符合表4-3的规定。

**砖砌体的位置及垂直度允许偏差　　表4-3**

| 项次 | 项　目 | | | 允许偏差（mm） | 检　验　方　法 |
|---|---|---|---|---|---|
| 1 | 轴线位置偏移 | | | 10 | 用经纬仪和尺检查或用其他测量仪器检查 |
| 2 | 垂直度 | 每　层 | | 5 | 用2m托线板报价检查 |
| | | 全　高 | ≤10m | 10 | 用经纬仪、吊线和尺检查或用其他测量仪器检查 |
| | | | >10m | 20 | |

(2) 一般项目

1) 砖砌体组砌方法应正确，上、下错缝，内外搭砌，砖柱不得采用包心砌法。

2) 砖砌体的灰缝应横平竖直、厚薄均匀。水平灰缝厚度宜为10mm，但不应小于8mm，也不应大于12mm。

3) 砖砌体的一般尺寸允许偏差应符合表4-4的规定。

**砖砌体的一般尺寸允许偏差　　表4-4**

| 项次 | 项　目 | | 允许偏差（mm） | 检　验　方　法 | 检　验　数　量 |
|---|---|---|---|---|---|
| 1 | 基础顶面和楼面标高 | | ±15 | 用水平仪和尺检查 | 不应少于5处 |
| 2 | 表面平整度 | 清水墙、柱 | 5 | 用2m靠尺和锲形塞尺检查 | 有代表性自然间10%，但不应少于3间，每间不应少于2处 |
| | | 混水墙、柱 | 8 | | |

续表

| 项次 | 项　　目 | | 允许偏差（mm） | 检 验 方 法 | 检 验 数 量 |
|---|---|---|---|---|---|
| 3 | 门窗洞口高、宽（后塞口） | | ±5 | 用尺检查 | 检查批洞口的10%，且不应少于5处 |
| 4 | 外墙上下窗口偏移 | | 20 | 以底层窗口为准，用经纬仪或吊线检查 | 检验批的10%，且不应少于5处 |
| 5 | 水平灰缝平直度 | 清水墙 | 7 | 拉10m线和尺检查 | 有代表性自然间10%，但不应少于3间，每间不应少于2处 |
| | | 混水墙 | 10 | | |
| 6 | 清水墙游丁走缝 | | 20 | 吊线和尺检查，以每层第一皮砖为准 | 有代表性自然间10%，但不应少于3间，每间不应少于2处 |

## 2.3　砌筑工程常见的质量通病及预防

2.3.1　*砂浆强度不足*

1）一定要按试验室提供的配合比配制；

2）一定要准确计量，不能用体积比代替质量比；

3）要掌握好稠度，测定砂的含水率，不能忽稀忽稠；

4）不能用很细的砂来代替配合比中要求的中粗砂；

5）砂浆试块要专人制作。

2.3.2　*砂浆品种混淆*

1）加强技术交底，明确各部位砌体所用砂浆的不同要求；

2）从理论上弄清石灰和水泥的不同性质，水泥属水硬性材料而石灰属气硬性材料；

3）弄清纯水泥砂浆砖砌体与混合砂浆砖砌体的砌体强度不同。

2.3.3　*轴线和墙中心线混淆*

1）加强审图学习；

2）从理论上弄清图纸上的轴线和实际砌墙时中心线的不同概念；

3）加强施工放线工作和检查验收。

2.3.4　*基础标高偏差*

1）加强基础皮数杆的检查，要使±0.000在同一水平面上；

2）第一皮砖下垫层与皮数杆高度间有误差，应先用细石混凝土找平，使第一皮砖起步时都在同一水平面上；

3）控制操作的灰缝厚度，一定要对照皮数杆拉线砌筑。

2.3.5　*基础防潮层失效*

1）要防止砌筑砂浆当防潮砂浆使用；

2）基础墙顶抹防潮层前要清理干净，一定要浇水湿润；

3）防潮层最好在回填土工序之后进行粉抹，以避免交接施工的损坏；

4）要防止冬期施工时防潮层受冻而最后失效或碎断。

2.3.6　*砌体砂浆不饱满，饱满度不合格*

1）改善砂浆的和易性，确保砂浆饱满度；

2）改进砌筑方法，取消铺灰砌筑，推广"三·一"砌筑法；

3）反对铺灰过长的盲目操作，禁止干砖上墙。

2.3.7 墙面游丁走缝

1）砌墙之前应统一摆砖，并对现场砖的尺寸进行实测，以便确定组砌方法和调整竖缝宽度。

2）摆砖时应将窗口位置引出，使砖的竖缝尽量与窗口边线相齐；如安排不开，可适当移动窗口（一般不大于2cm)。当窗口宽度不符合砖的模数（如1.8m宽）时，应将3/4砖留在窗口下部中央，以保持窗间墙处上下竖缝不错位。

3）游丁走缝主要是由于丁砖游动引起，因此在砌筑时必须强调丁砖的中线与下层的中线重合。

4）端墙面每隔一定间距，在竖缝处弹墨线，墨线用经纬仪或线坠引测。当砌到一定高度（一步架或一层墙）后，将墨线向上引测，作为控制游丁走缝的基准。

2.3.8 砖墙砌体留槎不符合规定

1）在安排施工操作时，对施工留槎应作统一考虑，外墙大角、纵横承重墙交接处，应尽量做到同步砌筑不留槎，以加强墙体的整体稳定性和刚度；

2）不能同步砌筑时应按规定留踏步槎或斜槎，但不得留直槎；

3）留斜槎确有困难时在非承重隔墙处可留锯齿槎，但应按规定，在纵横灰缝中预留拉结筋，其数量每半砖不少于1ϕ6钢筋，沿高度方向间距为500mm，埋入长度不小于500mm，且末端应设弯钩。

2.3.9 水平灰缝厚度不均匀、超厚度

1）砌筑时必须按皮数杆盘角拉线砌筑。

2）改进操作方法，不要摊铺放砖的手法，要采用“三·一”操作法中的一揉动作，使每皮砖的水平灰缝厚度一致。

3）不要用粗细颗粒不一致的“混合砂”拌制砂浆，砂浆和易性要好，不能忽稀忽稠。

4）勤检查10皮砖的厚度，控制在皮数杆的规定值内。

2.3.10 构造柱处墙体留槎不符合规定，抗震筋不按规范要求设置，马牙槎应先退后进，确保垂直度。

1）坚持按规定设置马牙槎，马牙槎沿高度方向的尺寸不宜超过300mm（即5皮砖)。

2）设抗震筋时应按规定沿砖墙度高每隔500mm设2ϕ6拉筋，拉筋每边伸入墙内不宜小于1m。

# 课题3 钢筋混凝土工程的质量控制

## 3.1 钢筋混凝土工程的特点

由于现代经济发展的需要，多层、高层建筑物占了更多的份额，各大国家的大中型城市都以高层、超高层作为城市发展和经济实力的象征，而高层及超高层建筑物绝大部分采用钢筋混凝土结构，如由钢筋混凝土构件所形成的框架结构、框剪结构、剪力墙结构、框筒结构等，除有部分框架结构采用预制装配式和部分预制、部分现浇形式，其余均采用现场浇筑钢筋混凝土结构。

现浇钢筋混凝土工程应用较普遍，因为现场浇筑施工是将柱、梁、板墙等构件按在现场设计位置浇筑成为整体结构，即现浇钢筋混凝土整体结构，这种结构的整体性和抗震性好，节点接头简单，用钢材较少，适合现代多、高层建筑功能需求。但现浇施工形式，模板耗材量大，混凝土浇筑现场运输量大，劳动强度高，属于湿作业，且工期较长，需加快推广工具式模板和商品混凝土以及混凝土输送泵的使用，提高机械化水平。

现浇钢筋混凝土工程施工时，首先要进行模板的支承、钢筋的成型与绑扎安装，最后进行混凝土的浇筑与养护等工作，涉及到多工种的配合，为了确保现浇钢筋混凝土工程的质量，下面介绍其施工过程中模板工程、钢筋工程、混凝土工程的施工质量控制和验收要求以及分析常见的质量通病与防治。

## 3.2 钢筋工程质量控制

### 3.2.1 一般规定

(1) 钢筋采购与进场验收

1) 钢筋采购时，混凝土结构所采用的热轧钢筋、热处理钢筋、碳素钢丝、刻痕钢丝和钢绞线的质量，应分别符合现行国家标准的规定。

2) 钢筋从钢厂发出时，应具有出厂质量证明书或试验报告单，每捆（盘）钢筋均应有标牌。

3) 钢筋进入施工单位的仓库或放置场时，应按炉罐（批）号及直径分批验收。验收内容包括查对标牌，外观检查之后，才可以按有关技术标准的规定抽取试样作机械性能试验，检查合格后方可使用。

4) 钢筋在运输和储存时，必须保留标牌，严格防止混料，并按批分别堆放整齐，无论在检验前或检验后，都要避免锈蚀和污染。

(2) 其他要求

1) 当钢筋在加工过程中发生脆断、焊接性能不良或力学性能显著不正常等现象时，应按现行国家标准对该批钢筋进行化学成分检验或金相、冲击韧性等专项检验。

2) 进口钢筋当需要焊接时，还要进行化学成分检验。

3) 对有抗震要求的框架结构纵向受力钢筋，所检验的强度实测值应符合下列要求：

①钢筋的抗拉强度实测值与屈服强度实测值的比值不应小于1.25；

②钢筋的屈服强度实测值与钢筋的强度标准值的比值，当按一级抗震设计时，不应大于1.25；当按二级抗震设计时，不应大于1.4。

4) 钢筋的强度等级、种类和直径应符合设计要求，当需要代换时，必须征得设计单位同意，并应符合下列要求：

①不同种类钢筋的代换，应按钢筋受拉承载力设计值相等的原则进行；

②当构件受抗裂、裂缝宽度、挠度控制时，钢筋代换后应重新进行验算；

③钢筋代换后，应满足混凝土结构设计规范中有关间距、锚固长度、最小钢筋直径、根数等要求；

④对重要受力结构，不宜用光圆钢筋代换带肋钢筋；

⑤梁的纵向受力钢筋与弯起钢筋应分别进行代换；

⑥对有抗震要求的框架，不宜以强度等级较高的钢筋代替原设计中的钢筋；当必须代换时，尚应符合以上第3条的规定；

⑦预制构件的吊环，必须采用未经冷拉的 HPB235 级钢筋制作。

(3) 热轧钢筋取样与试验

每批钢筋由同一截面尺寸和同一炉罐号的钢筋组成，数量不大于 60t。在每批钢筋中任选三根钢筋切取三个试样供拉力试验用，又任选三根钢筋切取三个试样供冷弯试验用。

拉力试验和弯曲试验结果必须符合现行钢筋机械性能的要求，如有某一项试验结果达不到要求，则从同一批中再任取双倍数量的试件进行复试，复试如有任一指标达不到要求，则该批钢筋就判断为不合格。

### 3.2.2 钢筋焊接施工质量控制

钢筋的焊接连接技术包括：电阻点焊、闪光对焊、电弧焊和竖向钢筋接长的电渣压力焊以及气压焊。下面仅就电弧焊和电渣压力焊施工质量控制进行介绍。

电弧焊的施工质量控制。

(1) 操作要点

1) 进行帮条焊时，两钢筋端头之间应留 2～5mm 的间隙。

2) 进行搭接焊时，钢筋宜预弯，以保证两钢筋的轴线在一直线上。

3) 焊接时，引弧应在帮条或搭接钢筋一端开始，收弧应在帮条或搭接钢筋端头上，弧坑应填满。

4) 熔槽帮条焊钢筋端头应加工平面，两钢筋端面间隙为 10～16mm；焊接时电流宜稍大，从焊缝根部引弧后连续施焊，形成熔池，保证钢筋端部熔合良好。焊接过程中应停焊敲渣一次。焊平后，进行加强缝的焊接。

5) 坡口焊钢筋坡面应平顺，切口边缘不得有裂纹和较大的钝边、缺棱；钢筋根部最大间隙不宜超过 10mm；为了防止接头过热，应采用几个接头轮流施焊；加强焊缝的宽度应超过 V 形坡口的边缘 2～3mm。

(2) 外观检查应符合下列要求

1) 焊缝表面平整，不得有较大的凹陷、焊瘤；

2) 接头处不得有裂缝；

3) 帮条焊的帮条沿接头中心线纵向偏移不得超过 4°，接头处钢筋轴线的偏移不得超过 $0.1d$ 或 3mm；

4) 坡口焊及熔槽帮条焊接头的焊缝加强高度为 2～3mm；

5) 坡口焊时，预制柱的钢筋外露长度，当钢筋根数少于 14 根时，取 250mm；当钢筋根数大于 14 根时，取 350mm。

电渣压力焊的施工质量控制。

(1) 操作要点

1) 为使钢筋端部局部接触，以利引弧，形成渣池，进行手工电渣压力焊时，可采用直接引弧法；

2) 待钢筋熔化达到一定程度后，在切断焊接电源的同时，迅速进行顶压，持续数秒钟，方可松开操作杆，以免接头偏斜或接合不良；

3) 焊剂使用前，须经恒温 250℃烘焙 1～2h；

4) 焊前应检查电路，观察网路电压波动情况，如电源的电压降大于 5%，则不宜进行焊接。

（2）外观检查应符合下列要求

1）接头焊包均匀，不得有裂纹，钢筋表面无明显烧伤等缺陷；

2）接头处的钢筋轴线偏移不得超过 $0.1d$，同时不得大于 2mm；

3）接头处弯曲不得大于 4°。

其他要求如下：

1）焊工必须有焊工考试合格证，钢筋焊接前，必须根据施工条件进行试焊，合格后方可施焊。

2）由于钢筋弯曲处内外边缘的应力差异较大，因此焊接头距钢筋弯曲处的距离，不应小于钢筋直径的 10 倍。

3）在受力钢筋采用焊接接头时，设置在同一构件内的焊接接头应相互错开。在任一焊接接头中心至长度为钢筋直径 $d$ 的 35 倍且不小于 500mm 的区段 $L$ 内，同一根钢筋不得有两个接头。

4）对于轴心受拉、小偏心受拉杆以及直径大于 32mm 的轴心受压和偏心受压柱中的钢筋接头均应采用焊接。

5）对于有抗震要求的受力钢筋接头，宜优先采用焊接或机械连接。

### 3.2.3 钢筋机械连接施工质量控制

钢筋机械连接技术包括直、锥螺纹连接和套筒挤压连接，下面仅介绍最常用的直螺纹连接施工质量控制。

钢筋直螺纹接头的施工质量控制。

（1）构造要求

1）同一构件内同一截面受力钢筋的接头位置应相互错开。在任一接头中心至长度为钢筋直径的 35 倍的区域范围内，有接头的受力钢筋截面积占受力钢筋总截面面积的百分率应符合下列规定：

①受拉区的受力钢筋接头百分率不宜超过 50%。

②受拉区的受力钢筋受力较小时，A 级接头百分率不受限制。

③接头宜避开有抗震设防要求的框架梁端和柱端的箍筋加密区；当无法避开时，接头应采用 A 级接头，且接头百分率不应超过 50%。

2）接头端头距钢筋弯起点不得小于钢筋直径的 10 倍。

3）不同直径钢筋连接时，一次对接钢筋直径规格不宜超过二级。

4）钢筋连接套处的混凝土保护层厚度除了要满足现行国家标准外，还必须满足其保护层厚度不得小于 15mm，且连接套之间的横向净距不宜小于 25mm。

（2）操作要点

1）操作工人必须持证上岗。

2）钢筋应先调直再下料。切口端面应与钢筋轴线垂直，不得有马蹄形或挠曲。不得用气割下料。

3）加工钢筋直螺纹丝头的牙形、螺距等必须与连接套的牙形、螺距相一致，且经配套的量规检测合格。

4）加工钢筋直螺纹时，应采用水溶液切削润滑液。不得用机油作润滑液或不加润滑液套丝。

5）已检验合格的丝头应加帽头予以保护。

6）连接钢筋时，钢筋规格和连接套的规格应一致，并确保钢筋和连接套的丝扣干净完好无损。

7）采用预埋接头时，连接套的位置、规格和数量应符合设计要求。带连接套的钢筋应固定牢固，连接套的外露端应有密封盖。

8）必须用精度±5%的力矩扳手拧紧接头，且要求每半年用扭力仪检定力矩扳手一次。

9）连接钢筋时，应对正轴线将钢筋拧入连接套，然后用力矩扳手拧紧。

10）接头拧紧值应满足规定的力矩值，不得超拧。拧紧后的接头应作上标志。

钢筋机械连接应具备的技术资料如下：

1）工程中应用机械接头时，应由该技术单位提供有效形式检验报告；

2）连接套出厂合格证；

3）机械连接接头拉伸试验报告；

4）钢筋螺纹加工检验记录；

5）钢筋螺纹接头质量检查记录；

6）施工现场挤压接头外观检查记录。

### 3.2.4 钢筋绑扎与安装施工质量控制

钢筋绑扎注意事项。

(1) 准备工作

1）熟悉施工图；

2）确定分部分项工程的绑扎进度和顺序；

3）了解运料路线、现场堆料情况、模板清扫和润滑状况以及坚固程度、管道的配合条件等；

4）检查钢筋的外观质量，着重检查钢筋的锈蚀状况，确定有无必需进行除锈；

5）在运料前要核对钢筋的直径、形状、尺寸以及钢筋级别是否符合设计要求；

6）准备必需数量的工具和水泥砂浆垫块与绑扎所需的钢丝等。

(2) 操作要点

1）钢筋的交叉点都应扎牢。

2）板和墙的钢筋网，除靠近外围两行钢筋的相交点全部扎牢外，中间部分的相交点可相隔交错扎牢，但必须保证受力钢筋不位移；如采用一面顺扣绑扎，交错绑扎扣应变换方向绑扎；对于面积较大的网片，可适当地用钢筋作斜向拉结加固双向受力的钢筋，且须将所有相交点全部扎牢。

3）梁和柱的箍筋，除设计有特殊要求外，应与受力钢筋保持垂直；箍筋弯钩叠合处，应与受力钢筋方向错开。此外，梁的箍筋弯钩应尽量放在受压处。

4）绑扎柱竖向钢筋时，角部钢筋的弯钩应与模板成45°；中间钢筋的弯钩应与模板成90°；当采用插入式振动器浇筑小型截面柱时，弯钩平面与模板面的夹角不得小于15°。

5）绑扎基础底板面钢筋时，要防止弯钩平放，应预先使弯钩朝上；如钢筋有带弯起直段的，绑扎前应将直段立起来，宜用细钢筋联系上，防止直段倒斜。

6）钢筋的绑扎接头应符合下列要求：

①搭接长度的末端与钢筋弯曲处的距离不得小于钢筋直径的 10 倍。接头不宜位于构件最大弯矩处。

②钢筋位于受拉区域内的，HPB235 级钢筋和冷拔低碳钢丝绑扎接头的末端应做弯钩，HRB335 级和 HRB400 级钢筋可不做弯钩。

③直径不大于 12mm 的受压 HPB235 级钢筋的末端，以及轴心受压构件中任意直径的受力钢筋的末端，可不做弯钩，但搭接长度不得小于钢筋直径的 35 倍。

④在钢筋搭接处，应用钢丝扎牢它的中心和两端。

⑤受拉钢筋绑扎接头的搭接长度应符合现行相关标准的规定，受压钢筋的搭接长度相应取受拉钢筋搭接长度的 0.7 倍。

⑥焊接骨架和焊接网采用绑扎接头时。搭接接头不宜位于构件的最大弯矩处；焊接骨架和焊接网在非受力方向的搭接长度，宜为 100mm；受拉焊接骨架和焊接网在受力钢筋方向的搭接长度，应符合现行标准的规定；受压焊接骨架和焊接网取受拉焊接骨架和焊接网的 0.7 倍。

⑦各受力钢筋之间的绑扎接头位置应相互错开。从任一绑扎接头中心至搭接长度 $L_1$ 的 1.3 倍区域内受力钢筋截面面积占受力钢筋总截面面积的百分率应符合有关规定。且绑扎接头中钢筋的横向净距不应小于钢筋直径，还需满足不小于 25mm。

⑧在绑扎骨架中非焊接接头长度范围内，当搭接钢筋受拉时，其箍筋间距应不大于 $5d$，且应大于 100mm；当受压时，应不大于 $10d$，且应不大于 200mm。

钢筋安装注意事项如下：

1）钢筋的混凝土保护层厚度必须符合表 4-5 的规定。

**钢筋的混凝土保护层厚度（mm）** **表 4-5**

| 环境与条件 | 构件名称 | 混凝土强度等级 | | |
|---|---|---|---|---|
| | | 低于 C25 | C25 及 C30 | 高于 C30 |
| 室内正常环境 | 板、墙、壳 | 15 | | |
| | 梁 和 柱 | 25 | | |
| 露天或室内高湿度环境 | 板、墙、壳 | 35 | 25 | 15 |
| | 梁 和 柱 | 45 | 35 | 25 |
| 有垫层 | 基 础 | 35 | | |
| 无垫层 | | 70 | | |

2）一般情况下，当保护层厚度在 20mm 以下时，垫块尺寸约为 30mm 见方；厚度在 20mm 以上时，约为 50mm 见方。

3）混凝土保护层砂浆垫块应根据钢筋粗细和间距垫得适量可靠。竖向钢筋可采用带铁丝的垫块，绑在钢筋骨架外侧。

4）当物件中配置双层钢筋网，需利用各种撑脚支托钢筋网片，撑脚可用相应的钢筋制成。

5）当梁中配有两排钢筋时，为了使上排钢筋保持正确位置，要用短钢筋作为垫筋垫在两排钢筋中间。

6）墙体中配置双层钢筋时，为了使两层钢筋网保持正确位置，可采用各种用细钢筋制作的撑件加以固定。

7）对于柱的钢筋，现浇柱与基础连接而设在基础内的插筋，其箍筋应比柱的箍筋缩小一个直径，以便连接；插筋必须固定准确牢靠。下层柱的钢筋露出楼面部分，宜用工具式箍将其收进一个柱筋直径，以利上层柱的钢筋搭接；当柱截面改变时，其下层柱钢筋的露出部分，必须在绑扎上部其他部位钢筋前，先行收缩准确。

8）安装钢筋时，配置的钢筋级别、直径、根数和间距应符合设计图纸的要求。

9）绑扎和焊接的钢筋网和钢筋骨架，不得有变形、松脱和开焊。钢筋位置的允许偏差应符合《混凝土结构工程施工质量验收规范》GB 50204—2002 中表 5.5.2 的规定。

## 3.3 模 板 工 程

### 3.3.1 一般规定

1）模板及其支架必须符合下列规定：

①保证工程结构和构件各部分形状尺寸和相互位置的正确。这就要求模板工程的几何尺寸、相互位置及标高满足设计图纸要求以及混凝土浇筑完毕后，在其允许偏差范围内。

②要求模板工程具有足够的承载力、刚度和稳定，能使它在静荷载和动荷载的作用下不出现塑性变形、倾覆和失稳。

③构造简单，拆装方便，便于钢筋的绑扎和安装以及混凝土的浇筑和养护，做到加工容易，集中制造，提高工效，紧密配合，综合考虑。

④模板的拼缝不应漏浆。对于反复使用的钢模板要不断进行整修，保证其楞角顺直、平整。

2）组合钢模板、大模板、滑升模板等的设计、制作和施工尚应符合国家现行标准的有关规定。

3）模板使用前应涂刷隔离剂。不宜采用油质类隔离剂。严禁隔离剂沾污钢筋与混凝土接槎处，以免影响钢筋与混凝土的握裹力以及混凝土接槎处不能有机相结合。故不得在模板安装后刷隔离剂。

4）对模板及其支架应定期维修。钢模板及支架应防止锈蚀，从而延长模板及其支架的使用寿命。

### 3.3.2 模板安装的质量控制

1）竖向模板和支架的支承部分必须坐落在坚实的基土上，并应加设垫板，使其有足够的支承面积。

2）一般情况下，模板自下而上地安装。在安装过程中要注意模板的稳定，可设临时支撑稳住模板，待安装完毕且校正无误后方可固定牢固。

3）模板安装要考虑拆除方便，宜在不拆梁的底模和支撑的情况下，先拆除梁的侧模，以利周转使用。

4）模板在安装过程中应多检查，注意垂直度、中心线、标高及各部位的尺寸；保证结构部分的几何尺寸和相邻位置的正确。

5）现浇钢筋混凝土梁、板，当跨度大于或等于 4m 时，模板应起拱；当设计无要求时，起拱高度宜为全跨长的 1/1000～3/1000。不准许起拱过小而造成梁、板底下垂。

6）现浇多层房屋和构筑物支模时，采用分段分层方法。下层混凝土须达到足够的强度以承受上层作业荷载传来的力，且上、下立柱应对齐，并铺设垫板。

7）固定在模板上的预埋件和预留洞不得遗漏，安装必须牢固，位置准确，其允许偏差应符合《混凝土结构工程施工质量验收规范》GB 50204—2002 中表 4.2.6 的规定。

8）现浇结构模板安装的允许偏差，应符合《混凝土结构工程施工质量验收规范》GB 50204—2002中表 4.2.7 的规定。

3.3.3 模板拆除的质量控制

（1）混凝土结构拆模时的强度要求

模板及其支架拆除时的混凝土强度，应符合设计要求，当设计无具体要求时，应符合下列规定：

1）侧模在混凝土强度能保证其表面及棱角不因拆除模板而受损坏后，方可拆除。

2）底模在混凝土强度符合表 4-6 的规定后，方可拆除。

现浇结构拆模时所需混凝土强度表 表 4-6

| 结构类型 | 结构跨度（m） | 按设计的混凝土强度标准值的百分率计（%） | 结构类型 | 结构跨度（m） | 按设计的混凝土强度标准值的百分率计（%） |
|---|---|---|---|---|---|
| 板 | ≤2 | ≥50 | 梁、拱、壳 | ≤8 | ≥75 |
| | >2 且 <8 | ≥75 | | >8 | ≥100 |
| | ≥8 | ≥100 | 悬臂构件 | ≤2 | ≥100 |
| | | | | >2 | ≥100 |

注："设计的混凝土强度标准值"系指与设计混凝土强度等级相应的混凝土立方体抗压强度标准值。

（2）混凝土结构拆模后的强度要求

混凝土结构在模板和支架拆除后，需待混凝土强度达到设计混凝土强度等级后，方可承受全部使用荷载；当施工荷载所产生的效应比使用荷载的效应更为不利时，必须经过核算，加设临时支撑。

（3）其他注意事项

1）拆模时不要用力过猛过急，拆下来的模板和支撑用料要及时运走、整理。

2）拆模顺序一般应是后支的先拆，先支的后拆，先拆非承重部分，后拆承重部分。重大复杂模板的拆除，事先要制定拆模方案。

3）多层楼板模板支柱的拆除，应按下列要求进行：上层楼板正在浇灌混凝土时，下一层楼板的模板支柱不得拆除，再下层楼板的支柱，仅可拆除一部分；跨度 4m 及 4m 以上的梁上均应保留支柱，其间距不得大于 3m。

## 3.4 混凝土质量控制

3.4.1 混凝土搅拌的质量控制

（1）搅拌机的选用

混凝土搅拌机按搅拌原理可分为自落式和强制式两种。流动性及低流动性混凝土选用自落式，低流动性，干硬性选用强制式。

（2）混凝土搅拌前材料质量检查

在混凝土拌制前，应对原材料质量进行检查，合格原材料才能使用。

（3）混凝土工程的施工配料计量

在混凝土工程的施工中，混凝土质量与配料计量控制关系密切。但在施工现场有关人员为图方便，往往是骨料按体积比，加水量由人工凭经验控制，这样造成拌制的混凝土离散性很大，难以保证混凝土的质量，故混凝土的施工配料计量须符合下列规定：

1）水泥、砂、石子、混合料等干料的配合比，应采用重量法计量。

2）水的计量必须在搅拌机上配置水箱或定量水表。

3）外加剂中的粉剂可按水泥计量的一定比例先与水泥拌匀，在搅拌时加入；熔液掺入先按比例稀释为溶液，按用水量加入。

4）混凝土原材料每盘称量的偏差，不得超过水泥及掺合料±2%。粗、细骨料±3%，水和外加剂±2%。

（4）首拌混凝土的操作要求

上班第一盘混凝土是整个操作混凝土的基础，其操作要求如下：

1）空车运转的检查：旋转方向是否与机身箭头一致；空车转速约比重车快2～3r/min；检查时间2～3min。

2）上料前应先启动，待正常运转后方可进料。

3）为补偿粘附在机内的砂浆，第一盘减少石子约30%；或多加水泥、砂各15%。

（5）搅拌时间的控制

搅拌混凝土的目的是所有骨料表面都涂满水泥浆，从而使混凝土各种材料混合成匀质体。因此，必须的搅拌时间与搅拌机类型、容量和配合比有关。

### 3.4.2 混凝土浇捣质量控制

（1）混凝土浇捣前的准备

1）对模板、支架、钢筋、预埋螺栓、预埋铁的质量、数量、位置逐一检查，并作好记录。

2）与混凝土直接接触的模板，地基基土、未风化的岩石，应清除淤泥和杂物，用水湿润。地基基上应有排水和防水措施。模板中的缝隙和孔应堵严。

3）混凝土自由倾落高度不宜超过2m。

4）根据工程需要和气候特点，应准备好抽水设备、防雨等物品。

（2）浇捣过程中的质量要求

1）分层浇捣时间间隔：

①分层浇捣为了保证混凝土的整体性，浇捣工作原则上要求一次完成。但由于振捣机具性能、配筋等原因，混凝土需要分层浇捣时，其浇筑层的厚度，应符合相应规定。

②浇捣的时间间隔：浇捣应连续进行。当必须间歇时，其间歇时间应尽量缩短，并应在前层混凝土初凝之前，将次层混凝土浇筑完毕。前层混凝土凝结时间，不得超过相关规定，否则应留施工缝。

2）采用振动器振实混凝土时，每一振点的振捣时间，应将混凝土振实至呈现浮浆和不再沉落为止。

3）在浇筑与柱和墙连成整体的梁与板时，应在柱和墙浇捣完毕后停歇1～1.5h，再继续浇筑。梁和板宜同时浇筑混凝土。

4）大体积混凝土的浇筑应按施工方案合理分段，分层进行，浇筑应在室外气温较高时进行，但混凝土浇筑温度不宜超过35℃。

（3）施工缝的位置设置与处理

1）施工缝的位置设置。混凝土施工缝的位置宜留在剪力较小且便于施工的部位。柱应留水平缝，梁、板、墙应留竖直缝。具体要求如下：

①柱子留置在基础的顶面，梁和吊车梁牛腿下面，吊车梁的上面，无梁楼板柱帽的下面。

②与板连成整体的大截面梁，留置在板底面以下 20～30mm 处；当板下有梁托时，留在梁托下部。

③单向板留置在平行于板的短边的任何位置。

④有主、次梁的楼板，宜顺着次梁方向浇筑，施工缝应留置在次梁跨度的中间 1/3 范围内。

⑤双向受力板、大体积结构、拱、薄壳、蓄水池及其他结构复杂的工程，施工缝的位置应按设计要求留置。

⑥施工缝应与模板成 90°。

2）施工缝处理

在混凝土施工缝处继续浇筑混凝土时，其操作要点见表 4-7。

**混凝土施工缝操作要点** **表 4-7**

| 项　　目 | 要　　点 |
|---|---|
| 已浇筑混凝土的最低强度 | >1.2MPa |
| 已硬化混凝土的接缝面 | 1. 将水泥浆膜、松动石子、软弱混凝土层以及钢筋上的油污、浮锈、旧浆等彻底清除。<br>2. 用水冲刷干净，但不得积水。<br>3. 先铺与混凝土成分相同的水泥砂浆，厚度 10～15mm |
| 新浇筑的混凝土 | 1. 不宜在施工缝处首先下料，可由远及近地接近施工缝。<br>2. 细致捣实，使新旧混凝土成为整体。<br>3. 加强保湿养护 |

## 3.5 现浇混凝土工程质量验收

### 3.5.1 基本规定

1）混凝土结构施工现场质量管理应有相应的施工技术标准、健全的质量管理体系、施工质量控制和质量检验制度。

混凝土结构施工项目应有施工组织设计和施工技术方案，并经审查批准。

2）混凝土结构子分部工程可根据结构的施工方法分为两类：现浇混凝土结构子分部工程和装配式混凝土结构子分部工程；根据结构的分类，还可分为钢筋混凝土结构子分部工程和预应力混凝土结构子分部工程等。

混凝土结构子分部工程可划分为模板、钢筋、预应力、混凝土、现浇结构和装配式结构等分项工程。

各分项工程可根据与施工方式相一致且便于控制施工质量的原则，按工作班、楼层、结构缝或施工段划分为若干检验批。

3）对混凝土结构子分部工程的质量验收，应在钢筋、预应力、混凝土、现浇结构或装配式结构等相关分项工程验收合格的基础上，进行质量控制资料检查及观感质量验收，并应对涉及结构安全的材料、试件、施工工艺和结构的重要部位进行见证检测或结构实体检验。

4）分项工程的质量验收应在所含检验批验收合格的基础上，进行质量验收记录检查。

5）检验批的质量验收应包括如下内容：

①实物检查，按下列方式进行：

对原材料、构配件和器具等产品的进场复验，应按进场的批次和产品的抽样检验方案执行；对混凝土强度、预制构件结构性能等，应按国家现行有关标准和本规范规定的抽样检验方案执行；对本规范中采用计数检验的项目，应按抽查总点数的合格点率进行检查。

②资料检查，包括原材料、构配件和器具等的产品合格证（中文质量合格证明文件、规格、型号及性能检测报告等）及进场复验报告、施工过程中重要工序的自检和交接检记录、抽样检验报告、见证检测报告、隐蔽工程验收记录等。

6）检验批合格质量应符合下列规定：

①主控项目的质量经抽样检验合格；

②一般项目的质量经抽样检验合格；当采用计数检验时，除有专门要求外，一般项目的合格点率应达到80%及以上，且不得有严重缺陷；

③具有完整的施工操作依据和质量验收记录。

对验收合格的检验批，宜作出合格标志。

7）检验批、分项工程、混凝土结构子分部工程的质量验收记录，质量验收程序和组织应符合国家标准《建筑工程施工质量验收统一标准》GB50300—2001 的规定。

### 3.5.2 钢筋安装

（1）主控项目

钢筋安装时，受力钢筋的品种、级别、规格和数量必须符合设计要求。

检查数量：全数检查。检验方法：观察，钢尺检查。

（2）一般项目

钢筋安装位置的偏差应符合表 4-8 的规定。

检查数量：在同一检验批内，对梁、柱和独立基础，应抽查构件数量的 10%，且不少于 3 间；对大空间结构，墙可按相邻轴线间高度 5m 左右划分检查面，板可按纵、横轴线划分检查面，抽查 10%，且均不少于 3 面。

**钢筋安装位置的允许偏差和检验方法** 表 4-8

| 项　　目 | | | 允许偏差（mm） | 检　验　方　法 |
|---|---|---|---|---|
| 绑扎钢筋网 | 长、宽 | | ±10 | 钢尺检查 |
| | 网眼尺寸 | | ±20 | 钢尺量连续三档，取最大值 |
| 绑扎钢筋骨架 | 长 | | ±10 | 钢尺检查 |
| | 宽、高 | | ±5 | 钢尺检查 |
| 受力钢筋 | 间　距 | | ±10 | 钢尺量两端、中间各一点，取最大值 |
| | 排　距 | | ±5 | |
| | 保护层厚度 | 基　础 | ±10 | 钢尺检查 |
| | | 柱、梁 | ±5 | 钢尺检查 |
| | | 板、墙、壳 | ±3 | 钢尺检查 |

续表

| 项目 | | 允许偏差（mm） | 检验方法 |
|---|---|---|---|
| 绑扎箍筋、横向钢筋间距 | | ±20 | 钢尺量连续三档，取最大值 |
| 钢筋弯起点位置 | | 20 | 钢尺检查 |
| 预埋件 | 中心线位置 | 5 | 钢尺检查 |
| | 水平高差 | +3，0 | 钢尺和塞尺检查 |

### 3.5.3 现浇筑混凝土工程

#### 3.5.3.1 一般规定

1）现浇结构的外观质量缺陷，应由监理（建设）单位、施工单位等各方根据其对结构性能和使用功能影响的严重程度，按表4-9确定。

现浇结构外观质量缺陷 表4-9

| 名称 | 现象 | 严重缺陷 | 一般缺陷 |
|---|---|---|---|
| 露筋 | 构件内钢筋未被混凝土包裹而外露 | 纵向受力钢筋有露筋 | 其他钢筋有少量露筋 |
| 蜂窝 | 混凝土表面缺少水泥砂浆而形成石子外露 | 构件主要受力部位有蜂窝 | 其他部位有少量蜂窝 |
| 孔洞 | 混凝土中孔穴深度和长度均超过保护层厚度 | 构件主要受力部位有孔洞 | 其他部位有少量孔洞 |
| 夹渣 | 混凝土中夹有杂物且深度超过保护层厚度 | 构件主要受力部位有加渣 | 其他部位有少量夹渣 |
| 疏松 | 混凝土中局部不密实 | 构件主要受力部位有疏松 | 其他部位有少量疏松 |
| 裂缝 | 缝隙从混凝土表面延伸至混凝土内部 | 构件主要受力部位有影响结构性能或使用功能的裂缝 | 其他部位有少量不影响结构性能或使用功能的裂缝 |
| 连接部位缺陷 | 构件连接处混凝土缺陷及连接钢筋、连接件松动 | 连接部位有影响结构传力性能的缺陷 | 连接部位有基本不影响结构传力性能的缺陷 |
| 外形缺陷 | 缺棱掉角、棱角不直、翘曲不平、飞边凸肋等 | 清水混凝土构件有影响使用功能或装饰效果的外形缺陷 | 其他混凝土构件有不影响使用功能的外形缺陷 |
| 外表缺陷 | 构件表面麻面、掉皮、起砂、沾污等 | 具有重要装饰效果的清水混凝土构件有外表缺陷 | 其他混凝土构件有不影响使用功能的外表缺陷 |

2）现浇结构拆模后，应由监理（建设）单位、施工单位对外观质量和尺寸偏差进行检查，作出记录，并应及时按施工技术方案对缺陷进行处理。

#### 3.5.3.2 外观质量

（1）主控项目

现浇结构的外观质量不应有严重缺陷。对已经出现的严重缺陷，应由施工单位提出技术处理方案，并经监理（建设）单位认可后进行处理。对经处理的部位，应重新检查验收。

检查数量：全数检查。检验方法：观察，检查技术处理方案。

（2）一般项目

现浇结构的外观质量不宜有一般缺陷。对已经出现的一般缺陷，应由施工单位按技术处理方案进行处理，并重新检查验收。

检查数量：全数检查。检验方法：观察，检查技术处理方案。

3.5.3.3　尺寸偏差

(1) 主控项目

现浇结构不应有影响结构性能和使用功能的尺寸偏差。混凝土设备基础不应有影响结构性能和设备安装的尺寸偏差。

对超过尺寸允许偏差且影响结构性能和安装、使用功能的部位，应由施工单位提出技术处理方案，并经监理（建设）单位认可后进行处理。对经处理的部位，应重新检查验收。

检查数量：全数检查。检验方法：量测，检查技术处理方案。

(2) 一般项目

现浇结构拆模后的尺寸偏差应符合表4-10。

检查数量：按楼层、结构缝或施工段划分检验批。在同一检验批内，对梁、柱和独立基础，应抽查构件数量的10%，且不少于3件；对墙和板，应按有代表性的自然间抽查10%，且不少于3间；对大空间结构，墙可按相邻轴线间高度5m左右划分检查面，板可按纵、横轴线划分检查面，抽查10%，且均不少于3面；对电梯井，应全数检查。对设备基础，应全数检查。

**现浇结构尺寸允许偏差和检验方法**　　表4-10

| 项　目 | | | 允许偏差（mm） | 检　验　方　法 |
|---|---|---|---|---|
| 轴线位置 | 基　础 | | 15 | 钢尺检查 |
| | 独立基础 | | 10 | |
| | 墙、柱、梁 | | 8 | |
| | 剪力墙 | | 5 | |
| 垂直度 | 层　高 | ≤5m | 8 | 经纬仪或吊线、钢尺检查 |
| | | >5m | 10 | 经纬仪或吊线、钢尺检查 |
| | 全高（$H$） | | $H$/1000且≤30 | 经纬仪、钢尺检查 |
| 标　高 | 层　高 | | ±10 | 水准仪或拉线、钢尺检查 |
| | 全　高 | | ±30 | |
| 截　面　尺　寸 | | | +8，−5 | 钢尺检查 |
| 电梯井 | 井筒长、宽对定位中心线 | | +25，0 | 钢尺检查 |
| | 井筒全高（$H$）垂直度 | | $H$/1000且≤30 | 经纬仪、钢尺检查 |
| 表面平整度 | | | 8 | 2m靠尺和塞尺检查 |
| 预埋设施中心线位置 | 预埋件 | | 10 | 钢尺检查 |
| | 预埋螺栓 | | 5 | |
| | 预埋管 | | 5 | |
| 预留洞中心线位置 | | | 15 | 钢尺检查 |

## 3.6　钢筋混凝土工程常见质量通病及防治

当前现浇钢筋混凝土工程虽然在众多建筑工程采用，但也有因施工操作不当、马虎等形成一些常见质量通病。下面仅介绍其中几种：

(1) 弯起钢筋形状不准确

1) 原因：弯曲成型时就不准确，经过搬移后变形。

2) 防治：对其半成品应检查外形尺寸；搬移时轻抬轻放；严格控制箍筋尺寸和间距，绑扎牢固；对于形状不准且校正不合格的不准使用。

(2) 混凝土强度不足

1) 原因：配合比不准确，投料量偏差过大，浇捣不密实，养护不力，砂、石含泥量过大。

2) 防治：根据现场砂、石含水量确定施工配合比，施工前应进行试配。严格控制砂、石含泥量，每盘拌制投料量偏差应在允许范围内，采用合适的浇捣机械，精心浇筑确保密实度，养护时间足够方式合理。

(3) 柱、墙底部分出现“烂根”

1) 原因：接缝未认真处理，浇筑时未铺砂浆，分层浇筑一次过高，底部漏浆，浇捣未到底部。

2) 防治：接缝处清理并凿出浮浆，露出石子、水冲干净，模板底部与楼地面接缝密实，浇筑时铺 50～100mm 厚同混凝土配合比水泥砂浆，分层浇筑，一次不能过厚，混凝土倾落高度不超过 3m，避免漏浆，保证严实。

(4) 蜂窝、孔洞

1) 原因：配合比不当，严重漏振。混凝土分层离析，浇捣不实。

2) 防治：合理确定砂率，混凝土搅拌均匀，控制倾落高度，模板接缝严密，浇筑认真，避免漏振。

(5) 板底露筋

1) 原因：未支垫块或漏垫，浇筑时垫块移位，操作人员踩踏钢筋，漏浆严重。

2) 防治：采用砂浆垫块绑牢，严禁用片石支垫，浇筑时搭脚手板，避免踩踏钢筋，模板接缝严密避免漏浆，不得漏振，保证浇捣密实。

# 课题 4　防水工程的质量控制

## 4.1　防水工程的特点

房屋建筑有一个关键的功能就是要能遮风避雨，而建筑防水即是满足避雨这一主要功能的做法，建筑防水是指在建筑物的防水部位，如屋面、地下，水池面等通过建筑结构或防水层，防止自然界的水进入室内或防止室内渗漏室外的措施总称，建筑防水的主要作用是保障建筑物的使用功能，同时也可以起到延长建筑物使用寿命的效果。自古以来，人们就十分重视建筑物的防水工作，积累了丰富的经验。

防水做法可分为构造防水和材料（防水层）防水，也就是建筑物中的混凝土结构及构件自防水与防水材料制成的防水层防水。防水层防水又有刚性防水层和柔性防水层之分，其中柔性防水层是指用各种防水卷材、防水涂料作为防水层。就建筑防水工程而言，按照不同的部分可分为：屋面防水、地下防水、厨卫防水和墙面防水四个部分。

屋面防水工程直接暴露在大自然侵蚀作用下，担负着阻止雨、雪水向室内渗漏的任务，由于早晚、四季温差较大，热胀冷缩现象相对明显，同时屋面突出物如：烟囱、排水通气管等较多，檐沟、泛水、防水返边的存在等原因，导致屋面排水不畅，屋面渗漏严重。屋面防水工程是一个系统工程，要做到防排结合，以排为主，在材料选用上宜用耐候性、温度适应性及抗裂性能好的卷材，并做到刚柔结合，以柔适变、复合用材、多道设防。

地下工程由于埋于地下，常年受到水的侵蚀，地下水往往有腐蚀作用和压力；地下工程施工时场地狭窄，基层很难干燥，但地下工程的温差变化小，热胀冷缩现象不明显；地下防水工程带有明显的不可修复性，不可能再进行维修。因此地下工程是不能渗漏的，必须正确选择合理有效的防水方案，精心可靠地施工。

建筑防水技术在房屋建筑中发挥功能保障作用。防水工程质量的优劣，不仅关系到建（构）筑物的使用寿命，而且直接影响到人们生产、生活环境和卫生条件。因此，建筑防水工程质量除了考虑设计的合理性，正确选择防水材料，还更要注意其施工工艺及施工质量。

## 4.2 屋面防水工程质量控制与验收

屋面防水工程是房屋建筑的一项重要工程。根据建筑物的性质、重要程度、使用功能要求及防水层耐用年限等，将屋面防水分为Ⅰ、Ⅱ、Ⅲ、Ⅳ四个等级，并按不同等级设防。屋面防水常见种类有：卷材防水屋面，涂膜防水屋面和刚性防水屋面等。

屋面工程所采用的防水，保温隔热材料应有合格证书和性能检测报告，材料的品种规格、性能等应符合现行国家产品标准和设计要求。屋面施工前，要编制施工方案，应建立各道工序的自检，交接检和专职人员检查的“三检”制度，并有完整的检查记录。伸出屋面的管道、设备或预埋件应在防水层施工前安设好。每道工序完成后，应经监理单位检查验收、合格后方可进行下道工序的施工。屋面工程的防水应由经资质审查合格的防水专业队伍进行施工，作业人员应持有当地建筑行政主管部门颁发的上岗证。

材料进场后，施工单位应按规定取样复检，提出试验报告。不得在工程中使用不合格材料。屋面的保温层和防水层严禁在雨天、雪天和五级以上大风下施工，温度过低也不宜施工，屋面工程完工后，应对屋面细部构造接缝，保护层等进行外观检验，并用淋水或蓄水进行检验，防水层不得有渗漏或积水现象。

屋面工程应建立管理、维修、保养制度，由专人负责，定期进行检查维修，一般应在每年的秋末冬初对屋面检查一次。主要清理落叶、尘土，以免堵塞水落口，雨季前再检查一次，发现问题及时维修。

下面就屋面防水工程常用做法的施工质量控制与验收进行介绍。

### 4.2.1 卷材屋面防水工程施工质量控制与验收

#### 4.2.1.1 材料质量检查

防水卷材现场抽样复验应遵守下列规定：

1）同一品种、牌号、规格的卷材，抽验数量为：大于1000卷取5卷，500～1000卷抽取4卷，100～499卷抽取3卷，小于100卷抽取2卷。

2）将抽验的卷材开卷进行规格、外观质量检验，全部指标达到标准规定时，即为合格。其中如有一项指标达不到要求，即应在受检产品中加倍取样复验，全部达到标准规定为合格。复验时有一项指标不合格，则判定该产品外观质量为不合格。

3）卷材的物理性能应检验下列项目：

①沥青防水卷材：拉力、耐热度、柔性、不透水性。

②高聚物改性沥青防水卷材：拉伸性能、耐热度、柔性、不透水性。

③合成高分子防水卷材：拉伸强度、断裂伸长率，低温弯折性、不透水性。

4）胶粘剂物理性能应检验下列项目：

①改性沥青胶粘剂：粘结剥离强度。

②合成高分子胶粘剂：粘结剥离强度，粘结剥离强度浸水后保持率。

防水卷材一般可用卡尺、卷尺等工具进行外观质量的测试。用手拉伸可进行强度、延伸率，回弹力的测试，重要的项目应送质量监督部门认定的检测单位进行测试。

4.2.1.2　施工质量检查

(1) 卷材防水屋面的质量要求

1）屋面不得有渗漏和积水现象。

2）屋面工程所用的合成高分子防水卷材必须符合质量标准和设计要求，以便能达到设计所规定的耐久使用年限。

3）坡屋面和平屋面的坡度必须准确，坡度的大小必须符合设计要求。平屋面不得出现排水不畅和局部积水现象。

4）找平层应平整坚固，表面不得有酥软、起砂、起皮等现象，平整度不应超过5mm。

5）屋面的细部构造和节点是防水的关键部位，所以，其做法必须符合设计要求和规范的规定，节点处的封闭应严密，不得开缝、翘边、脱落。水落口及突出屋面设施与屋面连接处，应固定牢靠，密封严实。

6）绿豆砂、细砂、蛭石、云母等松散材料保护层和涂料保护屋覆盖应均匀，粘结应牢固；刚性整体保护层与防水层之间应设隔离层，表面分格缝、分离缝留设应正确；块体保护层应铺砌平整，勾缝平密，分格缝、分离缝留设位置、宽度应正确。

7）卷材铺贴方法、方向和搭接顺序应符合规定，搭接宽度应正确，卷材与基层、卷材与卷材之间黏结应牢固，接缝缝口、节点部位密封应严密，无皱折、鼓包翘边。

8）保温层厚度、含水率、表观密度应符合设计要求。

(2) 卷材防水屋面的质量检验

1）卷材防水屋面工程施工中应做好从屋面结构层、找平层、节点构造直至防水屋面施工完毕，分项工程的交接检查，未经检查验收合格的分项工程，不得进行后续施工。

2）对于多道设防的防水层，包括涂膜、卷材、刚性材料等，每一道防水层完成后，应由专人进行检查，每道防水层均应符合质量要求，不渗水，才能进行下一道防水层的施工。使其真正起到多道设防的应有效果。

3）检验屋面有无渗漏或积水，排水系统是否畅通，可在雨后或持续淋水2h以后进行。有可能作蓄水检验的屋面宜作蓄水24h检验。

4）卷材屋面的节点做法、接缝密封的质量是屋面防水的关键部位，是质量检查的重点部位，节点处理不当或造成渗漏；接缝密封不好会出现裂缝、翘边、张口、最终导致渗漏；保护层质量低劣或厚度不够，会出现松散脱落、龟裂爆皮，失去保护作用，导致防水层过早老化而降低使用年限。所以，对这些项目，应进行认真的外观检查，不合格的，应重做。

5）找平层的平整度，用 2mm 直尺检查，面层与直尺间的最大空隙不应超过 5mm，空隙应允许平缓变化，每米长度内不多于一处。

6）对于用卷材作防水层的蓄水屋面，种植屋面应作蓄水 24h 检验。

4.2.2 涂膜屋面防水的施工质量控制与验收

4.2.2.1 材料质量检查

进场的防水涂料和胎体增强材料抽样复验应符合下列规定：

1）同一规格、品种的防水涂料，每 10t 为一批，不足 10t 者按一批进行抽检；胎体增强材料，每 $3000m^2$ 为一批，不足 $3000m^2$ 者按一批进行抽检。

2）防水涂料应检查延伸或断裂延伸率、固体含量、柔性、不透水性和耐热度；胎体增强材料应检查拉力和延伸率。

4.2.2.2 施工质量检查

（1）涂膜防水屋面的质量要求

1）屋面不得有渗漏和积水现象。

2）为保证屋面涂膜防水层的使用年限，所用防水涂料应符合质量标准和涂膜防水的设计要求。

3）屋面坡度应准确，排水系统应通畅。

4）找平层表面平整度应符合要求，不得有酥松、起砂、起皮、尖锐棱角现象。

5）细部节点做法应符合设计要求，封固应严密，不得开缝、翘边。水落口及突出屋面设施与屋面连接处，应固定牢靠、密封严实。

6）涂膜防水层不应有裂纹、脱皮、流淌、鼓泡、胎体外露和皱皮等现象，与基层应粘结牢固，厚度应符合规范要求。

7）胎体材料的铺设方法和搭接方法应符合要求；上下层胎体不得互相垂直铺设，搭接缝应错开，间距不应小于幅宽的 1/3。

8）松散材料保护层、涂料保护层应覆盖均匀严密、粘结牢固。刚性整体保护层与防水层间应设置隔离层，其表面分格缝的留设应正确。

（2）涂膜防水屋面的质量检查

1）屋面工程施工中应对结构层、找平层、细部节点构造，施工中的每遍涂膜防水层、附加防水层、节点收头、保护层等做分项工程的交接检查；未经检查验收合格，不得进行后续施工。

2）涂膜防水层或与其他材料进行复合防水施工时，每一道涂层完成后，应由专人进行检查，合格后方可进行下一道涂层和下一道防水层的施工。

3）检验涂膜防水层有无渗漏和积水、排水系统的是否通畅，应雨后或持续淋水 2h 以后进行。有可能作蓄水检验的屋面宜作蓄水检验，其蓄水时间不宜少于 24h。淋水或蓄水检验应在涂膜防水层完全固化后再进行。

4）涂膜防水屋面的涂膜厚度，可用针刺或测厚仪控测等方法进行检验；每 $100m^2$ 的屋面不应少于 1 处；每一屋面不应少于 3 处，并取其平均值评定。

涂膜防水层的厚度应避免采用破坏防水层整体性的切割取片测厚法。

5）找平层的平整度，应用2m直尺检查；面层与直尺间最大空隙不应大于5mm；空隙应平缓变化，每米长度内不应多于一处。

## 4.3 地下防水工程的质量控制与验收

地下防水工程是防止地下水对地下构筑物或建筑物基础的长期浸透，保证地下构筑或地下室使用功能正常使用发挥的一项重要工程。由于地下工程常年受到地表水、潜水、上层滞水、毛细管水等的作用。所以，对地下工程防水的处理比屋面防水工程要求更高、防水技术难度更大，一般应遵循“防、排、截、堵”结合，刚柔相济，因地制宜，综合治理的原则，根据使用要求，自然环境条件及结构形式等因素确定。地下工程的防水应采用经过试验、检测和鉴定并经实践检验质量可靠的材料行之有效的新技术、新工艺，一般可采用钢筋混凝土结构自防水、卷材防水和涂膜防水等技术措施，现就后两种措施的质量控制和验收加以介绍。

### 4.3.1 地下工程卷材防水施工质量控制与验收

1）地下工程卷材防水所使用的合成高分子防水卷材和新型沥青防水卷材的材质证明必须齐全。

2）防水卷材进场后，应对材质分批进行抽样复检，其技术性能指标必须符合所用卷材规定的质量要求。

3）防水施工的每道工序必须经检查验收合格后方能进行后续工序的施工。

4）卷材防水层必须确认无任何渗漏隐患后方能覆盖隐蔽。

5）卷材与卷材之间的搭接宽度必须符合要求。搭接缝必须进行嵌缝宽度不得小于10mm，并且必须用封口条对搭接缝进行封口和密封处理。

6）防水层不允许有皱折、孔洞、脱层、滑移和虚粘等现象存在。

7）地下工程防水施工必须做好隐蔽工程记录，预埋件和隐蔽物需变更设计方案时必须有工程洽商单。

### 4.3.2 地下工程涂膜防水质量控制与验收

1）涂膜防水材料的技术性能指标必须符合合成高分子防水涂料的质量要求和高聚物碱性沥青防水涂料的质量要求。

2）进场防水涂料的材质证明文件必须齐全。这些文件中所列出的技术性能数据必须和现场取样进行检测的试验报告以及其他有关质量证明文件中的数据相符合。

3）涂膜防水层必须形成一个完整的闭合防水整体，不允许有开裂、脱落、气泡、粉裂点和末端收头密封不严等缺陷存在。

4）涂膜防水层必须均匀固化，不应有明显的凹坑凸起等现象存在，涂膜的厚度应均匀一致，合成高分子防水涂料的总厚度不应小于2mm，无胎体硅橡胶防水涂膜的厚度不宜小于1.2mm，复合防水时不应小于1mm；高聚物性沥青防水涂膜的厚度不应小于3mm，复合防水时不应小于1.5mm。涂膜的厚度，可用针刺法或测厚法进行检查，针眼处用涂料覆盖，以防基层结构发生局部位移时，将针眼拉大，留下渗漏隐患，必要时，也可造点割开检查，割开处用同种涂料添刮平修复，此后再用胎体增强材料补强。

## 4.4 防水工程常见渗漏防治方法

### 4.4.1 常见屋面渗漏防治方法

造成屋面渗漏的原因是多方面的，包括设计、施工、材料质量、维修管理等。要提高屋面防水工程的质量，应以材料为基础，以设计为前提，以施工为关键，并加强维护，对屋面工程进行综合治理。

(1) 屋面渗漏的原因

1) 山墙、女儿墙和突出屋面的烟囱等墙体与防水层相交部位渗漏雨水：其原因是节点做法过于简单，垂直面卷材与屋面卷材没有很好地分层搭接，或卷材收口处开裂，在冬季不断冻结，夏天炎热溶化，使开口增大，并延伸至屋面基层，造成漏水。此外，由于卷材转角处未做成圆弧形、钝角或角太小，女儿墙压顶砂浆等级低，滴水线未做或没有做好等原因，也会造成渗漏。

2) 天沟漏水：其原因是天沟长度大，纵向坡度小，雨水口少，雨水斗四周卷材粘贴不严，排水不畅，造成漏水。

3) 屋面变形缝处漏水：其原因是处理不当，如薄钢板凸棱安反，薄钢板安装不牢，泛水坡度不当等造成漏水。

4) 挑檐、檐口处漏水：其原因是檐口砂浆未压住卷材，封口处卷材张口，檐口砂浆开裂，下口滴水线未做好而造成漏水。

5) 雨水口处漏水：其原因是雨水口处斗安装过高，泛水坡度不够，使雨水沿雨水斗外侧流入室内，造成渗漏。

6) 厕所、厨房的通气管根部处漏水：其原因是防水层未盖严，或包管高度不够，在油毡上口未缠麻丝或钢丝，油毡没有做压毡保护层，使雨水沿出气管进入室内造成渗漏。

7) 大面积漏水：其原因是屋面防水层找坡不够，表面凹凸不平，造成屋面积水而渗漏

(2) 屋面渗漏的预防及治理办法

1) 遇上女儿墙压顶开裂时，可铲除开裂压顶的砂浆，重抹水泥砂浆，并做好滴水线，有条件者可换成预制钢筋混凝土压顶板。突出屋面的烟囱、山墙、管根等与屋面交接处、转角处做成钝角，立面与屋面的卷材应分层搭接，对已漏水的部位，可将转角渗漏处的卷材割开，并分层将旧卷材烤干剥离，清除原有沥青胶。

2) 出屋面管道：管根处做成钝角，并建议设计单位加做防雨罩，使油毡在防雨罩下收头。

3) 檐口漏雨：将檐口处旧卷材掀起，用24号镀锌薄钢板将其钉于檐口，将新卷材贴于薄钢板。

4) 雨水口漏雨渗水：将雨水斗四周卷材铲除，检查短管是否紧贴基层板面或铁水盘。如短管浮搁在找平层上，则将找平层凿掉，清除后安装好短管，再用搭接法重做三毡四油防水层，然后进行雨水斗附近卷材的收口和包贴。

5) 对于大面积渗漏屋面，针对不同原因可采用不同方法治理，一般有以下两种方法：

第一种方法，是将原豆石保护层清扫一遍，去掉松动的浮石，抹20mm厚水泥砂浆找平层，然后做一布三油乳化沥青（或氯丁胶乳沥青）防水层和黄砂（或粗砂）保护层。

第二种方法，是按上述方法将基屋处理好后，将一布三油改为二毡二油防水层，再做豆石保护层。第一层油毡应干铺于找平层上，只在四周女儿墙和通风道处卷起，与基层粘贴。

### 4.4.2 地下防水工程渗漏及防治方法

地下防水工程，常常由于设计考虑不周，选材不当或施工质量差而造成渗漏，直接影响生产和使用。渗漏水易发生的部位主要在施工缝、蜂窝麻面、裂缝、变形缝及穿墙管道等处。渗漏水的形式主要有孔洞漏水、裂缝漏水、防水面渗水或是上述几种渗漏水的综合。因此，堵漏前必须先查明其原因，确定其位置，弄清水压大小，然后根据不同情况采取不同的防治措施。

(1) 渗漏部位及原因

1) 防水混凝土结构渗漏的部位及原因：

由于模板表面粗糙或清理不干净，模板浇水湿润不够，脱模剂涂刷不均匀，接缝不严，振捣混凝土不密实等原因，致使混凝土出现蜂窝、孔洞、麻面而引起渗漏。墙板和底板及墙板与墙板之间的施工缝处理不当而造成地下水沿施工缝渗入。由于混凝土中砂石含泥量大，养护不及时等，产生干缩和温度裂缝而造成渗漏。混凝土内的预埋件及管道穿墙处未作认真处理而致使地下水渗入。

2) 卷材防水层渗漏部位及原因：

由于保护墙和地下工程主体结构沉降不同，致使粘在保护墙上的防水卷材被撕裂而造成漏水。卷材的压力和搭接头宽度不够，搭接不严，结构转角处卷材铺贴不严实，后浇或后砌结构时卷材被破坏，或由于卷材韧性较差，结构不均匀沉降而造成卷材被破坏，也会产生渗漏，另外还有管道处的卷材与管道粘结不严，出现张口翘边现象而引起渗漏。

3) 变形缝处渗漏原因：

止水带固定方法不当，埋设位置不准确或在浇筑混凝土时被挤动，止水带两翼的混凝土包裹不严，特别是底板止水带下面的混凝土振捣不实；钢筋过密，浇筑混凝土时下料和止水带周围的木屑杂物等未清理干净，混凝土中形成薄弱的夹层，均会造成渗漏。

(2) 堵漏技术

堵漏技术就是根据地下防水工程特点，针对不同程度的渗漏水情况，选择相应的防水材料和堵漏方法，进行防水结构渗漏水处理。在拟定处理渗水措施时，应本着将大漏变小漏、片漏变孔漏、线漏变点漏，将漏水部位汇集于一点或数点，最后堵塞的方法进行。

对防水混凝土工程的修补堵漏，通常采用的方法是用促凝剂和水泥拌制成的快凝水泥胶浆，进行快速堵漏或大面积修补。近年来，采用膨胀水泥（或掺膨胀剂）作为防水修补材料，其抗渗堵漏效果更好。对混凝土的微小裂缝，则采用化学灌浆堵漏技术。

### 4.4.3 厨、卫间渗漏及防治方法

厨、卫生间用水频繁，防水处理不当就会发生渗漏。主要表现在楼板管道滴漏水、地面积水，墙壁潮湿渗水，甚至下层顶板和墙壁也出现滴水等现象。治理卫生间的渗漏，必须先查找渗漏的部位和原因，然后采取有效的针对措施。

(1) 板面及墙面渗水

1) 原因：

混凝土、砂浆施工的质量不良，存在微孔渗漏；板面、隔墙出现轻微裂缝；防水涂层

施工质量不好或被损坏。

2）堵漏措施：拆除卫生间渗漏部位饰面材料，涂刷防水涂料。如有开裂现象，则应对裂缝先进行增强防水处理，再刷防水涂料，增强处理一般采用贴缝法、填缝法和填缝加贴缝法。贴缝法主要适用于微小的裂缝，可刷防水涂料并加贴纤维材料或布条，作防水处理。填缝法主要用于较显著的裂缝，施工时要先进行扩缝处理，将缝扩展成15mm×15mm左右的V形槽，清理干净后刮填嵌缝材料，填缝加贴缝法除采用填缝处理外，在缝表面再涂刷防水涂料，并粘纤维材料处理。当渗漏不严重，饰面拆除困难，也可直接在其表面刮涂透明或彩色聚氨酯防水涂料。

（2）卫生洁具及穿楼板管道、排水管口等部位渗漏

1）原因：

细部处理方法欠妥，卫生洁具及管口周边填塞不严；管口连接件老化；由于振动及砂浆、混凝土收缩等原因，出现裂隙；卫生洁具及管口周边未用弹性材料处理，或施工时嵌缝材料及防水涂料粘结不牢；嵌缝材料及防水涂层被拉裂或拉离粘结面。

2）堵漏措施：

①将漏水部位彻底清理，刮填弹性嵌缝材料；

②在渗漏部位涂刷防水涂料，并粘贴纤维材料增强；

③更换老化管口连接件。

# 课题5　钢结构工程的质量控制

## 5.1　钢结构工程的特点

钢结构是指由钢板、热轧型钢和冷弯薄壁型钢等经加工制作成构件，经现场拼装连接、安装而形成的结构。钢结构是各类工程中使用比较广泛的一种建筑结构，一些高度或跨度较大的结构，荷载或吊车起重量较大的结构，有较大振动或较高温度的厂房结构，要求能活动或经常装配的结构，在地震多发区的房屋结构，以及采用其他建筑材料有困难或不经济的结构，一般都考虑钢结构。

钢结构在工程中得到广泛的应用和发展，是由于钢结构与其他结构比较有下列特点：

（1）钢材重量轻而强度高

钢材的容重比混凝土或其他建筑材料要大，但它的强度却高很多。钢材容重与屈服点的比值最小，例如：在相同的荷载条件下，钢屋架重量只有同等跨度钢筋混凝土屋架的1/4～1/3。如果采用薄壁型钢屋架则更轻，只有1/10。因此，钢结构比钢筋混凝土结构能承受更大的荷载，跨越更大的跨度。

（2）钢材的塑性和韧性好，安全可靠

钢材质地均匀，各向同性，弹性模量大，有良好的塑性和韧性，为理想的弹性-塑性体。钢材塑性好，因此，钢结构不会因偶然超载或局部超载而突然断裂破坏；钢材韧性好，使钢结构较能适应振动荷载，地震区的钢结构比其他材料的工程结构更耐震，钢结构是一般地震中损坏最少的结构。

（3）钢结构工业化程度高施工速度快

钢结构是由各种型材和板钢组成，采用机械加工，需在专业化的钢结构工厂制造。虽然有较复杂的机械设备和严格的工艺要求，但其制作简单，精确度高，能批量生产。钢结构的工厂制作、工地安装的施工方法，可缩短施工周期，降低造价，提高经济效益。

(4) 钢结构的密封性好

钢材组织非常密实，采用焊接连接可做到完全密封，一些要求气密性和水密性好的高压容器、大型油库、煤气罐、输送管道等板壳结构，最适宜采用钢结构。

(5) 钢材耐热性好，但耐火性差

钢材耐热而不耐火，随着温度升高而强度降低。温度在250℃以内，钢的性质变化很小，温度达到300℃以后，强度逐渐下降，达到450~650℃时，强度为零。因此，钢结构的防火性较钢筋混凝土差，一般用于温度不高于250℃的场所。

当钢结构长期受到100℃辐射热时，钢材不会有质的变化，当温度达到150℃以上时，需用隔离层加以保护，有特殊防火要求的建筑钢结构更需要用耐火材料将其围护，而钢结构住宅或高层建筑钢结构，应根据建筑物的重要性等级和防火规范加以特别处理。

(6) 钢材耐腐蚀性差，应采取防护措施

钢材在潮湿的环境中易于锈蚀，处于有腐蚀性介质的环境中更易生锈，因此，钢结构必须进行防锈处理。钢结构的防护可采用油漆、热浸锌或热喷涂铝（锌）复合涂层垫。但这种防护并非一劳永逸，需要相隔一段时间重新维修，因而其维护费用较高。

目前国内外正发展不易腐蚀的实践证明，含鳞、铜的稀土钢，其强度、耐蚀性均高的防护措施可延长钢结构寿命，节省维护费用。

## 5.2 钢结构工程施工质量控制

由钢结构的定义可知，钢结构工程施工至少分成两个阶段，构件加工阶段（一般在钢结构生产企业加工厂进行）和现场拼装安装阶段。在构件加工阶段包括放样、号料、下料、切割；端面加工、钻孔、焊接组装成型，除锈、涂装等工作要做。在安装阶段涉及到螺栓连接（包括普通螺栓连接和高强螺栓连接）和吊装施工。下面仅就构件制作、焊接、螺栓连接的安装施工质量控制进行介绍。

### 5.2.1 钢结构工程制作项目施工质量控制

(1) 钢结构工程构件生产质量控制内容

1）制造厂的技术资质条件和制造范围；

2）构件生产的质量保证体系；

3）构件技术资料；

4）对构件进行抽样检查。

(2) 钢结构工程构件生产质量控制要点

1）构件厂必须严格按国家制定的技术规范和设计要求进行生产，不得乱套图纸和随意修改设计，不得任意使用代用材料。

2）凡实行生产许可证的钢结构工程，企业应有建管部门颁发的产品许可证，方可进行生产。

3）企业生产新产品，应先进行试生产，经有关部门鉴定，产品质量和技术性能符合设计要求，方可进行生产、销售和使用。

4）构件出厂，必须符合下述条件：

①符合规定的标准和设计要求，有构件厂质量检验部门签认的产品合格证；

②有特殊要求的构件，出厂前必须在构件上标设明显标志；

③出厂构件应有明显的构件编号标记，以利质量监督检查；

④构件出厂应提交下列资料：施工图和设计变更文件，设计变更的内容应在施工图中相应部位注明；制作中对技术问题处理的协议文件；钢材、连接材料和涂装的质量证明书或试验报告；焊接工艺评定报告；高强度螺栓摩擦面抗滑移系数试验报告、焊缝无损检验报告及涂层检测资料；主要构件验收记录；预拼装记录；构件发运和包装清单。

(3) 钢结构工程制作项目质量检验要点

1）注意计量器具的统一（构件加工厂，现场施工方、监理方统一用检定合格的量具，并利用标准的使用方法）。

2）注意制作过程的要求：在前一制作工艺经检验合理后才能进行后一工艺施工。

3）注意成品检查质量。

①成品制作精度的检查必须在下列情况完成后进行：

a. 制作过程中出现的损坏和变形应去除并完全矫正，达到允许偏差之内。

b. 必要的理化试验、无损检测符合标准规定。

c. 构件符合图纸要求，不再进行修正和焊接。

②加强对连接部位的检查；

③正确测量钢构件的起拱值；

④认真确认加工和安装的基准点、基准线、误差应在允许偏差以内；

⑤构件加工相关资料完整有效。

5.2.2　焊接施工质量控制

5.2.2.1　焊接质量检验内容。

(1) 质量检验内容

1）焊接前质量检验：母材和焊接材料的确认与必要的复验；焊接部位的质量和合适的夹具；焊接设备和仪器的正常运行情况；焊接规范的调整和必要的试验评定；焊工操作技术水平的考核。

2）焊接过程中的质量检验：焊接工艺参数是否稳定；焊条、焊剂是否正确烘干；焊接材料选用是否正确；焊接设备运行是否正常；焊接热处理是否及时。

3）焊接后质量检验：焊缝外形尺寸；缺陷的目测；焊接接头的质量检验，破坏性试验，金相试验，其他，非破坏性试验，无损检测，强度及致密性试验；焊接区域的清除工作。

(2) 焊接质量控制的基本内容

1）焊工资格核查；

2）焊接工艺评定试验的核查；

3）核查焊接工艺规程和标准的合理性；

4）抽查焊接施工过程和产品的最终质量；

5）核查无损检测、焊接试验评定单位的资质。

(3) 焊接施工质量控制注意事项

1）必须是由合格的焊工按合适的焊接工艺施工；

2）注意实施预防焊接变形和内应力的措施；

3）焊接材料应严格按规定烘焙与取出；

4）焊接区装配应符合质量要求。

5.2.2.2 焊接外观检查

焊接外观检查方法主要采用：目视观察，用焊缝检验尺检查。采用肉眼或低倍放大镜、标准样板和量规等检测工具检查焊缝外观，其外形尺寸等相关参数应符合现行国家标准的规定。

5.2.2.3 不合格焊缝的修补工作原则

由于各单位管理水平不同，焊工技术素质差别以及环境影响，难免产生不合格的焊缝，但不合格的焊缝是不允许存在的，一旦发生不合格焊缝，必须按返修工艺及时进行返修。

1）焊缝出现裂缝。裂缝是焊缝的致命缺陷，必须彻底清除后进行补焊。但是在补焊前应查明产生冷、热裂缝的原因，制定返修工艺措施，严禁焊工自行返工处理，以防裂缝再次发生。

2）经检查不合格的焊缝应及时返修，但返修将严重影响焊缝整体质量，增加局部应力。因此，焊缝同一部位的返修次数不宜超过两次。如超过两次，应挑选技能良好的焊工按返修工艺返修。特别是低合金结构钢焊缝的返修工作，在第一次返修时就要引起重视。

3）施焊过程中或焊后检查中发现有害缺陷的焊缝处，应进行清除后再焊接。

4）由于焊接引起母材上出现裂纹时，原则上应更换母材，但经有关技术人员认可也可以进行局部修补处理。

5）凡不合格焊缝修补后应重新进行检查。必须达到合格质量标准才能使用。

5.2.3 高强度螺栓连接施工质量控制

钢结构件的连接方法除了焊接以外，大量采用的是螺栓连接，其中在结构构造上采用大多是高强度螺栓连接。高强度螺栓连接按设计准则分为三种类型：一是摩擦型高强度螺栓连接；二是承压型高强度螺栓连接；三是张拉型连接。在我国普遍采用的是摩擦型高强度螺栓连接。它是依靠扭紧螺母（经垫圈）给螺栓施加预拉力，借垫圈使杆件接触面产生的摩擦力而传递内力。连接的接触面间的摩擦力大小主要决定于预拉力和接触面间的摩擦系数。因此加工质量、螺栓质量、接触面的加工处理、施工工艺和质量检验方法是保证设计强度的主要因素。

（1）质量验收

1）检查使用的扭矩扳手应在每班作业前后分别进行标定和校验。

2）高强度大六角螺栓终拧结束后检验时，应采用“小锤敲击法”对螺栓（螺母处）逐个敲检，且应进行扭矩随机抽验。

①“小锤敲击法”是用手指紧按住螺母的一个边，按的位置尽量靠近螺母近垫圈处，然后用0.3～0.5kg重的小锤敲击螺母相对应的另一个边（手按边的对边）如手指感到轻微颤动即为合格，颤动较大即为欠拧或漏拧，完全不颤动即为超拧。

②扭矩检查采用“松扣、回扣法”。即先在螺母与螺杆的相对应位置划一条细直线，然后将螺母拧松30°～50°，再拧到原位（即与该细直线重合）时测得的扭矩，该扭矩与检

查扭矩的偏差在检查扭矩的±10%范围以内即为合格。

③扭矩检查应在终拧1h以后进行，并且应在24h以内检查完毕。

④扭矩检查为随机抽样，抽样数量为每个节点的螺栓连接副的10%，但不少于1个连接副。如发现不符合要求的，应重新抽样10%检查，如仍是不合格的，是欠拧、漏拧的，应该重新补拧，是超拧的应予更换螺栓。

3）扭剪型高强度螺栓连接副的质量控制与验收：

①扭剪型高强度螺栓连接副，因其结构特点，施工中梅花杆部分承受的是反扭矩，因而梅花头部分拧断，即螺栓连接副已施加了相同的扭矩，故检查只需自测梅花头拧断即为合格。但个别部位的螺栓无法使用专用扳则按相同直径的高强度大六角螺栓检验方法进行。

②扭剪型高强度螺栓施拧必须进行初（复）拧和终拧才行。初拧（复拧）后，应做好标志。此标志是为了检查螺母转角量及有无共同转角量或螺栓空转的现象产生之用，应引起重视。

③注意检查验收资料完整、准确：

高强度螺栓连接副施工的原始检查验收记录，反映了钢结构高强度螺栓连接的一些具体数据与质量情况，是工程的重要档案资料，是质量监督验收的内容之一。整个高强度螺栓连接施工验收资料应包括以下材料：

高强度螺栓质量保证书。高强度螺栓连接面抗滑移系数试验报告。高强度大六角头螺栓扭矩系数试（复）验报告。扭剪型高强度螺栓预拉力复验报告。扭矩扳手标定记录。高强度螺栓施工记录。高强度螺栓连接工程质量检验评定表。

（2）质量检验标准

钢结构高强螺栓连接施工及验收应符合《钢结构工程施工质量验收规范》（GB 50205—2002）和《钢结构高强螺栓连接的设计及验收规程》（JGT 82—91）的规定和现行的其他标准。

### 5.2.4 钢结构工程的安装

钢结构工程项目分为制作和安装两个阶段。这两个阶段往往是在两个不同的单位分别进行。前一阶段是钢结构的各种单体（或组合体）构件的制作，是提供钢结构产品的商品阶段，后一阶段是将各个单体（或组合体）构件组合成一个整体，其除有商品化的性质外，提供的整体建筑物将直接投入生产使用，安装上出现的质量问题有可能成为永久性缺陷，同时钢结构的安装工程具有作业面广、工序作业点多、材料、构件等供应渠道来自各方、手工操作比重大、交叉立体作业复杂、工程规模大小不一，以及结构形式变化不同等特点，因此，更显示质量监督的重要性。

（1）质量检验

安装过程中质量检查人员应分阶段及时进行检查，验证自检互检记录数据的可靠性，判定质量是否合格的问题，应及时分析原因，提出纠正措施，对系统问题，应及时提出预防措施，以便在下一步施工中及时改进。质量检查人员在检查时应根据现行质量检验标准进行检查。

（2）质量验收资料

1）钢结构竣工图、施工图和设计更改文件；

2）材料的质量证明书和试验报告；

3）隐藏工程中间验收记录、安装质量评定资料和分项工程竣工验收记录；

4）焊缝质量检验资料，焊工编号或标志；

5）高强度螺栓施工检查记录；

6）钢结构工程试验记录（当设计有规定时提供）。

备注：资料必须真实、有效、及时、正确和完整。

钢结构工程施工的质量验收，应严格执行《钢结构工程施工质量验收规范》GB 50205—2002和其他相关现行质量标准。

# 课题6　装饰装修工程的质量控制

建筑装饰装修工程是指采用适当材料和合理的构造对建筑（构）筑物在不动其结构的前提下为内外表面进行修饰，并对室内环境进行艺术加工和处理。既能保护建（构）筑物，又可延长使用寿命、美化建筑、优化环境满足用户对功能和美观的需求。建筑装饰装修工程是建筑施工的重要部分，随着社会的发展，人们生活水平的提高，对于装饰装修工程的质量要求越来越高，本部分对抹灰、饰面、幕墙、涂料和裱糊五个装饰分项内容的常见施工做法的施工质量控制和验收进行介绍。

## 6.1 抹 灰 工 程

### 6.1.1 抹灰工程施工概述

抹灰是指将各种砂浆、装饰性石屑浆、石子浆等涂抹在建筑物的墙面、顶棚等部位的表面上。按使用材料和装饰数量分为一般抹灰和装饰抹灰，其中一般抹灰按质量分为普通抹灰和高级抹灰，装饰抹灰根据面层做法不同主要有水刷石、水磨石、斩假石、干粘石、喷涂、仿石、彩色抹灰等，另外抹灰工程按部位不同，又分为墙面抹灰，顶棚抹灰和外墙抹灰三类。抹灰工程一般分为三个构造层次，即底层、中层和面层，施工工序一般包括基层处理，做灰饼、冲标筋、做阳角护角、抹底层灰、抹中抹灰、抹面层灰等，后一道工序必须在前一道工序验收合格后进行。

### 6.1.2 抹灰工程施工质量控制

抹灰工程必须在墙体检查合格后方可进行。对抹灰工程的质量检查，首先应查阅设计图纸，了解设计对抹灰工程的具体要求。同时还应检查原材料质保书和复试报告，对进入现场的材料进行质量把关。

对抹灰工程还应加强施工过程中的检查。底层抹灰时，应注意检查墙体基层是否清理干净、浇水湿润，门、窗框与洞口的缝是否嵌密实，室内抹灰前阳角护角线必须完成。一般抹灰工程应按要求分层进行，不得一次完成，并按规范要求严格控制每层抹灰的厚度，同时应严格控制抹灰层的总厚度，这样可避免抹灰的空鼓与开裂。空鼓与开裂是抹灰工程的主要质量通病，其产生的主要原因有：

1）基层处理不当，清理不干净；抹灰前浇水不透；

2）墙面平整度差，一次抹灰太厚或未分层抹灰或分层抹灰间隔时间太近；

3）水泥砂浆面层抹在石灰砂浆底层上；

4）面层抹灰或装饰抹灰的中层抹灰表面未划毛太光滑；

5）装饰抹灰前未按要求在中层砂浆上刮水泥浆以增加粘结度；

6）夏季施工砂浆失水过快。

为了有效地防止抹灰层的空鼓与开裂，在监督控制中应加强检查：

1）抹灰前的基层处理。抹灰前基层是否处理干净，浇水湿透。对不平整的墙面须剔凿平整，凹陷处用1:3水泥砂浆找平，然后按要求分层抹灰。当由于墙面不平整，造成抹灰厚度超过规范和设计要求时，应加钉钢丝网片补强措施，并适当增加抹灰层数，以防止抹灰的空鼓开裂脱落。

2）抹灰材料的选用。水泥砂浆抹灰各层用料是否一致，对水泥砂浆抹灰各层必须用相同的砂浆或是水泥用量偏大的混合砂浆。

3）中层抹灰的表面是否平整毛糙。装饰抹灰前是否按要求刮水泥浆处理。

4）夏季抹灰应避免在日光曝晒下进行。

在抹灰工程的施工中，应注意对预留洞、电气槽及管道背后等处的质量，检查时应特别注意这些部位。

检查抹灰工程的空鼓，可用小锤在抽查部位任意轻击，对空鼓而不裂的，面积小于$200cm^2$的可不计，对空鼓大于$200cm^2$以上的或空鼓又开裂的，必须进行整修。在检查抹灰表面时，可对所检查部位进行观察和手摸，同时可用2m托线板和楔形塞尺等辅助工具检查抹灰表面的平整度和垂直度。

检查数量：室外以4m左右高为一检查层，每20m长抽查一处（每处3延长米），但不少于3处。室内按有代表性的自然间抽查10%，过道按10延长米、礼堂、厂房等大间可按两轴线为一间，但不少于3间。

### 6.1.3 抹灰工程质量验收

抹灰工程验收时应对下列内容进行检查：抹灰工程的施工图、设计说明及其他设计文件；材料的产品合格证书、性能检测报告、进场验收记录和复验报告；隐蔽工程验收记录；施工记录等文件，同时要对水泥的凝结时间和安定性进行复验。

抹灰工程隐蔽项目包括：抹灰总厚度大于或等于35mm时的加强措施；不同材料基体交接处的加强措施。

抹灰分项工程检验批的划分规定：相同材料、工艺和施工条件的室外抹灰工程每500～$1000m^2$划分为一个检验批，不足$500m^2$也应划分为一个检验批。相同材料、工艺和施工条件的室内抹灰工程每50个自然间（大面积房间和走廊按抹灰面积$30m^2$为一间）划分为一个检验批，不足50间也应划分为一个检验批。

抹灰工程验收检查数量的规定：室内每个检验批应至少抽查10%，并不得少于3间；不足3间时应全数检查；室外每个检验批每$100m^2$应至少抽查一处，每处不得小于$10m^2$。

抹灰工程分为一般抹灰、装饰抹灰等不同项目分别进行质量验收。

#### 6.1.3.1 一般抹灰工程

一般抹灰工程分为普通抹灰和高级抹灰，当设计无要求时，按普通抹灰验收。

（1）主控项目

1）抹灰前基层表面的尘土、污垢、油渍等应清除干净，并应洒水润湿。

检验方法：检查施工记录。

2）一般抹灰所用材料的品种和性能应符合设计要求。水泥的凝结时间和安定性复验应合格。砂浆的配合比应符合设计要求。

检验方法：检查产品合格证书、进场验收记录、复验报告和施工记录。

3）抹灰工程应分层进行。当抹灰总厚度大于或等于35mm时，应采取加强措施。不同材料基体交接处表面的抹灰，应采取防止开裂的加强措施，当采用加强网时，加强网与各基体的搭接宽度不应小于100mm。

检查方法：检查隐蔽工程验收记录和施工记录。

4）抹灰层与基层之间及各抹灰层之间必须粘结牢固，抹灰层应无脱层、空鼓，面层应无爆灰和裂缝。

检验方法：观察；用小锤轻击检查；检查施工记录。

（2）一般项目

1）一般抹灰工程的表面质量应符合下列规定：

普通抹灰表面应光滑、洁净、接槎平整，分格缝应清晰。高级抹灰表面应光滑、洁净、颜色均匀、无抹纹，分格缝和灰线应清晰美观。

检验方法：观察；手摸检查。

2）护角、孔洞、槽、盒周围的抹灰表面应整齐、光滑；管道后面的抹灰表面应平整。

检验方法：观察。

3）抹灰层的总厚度应符合设计要求；水泥砂浆不得抹在石灰砂浆层上；罩面石膏灰不得抹在水泥砂浆层上。

检验方法：检查施工记录。

4）抹灰分格缝的设置应符合设计要求，宽度和深度应均匀，表面应光滑，棱角应整齐。

检验方法：观察；尺量检查。

5）有排水要求的部位应做滴水线（槽）。滴水线（槽）应整齐顺直，滴水线应内高外低，滴水槽的宽度和深度均不应小于10mm。

检验方法：观察；尺量检查。

6）一般抹灰工程质量的允许偏差和检验方法应符合表4-11的规定。

**一般抹灰的允许偏差和检验方法** 表4-11

| 项次 | 项　目 | 允许偏差（mm） | | 检验方法 |
|---|---|---|---|---|
| | | 普通抹灰 | 高级抹灰 | |
| 1 | 立面垂直度 | 4 | 3 | 用2mm垂直检测尺检查 |
| 2 | 表面平整度 | 4 | 3 | 2mm靠尺和塞尺检查 |
| 3 | 阴阳角方正 | 4 | 3 | 用直角测尺检查 |
| 4 | 分格条（缝）直线度 | 4 | 3 | 拉5m线，不足5m拉通线，用钢直尺检查 |
| 5 | 墙裙、勒脚上口直线度 | 4 | 3 | 拉5m线，不足5m拉通线，用钢直尺检查 |

注：1. 普通抹灰，本表第3项阴阳角方正可不检查；

2. 顶棚抹灰，本表第2项表面平整度可不检查，但应平顺。

6.1.3.2 装饰抹灰工程

装饰抹灰工程主要是指水刷石、斩假石、干粘石、假面砖等项目的质量验收。

(1) 主控项目

1) 抹灰前基层表面的尘土、污垢、油渍等应清除干净，并应洒水润湿。

检验方法：检查施工记录。

2) 装饰抹灰工程所用材料的品种和性能应符合设计要求。水泥的凝结时间和安定性复验应合格。砂浆的配合比应符合设计要求。

检验方法：检查产品合格证书、进场验收记录、复验报告和施工记录。

3) 抹灰工程应分层进行。当抹灰总厚度大于或等于 35mm 时，应采取加强措施。不同材料基体交接处表面的抹灰，应采取防止开裂的加强措施，当采用加强网时，加强网与各基体的搭接宽度不应小于 100mm。

检验方法：检查隐蔽工程验收记录和施工记录。

4) 各抹灰层之间及抹灰层与基体之间必须粘结牢固，抹灰层应无脱层、空鼓和裂缝。

检验方法：观察；用小锤轻击检查；检查施工记录。

(2) 一般项目

1) 装饰抹灰工程的表面质量应符合下列规定：

①水刷石表面应石粒清晰、分布均匀、紧密平整、色泽一致，应无掉粒和接槎痕迹。

②斩假石表面剁纹应均匀顺直、深浅一致，应无漏剁处；阳角处应横剁并留出宽窄一致的不剁边条，棱角应无损坏。

③干粘石表面应色泽一致、不露浆、不漏粘，石粒应粘结牢固、分布均匀，阳角处应无明显黑边。

④假面砖表面应平整、沟纹清晰、留缝整齐、色泽一致，应无掉角、脱皮、起砂等缺陷。

检验方法：观察；手摸检查。

2) 装饰抹灰分格条（缝）的设置应符合设计要求，宽度和深度应均匀，表面应平整光滑，棱角应整齐。

检验方法：观察。

3) 有排水要求的部位应做滴水线（槽）。滴水线，（槽）应整齐顺直，滴水线应内高外低，滴水槽的宽度和深度均不应小于 10mm。

检验方法：观察；尺量检查。

4) 装饰抹灰工程质量的允许偏差和检验方法应符合表 4-12 的规定。

**装饰抹灰的允许偏差和检验方法** 表 4-12

| 项次 | 项目 | 允许偏差（mm） | | | | 检验方法 |
|---|---|---|---|---|---|---|
| | | 水刷石 | 斩假石 | 干粘石 | 假面砖 | |
| 1 | 立面垂直度 | 5 | 4 | 5 | 5 | 用 2m 垂直检测尺检查 |
| 2 | 表面平整度 | 3 | 3 | 5 | 4 | 2m 靠尺和塞尺检查 |
| 3 | 阳角方正 | 3 | 3 | 4 | 4 | 用直角测尺检查 |
| 4 | 分格条（缝）直线度 | 3 | 3 | 3 | 3 | 拉 5m 线，不足 5m 拉通线，用钢直尺检查 |
| 5 | 墙裙、勒脚上口直线度 | 3 | 3 | — | — | 拉 5m 线，不足 5m 拉通线，用钢直尺检查 |

## 6.2 饰面板（砖）工程

### 6.2.1 饰面板（砖）工程概述

饰面工程是建筑装饰装修工程最常见分项工程，它是指块料面层镶贴（或安装）在墙、柱表面和地面形成的装饰层，块料面层包括饰面砖和饰面板两大类，其中饰面砖包括：釉面瓷砖、陶瓷锦砖、玻璃锦砖、外墙面砖、地板砖等。饰面板又分为：天然石材板（花岗石板、大理石板和青石板等）、金属饰面板（不锈钢板、钛金板、铝合金板、涂层钢板等）及木质饰面板等。

### 6.2.2 饰面板（砖）工程施工质量控制

检查时，首先查看设计图纸，了解设计对饰面板（砖）工程所选用的材料、规格、颜色、施工方法的要求，对工程所用材料检查其是否有产品出厂合格证或试验报告，特别对工程中所使用的水泥、胶粘剂，干挂饰面板和金属饰面板骨架所用的钢材、不锈钢连接件、膨胀螺栓等应严格把关。对钢材的焊接应检查焊缝的试验报告。当在高层建筑外墙饰面板干挂法安装时，采用膨胀螺栓固定不锈钢连接件，还应检查膨胀螺栓的抗拔试验报告，以保证饰面板安装安全可靠。

在对饰面板的检查中，外墙面采用干挂法施工时，应检查是否按要求做防水处理，如有遗漏应督促施工单位及时补做。检查不锈钢连接件的固定方法、每块饰面板的连接点数量是否符合设计要求。当连接件与建筑物墙面预埋件焊接时，应检查焊缝长度、厚度、宽度等是否符合设计要求，焊缝是否做防锈处理。对饰面板的销钉孔，应检查是否有隐性裂缝，深度是否满足要求。饰面板销钉孔的深度应为上下二块板的孔深加上板的接缝宽度稍大于销钉的长度，否则会因上块板的重量通过销钉传到下块板上，而引起饰面板损坏。

饰面板施铺时，着重检查钢筋网片与建筑物墙面的连接、饰面板与钢筋网片的绑扎是否牢固，检查钢筋焊缝长度、钢筋网片的防锈处理。施工中应检查饰面板灌浆是否按规定分层进行。

在饰面砖的检查中，应注意检查墙面基层的处理是否符合要求，这直接会影响饰面砖的镶贴质量。可用小锤检查基层的水泥抹灰有否空鼓，发现有空鼓应立即铲掉重做（板条墙除外），检查处理过的墙面是否平整、毛糙。

为了保证建筑工程面砖的粘结质量，外墙饰面砖应进行粘结强度的检验。每 300m$^2$ 同类墙体取 1 组试样，每组 3 个，每楼层不得少于 1 组；不足 300m$^2$ 每二楼层取 1 组。每组试样的平均粘结强度不应小于 0.4MPa；每组可有一个试样的粘结强度小于 0.4MPa，但不应小于 0.3MPa。

对金属饰面板应着重检查金属骨架是否严格按设计图纸施工，安装是否牢固。检查焊缝的长度、宽度、高度、防锈措施是否符合设计要求。

### 6.2.3 饰面板（砖）工程质量验收

饰面板（砖）工程验收时应检查的资料有饰面板（砖）工程的施工图、设计说明及其他设计文件；材料的产品合格证书、性能检测报告、进场验收记录和复验报告；后置埋件的现场拉拔检测报告；外墙饰面砖样板件的粘结强度检测报告；隐蔽工程验收记录；施工记录。

饰面板（砖）工程应进行复验的内容有：室内用花岗石的放射性；粘贴用水泥的凝结

时间、安定性和抗压强度；外墙陶瓷面砖的吸水率；寒冷地区外墙陶瓷面砖的抗冻性。

饰面板（砖）工程应进行验收的隐蔽工程项目有：预埋件（或后置埋件）；连接节点；防水层。

分项工程检验批的划分规定：相同材料、工艺和施工条件的室内饰面板（砖）工程每50间（大面积房间和走廊按施工面积30m$^2$为一间）应划分为一个检验批，不足50间也应划分为一个检验批。相同材料、工艺和施工条件的室外饰面板（砖）工程每500～1000m$^2$划分为一个检验批，不足500m$^2$也应划分为一个检验批。

检验数量的规定：室内每个检验批至少应抽查10%，并不得少于3间；不足3间时应全数检查。室外每个检验批每100m$^2$至少抽查一处，每处不得小于10m$^2$。

6.2.3.1 饰面板安装工程验收内容

（1）主控项目

1）饰面板的品种、规格、颜色和性能应符合设计要求，木龙骨、木饰面板和塑料饰面板的燃烧性能等级应符合设计要求。检验方法：观察；检查产品合格证书、进场验收记录和性能检测报告。

2）饰面板孔、槽的数量、位置和尺寸应符合设计要求。

检验方法：检查进场验收记录和施工记录。

3）饰面板安装工程的预埋件（或后置埋件）、连接件的数量、规格、位置、连接方法和防腐处理必须符合设计要求。后置埋件的现场拉拔强度必须符合设计要求。饰面板安装必须牢固。

检验方法：手扳检查；检查进场验收记录、现场拉拔检测报告、隐蔽工程验收记录和施工记录。

（2）一般项目

1）饰面板表面应平整、洁净、色泽一致，无裂痕和缺损。石材表面应无泛碱等污染。

检验方法：观察。

2）饰面板嵌缝应密实、平直，宽度和深度应符合设计要求，嵌填材料色泽应一致。

检验方法：观察；尺量检查。

3）采用湿作业法施工的饰面板工程，石材应进行防碱背涂处理。饰面板与基体之间的灌注材料应饱满、密实。

检验方法：用小锤轻击检查；检查施工记录。

4）饰面板上的孔洞应套割吻合，边缘应整齐。

检验方法：观察。

5）饰面板安装的允许偏差和检验方法应符合表4-13的规定。

**饰面板安装的允许偏差和检验方法** 表4-13

| 项次 | 项 目 | 允许偏差（mm） | | | | | | | 检验方法 |
|---|---|---|---|---|---|---|---|---|---|
| | | 石材 | | | 瓷板 | 木材 | 塑料 | 金属 | |
| | | 光面 | 剁斧石 | 蘑菇石 | | | | | |
| 1 | 光立面垂直度 | 2 | 3 | 3 | 2 | 1.5 | 2 | 2 | 用2m垂直检测尺检查 |
| 2 | 表面平整度 | 2 | 3 | — | 1.5 | 1 | 3 | 3 | 用2m靠尺和塞尺检查 |

续表

| 项次 | 项目 | 允许偏差（mm） | | | | | | | 检验方法 |
|---|---|---|---|---|---|---|---|---|---|
| | | 石材 | | | 瓷板 | 木材 | 塑料 | 金属 | |
| | | 光面 | 剁斧石 | 蘑菇石 | | | | | |
| 3 | 阴阳角方正 | 2 | 4 | 4 | 2 | 1.5 | 3 | 3 | 用直角检测尺检查 |
| 4 | 接缝直线度 | 2 | 4 | 4 | 2 | 1 | 1 | 1 | 拉5m线，不足5m拉通线，用钢直尺检查 |
| 5 | 墙裙、勒脚上口直线度 | 2 | 3 | 3 | 2 | 2 | 2 | 2 | 拉5m线，不足5m拉通线，用钢直尺检查 |
| 6 | 接缝高低差 | 0.5 | 3 | — | 0.5 | 0.5 | 1 | 1 | 用钢直尺和塞尺检查 |
| 7 | 接缝宽度 | 1 | 2 | 2 | 1 | 1 | 1 | 1 | 用钢直尺检查 |

6.2.3.2 饰面砖粘贴工程验收内容

（1）主控项目

1）饰面砖的品种、规格、图案、颜色和性能应符合设计要求。

检验方法：观察；检查产品合格证书、进场验收记录、性能检测报告和复验报告。

2）饰面砖粘贴工程的找平、防水、粘结和勾缝材料及施工方法应符合设计要求及国家现行产品标准和工程技术标准的规定。

检验方法：检查产品合格证书、复验报告和隐蔽工程验收记录。

3）饰面砖粘贴必须牢固。

检验方法：检查样板件粘结强度检测报告和施工记录。

4）满粘法施工的饰面砖工程应无空鼓、裂缝。

检验方法：观察；用小锤轻击检查。

（2）一般项目

1）饰面砖表面应平整、洁净、色泽一致，无裂痕和缺损。

检验方法：观察。

2）阴阳角处搭接方式、非整砖使用部位应符合设计要求。

检验方法：观察。

3）墙面突出物周围的饰面砖应整砖套割吻合，边缘应整齐。墙裙、贴脸突出墙面的厚度应一致。

检验方法：观察；尺量检查。

4）饰面砖接缝应平直、光滑，填嵌应连续、密实；宽度和深度应符合设计要求。

检验方法：观察；尺量检查。

5）有排水要求的部位应做滴水线（槽）。滴水线（槽）应顺直，流水坡向应正确，坡度应符合设计要求。

检验方法：观察；用水平尺检查。

6）饰面砖粘贴的允许偏差和检验方法应符合表4-14的规定。

**饰面砖粘贴的允许偏差和检验方法** 表 4-14

| 项次 | 项目 | 允许偏差（mm） | | 检验方法 |
|---|---|---|---|---|
| | | 外墙面砖 | 内墙面砖 | |
| 1 | 立面垂直度 | 3 | 2 | 用 2m 垂直检测尺检查 |
| 2 | 表面平整度 | 4 | 3 | 2m 靠尺和塞尺检查 |
| 3 | 阴阳角方正 | 3 | 3 | 用直角测尺检查 |
| 4 | 接缝直线度 | 3 | 2 | 拉 5m 线，不足 5m 拉通线，用钢直尺检查 |
| 5 | 接缝高低差 | 1 | 0.5 | 用钢直尺和塞尺 |
| 6 | 接缝宽度 | 1 | 1 | 用钢直尺检查 |

## 6.3 幕墙工程施工质量控制与验收

### 6.3.1 幕墙工程施工概述

随着社会经济的发展，高层、超高层建筑增多，为了标新立异的需求，幕墙工程应运而出，并成为高层、超高层建筑外墙装饰的主流，因其能体现其建筑与众不同的特征，其主要特点是装饰艺术效果良好，自重轻、施工方便、工期短，更能反映与建筑物及其使用者的实力，但也存在造价高，抗震、抗风性能较弱的缺点，尤其是反光玻璃幕墙宜对周围环境形成光污染。

虽然幕墙是近代科学的产物，但其发展速度极快，当前主要有玻璃幕墙、金属幕墙和石材幕墙三大类，其中玻璃幕墙已形成系列，包括明框、半隐框、隐框玻璃幕墙和全玻幕墙四种形式，并具备了较成熟的施工方法，本小节主要介绍玻璃幕墙施工质量控制验收和金属幕墙的验收。

### 6.3.2 玻璃幕墙施工质量控制

#### 6.3.2.1 幕墙施工企业的要求

承接幕墙施工的企业，除必须具备相应的资质等级外，其施工的幕墙类型必须是在经核定的许可证范围之内，或经具有相应的幕墙专业设计资质单位设计的幕墙类型。

#### 6.3.2.2 安装要点控制施工

(1) 定位放线

玻璃幕墙的测量放线应与主体结构测量放线相配合，其中心线和标高点由主体结构单位提供并校核准确。

水平标高要逐层从地面基点引上，以免误差积累，由于建筑物随气温变化产生侧移，测量应每天定时进行。

放线应沿楼板外沿弹出墨线或用钢丝线定出幕墙平面基准线，从基准线测出一定距离为幕墙平面。以此线为基准确定立柱的前后位置，从而决定整片幕墙的位置。

(2) 骨架安装

骨架安装在放线后进行。骨架的固定是用连接件将骨架与主体结构相连。固定方式一般有两种：一种是在主体结构上预留铁件，将连接件与预埋铁件焊牢；另一种是主体结构上钻孔，然后用膨胀螺栓将连接件与主体结构相连。

连接件一般用型钢加工而成，其形状可因不同的结构类型，不同的骨架形式，不同的安装部位而有所不同，但无论何种形状的连接件，均应固定在牢固可靠的的位置上，然后安装骨架。骨架一般是先安竖杆件（立柱），待竖向杆件就位后，再安装横向杆件。

1）立柱的安装：

立柱先连接好连接件，再将连接件点焊在主体结构的预埋钢板上，然后调整位置，立柱的垂直度可用锤球控制，位置调整准确后，将支撑立柱的钢牛腿焊牢在预埋件上。

立柱一般根据施工运输条件，可以是一层楼高或二层楼高为一整根。接头应有一定空隙，采用套筒连接法。

2）横梁的安装：

横向杆件的安装，宜在竖向杆件安装后进行。如果横竖杆件均是型钢一类的材料，可以采用焊接，也可以采用螺栓或其他办法连接。当采用焊接时，大面积骨架需焊接的部位较多，由于受热不均，容易引起骨架变形，故应注意焊接的顺序及操作。如有可能，应尽量减少现场的焊接工作量。螺栓连接是将横向杆件用螺栓固定在竖向杆件的铁码上。

铝合金型材骨架，其横梁与竖框的连接，一般是通过铝拉铆钉与连接件进行因定。连接件多为角铝或角钢，其中一条肢固定在横梁上，另一条肢固定竖框。对不露骨架的隐框玻璃幕墙，其立柱与横梁往往采用型钢，使用特制的铝合金连结板与型钢骨架用螺栓连接，型钢骨架的横竖杆件采用连结件连接隐蔽于玻璃背面。

(3) 玻璃安装

在安装前，应清洁玻璃，四边的铝框也要清除污物，以保证嵌缝耐候胶可靠粘结。玻璃不能与其他构件面朝室内方向。

当玻璃在 $3m^2$ 以内时，一般可采用人工安装。玻璃面积过大，重量很大时，应采用真空吸盘等机械安装。

玻璃不能与其他构件直接接触时，四周必须有空隙，下部应有定位的垫块，垫块宽度与槽口相同，长度不小于 100mm。

隐框幕墙构件下部应设两个金属支托，支托不应凸出到玻璃的外面。

(4) 耐候胶嵌缝

玻璃板材或金属板材安装后，板材之间的间隙，必须用耐候胶嵌缝，予以密封，防止气体渗透和雨水渗漏。

### 6.3.3 幕墙工程质量验收

(1) 一般规定

1）本内容适用于玻璃幕墙、金属幕墙、石材幕墙等分项工程的质量验收。

2）幕墙工程验收时应检查的文件和记录：

①幕墙工程的施工图、结构计算书、设计说明及其他设计件；

②建筑设计单位对幕墙工程设计的确认文件；

③幕墙工程所用各种材料、五金配件、构件及组件的产品合格证书、性能检测报告、进场验收记录和复验报告；

④幕墙工程所用硅酮结构胶的认定证书和抽查合格证明；

进口硅酮结构胶的商检证；国家指定检测机构出具的硅酮结构相容性和剥离粘结性试验报告；石材用密封胶的耐污染性试验报告。

⑤后置埋件的现场拉拔强度检测报告；

⑥幕墙的抗风压性能、空气渗透性能、雨水渗漏性能及平面变形性能检测报告；

⑦打胶、养护环境的温度、湿度记录，双组份硅酮结构胶的混匀性试验记录及拉断试验记录；

⑧防雷装置测试记录；

⑨隐蔽工程验收记录；

⑩幕墙构件和组件的加工制作记录：幕墙安装施工记录。

3）幕墙工程应对下列材料及其性能指标进行复验：

①铝塑复合板的剥离强度。

②石材的弯曲强度：寒冷地区石材的耐冻融性；室内用花岗岩的放射性。

③玻璃幕墙用结构胶的邵氏硬度、标准条件拉伸粘结强度、相容性试验；石材用结构胶的粘结强度；石材用密封胶的污染性。

4）幕墙工程应对下列隐蔽工程项目进行验收

①预埋件（或后置埋件）；

②构件的连接节点；

③变形缝及墙面转角处的构造节点；

④幕墙防雷装置；

⑤幕墙防火构造。

5）各分项工程的检验批应按下列规定划分：

①相同设计、材料、工艺和施工条件的幕墙工程每 $500m^2$ ~ $1000m^2$ 应划分为一个检验批，不足 $500m^2$ 也应划分为一个检验批；

②同一单位工程的不连续的幕墙工程应单独划分检验批；

③对于异型或有特殊要求的幕墙，检验批的划分应根据幕墙的结构、工艺特点及幕墙工程规模，由监理单位（或建设单位）和施工单位协商确定。

6）检查数量应符合下列规定

①每个检验批每 $100m^2$ 应至少抽查一处，每处不得小于 $10m^2$。

②对于异型或有特殊要求的幕墙工程，应根据幕墙的结构和工艺特点，由监理单位（或建设单位）和施工单位协商确定。

7）幕墙及其连接件应具有足够的承载力、刚度和相对于主体结构的位移能力。幕墙构架立柱的连接金属角码与其他连接件应用螺栓连接，并应有防松动措施。

8）隐框、半隐框幕墙所采用的结构粘结材料必须是中性硅酮结构密封胶，其性能必须符合《建筑用硅酮结构密封胶》GB 16776 规定；硅酮结构密封胶必须在有效期内使用。

9）立柱和横梁等主要受力构件，其截面受力部分的壁厚应计算确定，且铝合金型材壁厚不应小于 3.0mm，钢型材壁厚不应小于 3.5mm。

10）隐框、半隐框幕墙构件中板材与金属框之间硅酮结构密封胶的粘结宽度，应分别计算风荷载标准值和板材自重标准值作硅酮结构密封胶的粘结宽度，并取其较大值，且不得小于 7.0mm。

11）硅酮结构密封胶应打注饱满，并应在温度 15 ~ 30℃、相对湿度 50% 以上、洁净的室内进行；不得在现场墙上打注。

12）幕墙的防火除应符合现行国家标准《建筑设计防火规范》GB 16 和《高层民用建

筑设计防火规范》》GB 50045 的有关规定外，还应符合下列规定：

①应根据防火材料的耐火极限决定防火层的厚度和宽度，应在楼板处形成防火带；

②防火层应采取隔离措施。防火层的衬板应采用经防腐处理且厚度不小于 1.5mm 的钢板，不得采用铝板；

③防火层的密封材料应采用防火密封胶；

④防火层与玻璃不应直接接触，一块玻璃不应跨两个防火分区。

13）主体结构与幕墙连接的各种预埋件，其数量、规格、位置和防腐处理必须符合设计要求。

14）幕墙的金属框架与主体结构预埋件的连接、立柱与横梁连接及幕墙面板的安装必须符合设计要求，安装必须牢固。

15）单元幕墙连接处和吊挂处的铝合金型材的壁厚应通过计算确定，并不得小于 5.0mm。

16）幕墙的金属框架与主体结构应通过预埋件连接，预埋件应在主体结构混凝土施工时埋入，预埋件的位置应准确。当没有条件采用预埋件连接时，应采用其它可靠的连接措施，并应通过试验确定其承载力。

17）立柱应采用螺栓与角码连接，螺栓直径应经过计算，并不应小于 10mm。不同金属材料接触时应采用绝缘垫片分隔。

18）幕墙的抗震缝、伸缩缝、沉降缝等部位的处理应保证缝的使用功能和饰面的完整性。

19）幕墙工程的设计应满足维护和清洁的要求。

（2）玻璃幕墙工程

1）本内容适用于建筑高度不大于 150m、抗震设防烈度不大于 8 度的隐框玻璃幕墙、半隐框玻璃幕墙、明框玻璃幕墙、全玻幕墙及点支承玻璃幕墙工程的质量验收。

2）玻璃幕墙工程所使用的各种材料、构件和组件的质量，应符合设计要求及国家现行产品标准和工程技术规范的规定。

检验方法：检查材料、构件、组件的产品合格证书、进场验收记录、性能检测报告和材料的复验报告。

3）玻璃幕墙的造型和立面分格应符合设计要求。

检验方法：观察；尺量检查。

4）玻璃幕墙使用的玻璃应符合下列规定：

①幕墙应使用安全玻璃，玻璃的品种、规格、颜色、光学性能及安装方向应符合设计要求。

②幕墙玻璃的厚度不应小于 6.0mm。全玻幕墙肋玻璃的厚度不应小于 12mm。

③幕墙的中空玻璃应采用双道密封。明框幕墙的中空玻璃应采用聚硫密封胶及丁基密封胶；隐框和半隐框幕墙的中空玻璃应采用硅酮结构密封胶及丁基密封胶；镀膜面应在中空玻璃的第 2 或第 3 面上。

④幕墙的夹层玻璃应采用聚乙烯醇缩丁醛（PVB）胶片干法加工合成的夹层玻璃。点支承玻璃幕墙夹层玻璃的夹层胶片（PVB）厚度不应小于 0.76mm。

⑤钢化玻璃表面不得有损伤；8.0mm 以下的钢化玻璃应进行引爆处理。

⑥所有幕墙玻璃均应进行边缘处理。

检验方法：观察；尺量检查；检查施工记录。

5）玻璃幕墙与主体结构连接的各种预埋件、连接件、紧固件必须安装牢固，其数量、规格、位置、连接方法和防腐处理应符合设计要求。

检验方法：观察；检查隐蔽工程验收记录和施工记录。

6）各种连接件、紧固件的螺栓应有防松动措施；焊接连接应符合设计要求和焊接规范的规定。

检验方法：观察；检查隐蔽工程验收记录和施工记录。

7）隐框或半隐框玻璃幕墙，每块玻璃下端应设置两个铝合金或不锈钢托条，其长度不应小于100mm，厚度不应小于2mm，托条外端应低于玻璃外表面2mm。

检验方法：观察；检查施工记录。

8）明框玻璃幕墙的玻璃安装应符合下列规定：

①玻璃槽口与玻璃的配合尺寸应符合设计要求和技术标准的规定。

②玻璃与构件不得直接接触，玻璃四周与构件凹槽底部保持一定的空隙，每块玻璃下部应至少放置两块宽度与槽口宽度相同、长度不小于100mm的弹性定位垫块；玻璃两边嵌入量及空隙应符合设计要求。

③玻璃四周橡胶条的材质、型号应符合设计要求，镶嵌应平整，橡胶条长度应比边框内槽长1.5%~2.0%，橡胶条在转角处应斜面断开，并应用粘结剂粘结牢固后嵌入槽内。

检验方法：观察；检查施工记录。

9）高度超过4m的全玻幕墙应吊挂在主体结构上，吊夹具应符合设计要求，玻璃与玻璃、玻璃与玻璃肋之间的缝隙，应采用硅酮结构密封胶填嵌严密。

检验方法：观察；检查隐蔽工程验收记录和施工记录。

10）点支承玻璃幕墙应采用带万向头的活动不锈钢爪，其钢爪间的中心距离应大于250mm。

检验方法：观察；尺量检查。

11）玻璃幕墙四周、玻璃幕墙内表面与主体结构之间的连接节点、各种变形缝、墙角的连接节点应符合设计要求和技术标准的规定。

检验方法：观察；检查隐蔽工程验收记录和施工记录。

12）玻璃幕墙应无渗漏。

检验方法：在易渗漏部位进行淋水检查。

13）玻璃幕墙结构胶和密封胶的打注应饱满、密实、连续、均匀、无气泡，宽度和厚度应符合设计要求和技术标准的规定。

检验方法：观察；尺量检查；检查施工记录。

14）玻璃幕墙开启窗的配件应齐全，安装应牢固，安装位置和开启方向、角度应正确；开启应灵活，关闭应严密。

检验方法：观察；手扳检查；开启和关闭检查。

15）玻璃幕墙的防雷装置必须与主体结构的防雷装置可靠连接。

检验方法：观察；检查隐蔽工程验收记录和施工记录。

16）玻璃幕墙表面应平整、洁净；整幅玻璃的色泽应均匀一致；不得有污染和镀膜损坏。

检验方法：观察。

17）每平方米玻璃的表面质量和检验方法应符合表4-15的规定。

**每平方米玻璃的表面质量和检验方法　　表4-15**

| 项次 | 项目 | 质量要求 | 检验方法 |
|---|---|---|---|
| 1 | 明显划伤和长度＞100mm的轻微划伤 | 不允许 | 观察 |
| 2 | 长度≤100mm的轻微划伤 | ≤8条 | 用钢尺检查 |
| 3 | 擦伤总面积 | $\leq 500mm^2$ | 用钢尺检查 |

18）一个分格铝合金型材的表面质量和检验方法应符合表4-16的规定。

**一个分格铝合金型材的表面质量和检验方法　　表4-16**

| 项次 | 项目 | 质量要求 | 检验方法 |
|---|---|---|---|
| 1 | 明显划伤和长度＞100mm的轻微划伤 | 不允许 | 观察 |
| 2 | 长度≤100mm的轻微划伤 | ≤2条 | 用钢尺检查 |
| 3 | 擦伤总面积 | ≤500mm | 用钢尺检查 |

19）明框玻璃幕墙的外露框或压条应横平竖直，颜色、规格应符合设计要求，压条安装应牢固。单元玻璃幕墙的单元拼缝或隐框玻璃幕墙的分格玻璃拼缝应横平竖直、均匀一致。

检验方法：观察；手扳检查；检查进场验收记录。

20）玻璃幕墙的密封胶缝应横平竖直、深浅一致、宽窄均匀、光滑顺直。

检验方法：观察；手摸检查。

21）防火、保温材料填充应饱满、均匀，表面应密实、平整。

检验方法：检查隐蔽工程验收记录。

22）玻璃幕墙隐蔽节点的遮封装修应牢固、整齐、美观。

检验方法：观察；手扳检查。

23）明框玻璃幕墙安装的允许偏差和检验方法应符合表4-17的规定。

**明框玻璃幕墙安装的允许偏差和检验方法　　表4-17**

| 项次 | 项目 | | 允许偏差（mm） | 检验方法 |
|---|---|---|---|---|
| 1 | 幕墙垂直度 | 幕墙高度≤30m | 10 | 用经纬仪检查 |
| | | 30m＜幕墙高度≤60m | 15 | |
| | | 60m＜幕墙高度≤90m | 20 | |
| | | 幕墙高度＞90m | 25 | |
| 2 | 幕墙水平度 | 幕墙幅宽≤35m | 5 | 用水平仪检查 |
| | | 幕墙幅宽＞35m | 7 | |
| 3 | 构件直线度 | | 2 | 用2m靠尺和塞尺检查 |
| 4 | 构件水平度 | 构件长度≤2m | 2 | 用水平仪检查 |
| | | 构件长度＞2m | 3 | |

续表

| 项次 | 项　目 | | 允许偏差（mm） | 检　验　方　法 |
|---|---|---|---|---|
| 5 | 相邻构件错位 | | 1 | 用钢直尺检查 |
| 6 | 分格框对角线 | 对角线长度≤2m | 3 | 用钢尺检查 |
| | | 对角线长度＞2m | 4 | 用钢尺检查 |

24）隐框、半隐框玻璃幕墙安装的允许偏差和检验方法应符合表4-18的规定。

**隐框、半隐框玻璃幕墙安装的允许偏差和检验方法　　表4-18**

| 项次 | 项　目 | | 允许偏差（mm） | 检　验　方　法 |
|---|---|---|---|---|
| 1 | 幕墙垂直度 | 幕墙高度≤30m | 10 | 用经纬仪检查 |
| | | 30m＜幕墙高度≤60m | 15 | |
| | | 60m＜幕墙高度≤90m | 20 | |
| | | 幕墙高度＞90m | 25 | |
| 2 | 幕墙水平度 | 层高≤3m | 3 | 用水平仪检查 |
| | | 层高＞3m | 5 | |
| 3 | 幕墙表面平整度 | | 2 | 用2m靠尺和塞尺检查 |
| 4 | 板材立面垂直度 | | 2 | 用垂直检测尺检查 |
| 5 | 板材上沿水平度 | | 2 | 用1m水平尺和钢直尺检查 |
| 6 | 相邻板材板角错位 | | 1 | 用钢直尺检查 |
| 7 | 阳角方正 | | 2 | 用直角检测尺检查 |
| 8 | 接缝直线度 | | 3 | 拉5m线，不足5m拉通线，用钢直尺检查 |
| 9 | 接缝高低 | | 1 | 用钢直尺和塞尺检查 |
| 10 | 接缝宽度 | | 1 | 用钢直尺检查 |

（3）金属幕墙工程

1）本节适用于建筑高度不大于150m的金属幕墙工程的质量验收。

2）金属幕墙工程所使用的各种材料和配件，应符合设计要求及国家现行产品标准和工程技术规范的规定。

检验方法：检查产品合格证书、性能检测报告、材料进场验收记录和复验报告。

3）金属幕墙的造型和立面分格应符合设计要求。

检验方法：观察；尺量检查。

4）金属面板的品种、规格、颜色、光泽及安装方向应符合设计要求。

检验方法：观察；检查进场验收记录。

5）金属幕墙主体结构上的预埋件、后置埋件的数量、位置及后置埋件的拉拔力必须符合设计要求。

检验方法：检查拉拔力检测报告和隐蔽工程验收记录。

6）金属幕墙的金属框架立柱与主体结构预埋件的连接、立柱与横梁的连接、金属面板的安装必须符合设计要求，安装必须牢固。

检验方法：手扳检查；检查隐蔽工程验收记录。

7）金属幕墙的防火、保温、防潮材料的设置应符合设计要求，并应密实、均匀、厚度一致。

检验方法：检查隐蔽工程验收记录。

8）金属框架及连接件的防腐处理应符合设计要求。

检验方法：检查隐蔽工程验收记录和施工记录。

9）金属幕墙的防雷装置必须与主体结构的防雷装置可靠连接。

检验方法：检查隐蔽工程验收记录。

10）各种变形缝、墙角的连接节点应符合设计要求和技术标准的规定。

检验方法：观察；检查隐蔽工程验收记录。

11）金属幕墙的板缝注胶应饱满、密实、连续、均匀、无气泡，宽度和厚度应符合设计要求和技术标准的规定。

检验方法：观察；尺量检查；检查施工记录。

12）金属幕墙应无渗漏。

检验方法：在易渗漏部位进行淋水检查。

13）金属板表面应平整、洁净、色泽一致。

检验方法：观察。

14）金属幕墙的压条应平直、洁净、接口严密、安装牢固。

检验方法：观察；手扳检查。

15）金属幕墙的密封胶缝应横平竖直、深浅一致、宽窄均匀、光滑顺直。

检验方法：观察。

16）金属幕墙上的滴水线、流水坡向应正确、顺直。

检验方法：观察；用水平尺检查。

17）每平方米金属板的表面质量和检验方法应符合表4-19的规定。

18）金属幕墙安装的允许偏差和检验方法如表4-20所示。

**每平方米金属板的表面质量和检验方法** **表4-19**

| 项次 | 项目 | 质量要求 | 检验方法 |
|---|---|---|---|
| 1 | 明显划伤和长度>100mm的轻微划伤 | 不允许 | |
| 2 | 长度≤100mm的轻微划伤 | ≤8条 | 用钢尺检查 |
| 3 | 擦伤总面积 | ≤500mm² | 用钢尺检查 |

**金属幕墙安装的允许偏差和检验方法** **表4-20**

| 项次 | 项目 | | 允许偏差 | 检验方法 |
|---|---|---|---|---|
| 1 | 幕墙垂直度 | 幕墙高度≤30m | 10 | 用经纬仪检查 |
| | | 30m<幕墙高度≤60m | 15 | |
| | | 60m<幕墙高度≤90m | 20 | |
| | | 幕墙高度>90m | 25 | |
| 2 | 幕墙水平度 | 层高≤3m | 3 | 用水平仪检查 |
| | | 层高>3m | 5 | |
| 3 | 幕墙表面平整度 | | 2 | 用2m靠尺和塞尺检查 |
| 4 | 板材立面垂直度 | | 3 | 用垂直检测尺检查 |

续表

| 项 次 | 项 目 | 允许偏差 | 检 验 方 法 |
|---|---|---|---|
| 5 | 板材上沿水平度 | 2 | 用1m水平尺和钢直尺检查 |
| 6 | 相邻板材板角错位 | 1 | 用钢直尺检查 |
| 7 | 阳角方正 | 2 | 用直角检测尺检查 |
| 8 | 接缝直线度 | 3 | 拉5m线，不足5m拉通线，用钢直尺检查 |
| 9 | 缝高低差 | 1 | 用钢直尺和塞尺检查 |
| 10 | 接缝宽度 | 1 | 用钢直尺检查 |

## 6.4 涂 料 工 程

6.4.1 涂料工程施工技术要求。

(1) 材料的质量要求

1) 涂料（包括水溶性、溶剂型、乳液涂料）：

涂料工程所用的涂料和半成品（包括施涂现场配制的），均应有品名、种类、颜色、制作时间、贮存有效期、使用说明和产品合格证。内墙涂料要求耐碱性、耐水性、耐粉化性良好，及有一定的透气性。外墙涂料要求耐水性、耐污染性和耐候性良好。

2) 腻子：

涂料工程使用的腻子的塑性和易涂性应满足施工要求，干燥后应坚固，不得粉化、起皮和开裂。并按基层、底涂料和面涂料的性能配套使用。处于潮湿环境的腻子应具有耐水性。

(2) 涂料对基层的要求

涂料工程墙面基层，表面应平整洁净，并有足够的强度，不得酥松、脱皮、起砂、粉化等。基体或基层的含水率：混凝土和抹灰表面施涂溶剂型涂料时，含水率不得大于8%，施涂乳液涂料时，含水率不得大于10%，木料制品含水率不得大于12%。

(3) 涂料工程的施工要求

严格按施工工序操作，选择正确的施工方法。

6.4.2 涂料工程施工质量控制

涂料工程施工前，首先应检查基层是否平整，表面尘埃、油渍及附着砂浆等是否清扫干净，以防止批刮腻子后，产生腻子起皮、空鼓，最终影响涂料工程质量。对金属构件、螺钉等应检查是否进行了防锈处理。还应检查基层的含水率是否符合规范要求。核对设计图纸。了解设计对涂料工程的要求，检查进场涂料的品种、颜色是否符合要求，检查涂料的产品合格证、使用说明、生产日期和有效期。对产品质量有怀疑时，可取样做复试，合格后方可使用。

对批刮所用的腻子，应检查是否与基层墙面、使用部位和使用的涂料相匹配。在涂料工程施工中，应注意检查每一遍腻子（或涂料）施工时，上一遍的腻子（或涂料）是否干燥，并打磨平整。还应督促施工人员，在涂料施涂前和施涂过程中，应经常搅拌涂料，以避免产生涂层厚薄不一，色泽不匀现象。

在施工中还应注意施工环境。当施工现场尘土飞扬、太阳光直接照射、气温过高或过低、湿度过大时，应阻止施工人员进行涂料工程的施工，以保证涂料工程的质量。

### 6.4.3 涂饰工程质量验收

(1) 一般规定

1) 本内容用于水性涂料涂饰、溶剂型涂料涂饰、美术涂饰等分项工程的质量验收。

2) 涂饰工程验收时应检查下列文件和记录：

①涂饰工程的施工图、设计说明及其他设计文件；

②材料的产品合格证书、性能检测报告和进场验收记录；

③施工记录。

3) 各分项工程的检验批应按下列规定划分：

①室外涂饰工程每一栋楼的同类涂料涂饰的墙面每 $500m^2$ ~ $1000m^2$ 应划分为一个检验批，不足 $500m^2$ 也应划分为一个检验批。

②室内涂饰工程同类涂料涂饰的墙面每 50 间（大面积房间和走廊按涂饰面积 $30m^2$ 为一间）应划分为一个检验批，不足 50 间也应划分为一个检验批。

4) 检查数量应符合下列规定：

①室外涂饰工程每 $100m^2$。应至少检查一处，每处不得小于 $10m^2$。

②室内涂饰工程每个检验批应至少抽查 10%，并不得少于 3 间；不足 3 间时应全数检查。

5) 涂饰工程的基层处理应符合下列要求：

①新建筑物的混凝土或抹灰基层在涂饰涂料前应涂刷抗碱封闭底漆。

②旧墙面在涂饰涂料前应清除疏松的旧装修层，并涂刷界面剂。

③混凝土或抹灰基层涂刷溶剂型涂料时，含水率不得大于 8%；涂刷乳液型涂料时，含水率不得大于 10%。木材基层的含水率不得大于 12%。

④基层腻子应平整、坚实、牢固，无粉化、起皮和裂缝，内墙腻子的粘结强度应符合《建筑室内用腻子》(JG/T 3049) 的规定。

⑤厨房、卫生间墙面必须使用耐水腻子。

6) 水性涂料涂饰工程施工的环境温度应在 5 ~ 35℃之间。

7) 涂饰工程应在涂层养护期满后进行质量验收。

(2) 水性涂料涂饰工程

1) 本节适用于乳液型涂料、无机涂料、水溶性涂料等水性涂料涂饰工程的质量验收。

2) 水性涂料涂饰工程所用涂料的品种、型号和性能应符合设计要求。

检验方法：检查产品合格证书、性能检测报告和进场验收记录。

3) 水性涂料涂饰工程的颜色、图案应符合设计要求。

检验方法：观察。

4) 水性涂料涂饰工程应涂饰均匀、粘结牢固，不得漏涂、透底、起皮和掉粉。

检验方法：观察；手摸检查。

5) 水性涂料涂饰工程的基层处理应符合本规范第 10.1.5 条的要求。

检验方法：观察；手摸检查；检查施工记录。

6) 薄涂料的涂饰质量和检验方法应符合表 4-21 的规定。

薄涂料的涂饰质量和检验方法　　表 4-21

| 项次 | 项　　目 | 普　通　涂　饰 | 高　级　涂　饰 | 检验方法 |
|---|---|---|---|---|
| 1 | 颜　　色 | 均匀一致 | 均匀一致 | 观察 |
| 2 | 泛碱、咬色 | 允许少量轻微 | 不允许 | |
| 3 | 流坠、疙瘩 | 允许少量轻微 | 不允许 | |
| 4 | 砂眼、刷纹 | 允许少量轻微砂眼、刷纹通顺 | 无砂眼，无刷纹 | |
| 5 | 装饰线、分色线直线度允许偏差（mm） | 2 | 1 | 拉 5m 线不足 5m 拉通线用钢直尺检查 |

7）厚涂料的涂饰质量和检验方法应符合表 4-22 的规定。

厚涂料的涂饰质量和检验方法　　表 4-22

| 项　　次 | 项　　目 | 普通涂饰 | 高级涂饰 | 检验方法 |
|---|---|---|---|---|
| 1 | | 均匀一致 | 均匀一致 | 观　　察 |
| 2 | | 允许少量轻微 | 不允许 | |
| 3 | 点状分布 | — | 疏密均匀 | |

8）复层涂料的涂饰质量和检验方法应符合表 4-23 的规定。

复层涂料的涂饰质量和检验方法　　表 4-23

| 项　　次 | 项　　目 | 质　量　要　求 | 检　验　方　法 |
|---|---|---|---|
| 1 | 颜　　色 | 均匀一致 | 观　　察 |
| 2 | 泛碱、咬色 | 不允许 | |
| 3 | 喷点藏密程度 | 均匀，不允许连片 | |

9）涂层与其他装修材料和设备衔接处应吻合，界面应清晰。检验方法：观察。

(3) 溶剂型涂料涂饰工程

1）本节适用于丙烯酸酯涂料、聚氨酯丙烯酸涂料、有机硅丙烯酸涂料等溶剂型涂料涂饰工程的质量验收。

2）溶剂型涂料涂饰工程所选用涂料的品种、型号和性能应符合设计要求。

检验方法：检查产品合格证书、性能检测报告和进场验收记录。

3）溶剂型涂料涂饰工程的颜色、光泽、图案应符合设计要求。

检验方法：观察。

4）溶剂型涂料涂饰工程应涂饰均匀、粘结牢固，不得漏涂，透底、起皮和反锈。

检验方法：观察；手摸检查。

5）溶剂型涂料涂饰工程的基层处理应符合本规范第 10.1.5 条的要求。

检验方法：观察；手摸检查；检查施工记录。

6）色漆的涂饰质量和检验方法应符合表 4-24 的规定。

色漆的涂饰质量和检验方法　　表 4-24

| 项次 | 项　　目 | 普　通　涂　饰 | 高级涂饰 | 检　验　方　法 |
|---|---|---|---|---|
| 1 | 颜　　色 | 均匀一致 | 均匀一致 | 观　　察 |
| 2 | 光泽、光滑 | 光泽基本均匀，光滑无挡手感 | 光泽均匀一致光滑 | 观察、手摸检查 |

续表

| 项次 | 项　目 | 普 通 涂 饰 | 高级涂饰 | 检 验 方 法 |
|---|---|---|---|---|
| 3 | 刷　　纹 | 刷纹通顺 | 无刷纹 | 观　察 |
| 4 | 裹棱、流坠，皱皮 | 明显处不允许 | 不允许 | 观　察 |
| 5 | 装饰线、分色线直线度允许偏差（mm） | 2 | 1 | 拉 5m 线，不足 5m 拉通线 |

注：无光色漆不检查光泽。

7）清漆的涂饰质量和检验方法应符合表 4-25 的规定。

**清漆的涂饰质量和检验方法**　　**表 4-25**

| 项次 | 项　目 | 普 通 涂 饰 | 高 级 涂 饰 | 检 验 方 法 |
|---|---|---|---|---|
| 1 | 颜　色 | 基本一致 | 均匀一致 | 观　察 |
| 2 | 木　纹 | 棕眼刮平、木纹清楚 | 棕眼刮平、木纹清楚 | 观　察 |
| 3 | 光泽、光滑 | 光泽基本均匀光滑无挡手感 | 光泽均匀一致光滑 | 观察、手摸检查 |
| 4 | 刷　纹 | 无刷纹 | 无刷纹 | 观　察 |
| 5 | 裹棱、流坠、皱皮 | 明显处不允许 | 不允许 | 观　察 |

8）涂层与其他装修材料和设备衔接处应吻合，界面应清晰。

检验方法：观察。

（4）美术涂饰工程

1）本节适用于套色涂饰、滚花涂饰、仿花纹涂饰等室内外美术涂饰工程的质量验收。

2）美术涂饰所用材料的品种、型号和性能应符合设计要求。

检验方法：观察；检查产品合格证书、性能检测报告和进场验收记录。

3）美术涂饰工程应涂饰均匀、粘结牢固，不得漏涂、透底、起皮、掉粉和反锈。

检验方法：观察；手摸检查。

4）美术涂饰工程的基层处理应符合本规范第 10.1.5 条的要求。

检验方法：观察；手摸检查；检查施工记录。

5）美术涂饰的套色、花纹和图案应符合设计要求。

检验方法：观察。

6）美术涂饰表面应洁净，不得有流坠现象。

检验方法：观察。

7）仿花纹涂饰的饰面应具有被摹仿材料的纹理。

检验方法：观察。

8）套色涂饰的图案不得移位，纹理和轮廓应清晰。

检验方法：观察。

## 6.5 裱 糊 工 程

### 6.5.1 裱糊工程施工技术要求

#### 6.5.1.1 材料的质量要求

（1）壁纸、墙布

壁纸、墙布要求整洁，图案清晰，颜色均匀，花纹一致，具有产品出厂合格证。运输和贮存时，不得日晒雨淋，也不得贮存在潮湿处，以防发霉。压延壁纸和墙布应平放；发泡壁纸和复合壁纸则应竖放。

(2) 胶粘剂

胶粘剂有成品和现场调制二种。胶粘剂应按壁纸、墙布的品种选用，要求具有一定的防霉和耐久性。当现场调制时，应当天调制当天用完。胶粘剂应盛放在塑料桶内。

6.5.1.2 墙面基层的要求及处理

(1) 混凝土、抹灰基层

混凝土、抹灰基层要求干燥，其含水率小于8%。将基层表面的污垢、尘土清除干净，泛碱部位，宜使用9%的稀醋酸中和、清洗。然后在基层表面满批腻子，腻子应坚实牢固，不得粉化、起皮和裂缝，待完全干燥后用砂皮纸磨平、磨光，扫去浮灰。批嵌腻子的遍数可视基层平整度情况而定。为了防止裱糊时基层吸水过快，可预先在批嵌过的基层涂一度聚合物。

(2) 木基层

木基层的含水率应小于12%。首先将基层表面的污垢、尘土清扫干净，在接缝处粘贴接缝带并批嵌腻子，干燥后用砂皮纸磨平，扫去浮灰，然后涂刷一遍涂料（一般为清油涂料）。木基层也可根据设计要求和木基层的具体情况满批腻子，做法和要求同混凝土、抹灰基层。

6.5.1.3 裱糊工程的施工与质量要求

壁纸、墙布裱糊前，应将突出基层表面的设备或附件卸下。裱糊时先在墙面阴角或门框边弹出垂直基准线，以此作为裱糊第一幅壁纸、墙布的基准，将裁割好的壁纸浸水或刷清水，使其吸水伸张（浸水的壁纸应拿出水池，抖掉明水，静置20min后再裱糊），然后在墙面和壁纸背面同时刷胶，刷胶不宜太厚，应均匀一致。再将壁纸上墙，对齐拼缝、拼花，从上而下用刮板刮平压实。对于发泡或复合壁纸宜用干净的白棉丝或毛巾赶平压实，上下边多出的壁纸，用刀裁割整齐，并将溢出的少量胶粘剂揩干净。

裱糊时如对花拼缝不足一幅的应裱糊在较暗或不明显部位。对开关、插座等突出墙面设备，裱糊前应先卸下，待裱糊完毕，在盒子处用壁纸刀对角划一十字开口，十字开口尺寸应小于盒子对角线尺寸，然后将壁纸翻入盒内，装上盖板等设备。

壁纸和墙布每裱糊2~3幅，或遇阴阳角时，要吊线检查垂直情况，以防造成累计误差。裱糊好的壁纸、墙布必须粘贴牢固，表面色泽一致，不得有气泡、空鼓、裂缝、翘边、皱折和斑，斜视时无痕迹；表面平整，无波纹起伏，与挂镜线、贴脸板和踢脚板紧接，不得有缝隙；各幅拼接横平竖直，拼接处花纹、图案吻合，不离缝，不搭接，距墙面1.5m处正视，不显拼缝；阴阳转角垂直，棱角分明，阴角处搭接顺光，阳角处无接缝。

对于带背胶壁纸，裱糊时无需在壁纸背面和墙面上刷胶粘剂，可在水中浸泡数分钟后，直接粘贴。

对于玻璃纤维墙布、无纺墙布，无需在背面刷胶，可直接将胶粘剂涂于墙上即可裱糊，以免胶粘剂印透表面，出现胶痕。

6.5.2 裱糊工程的质量控制

裱糊工程的基层处理得好坏，关系到整个裱糊工程的好坏，因此在裱糊工程的质量检查中，首先应检查基层的含水率是否符合规范要求。对基层进行批嵌腻子前，应检查基层表面的污垢、尘土是否清理干净，以防止批嵌后腻子起皮、空鼓。对阴阳角方正和垂直度误差较大的基层，可先用石膏腻子进行批嵌处理，使阴阳角方正、垂直。第二遍批嵌，应待第一遍批嵌的腻子完全干燥，并磨平扫清浮灰后方可进行，当检查发现第一遍腻子未干燥时应阻止第二遍腻子的批嵌。

壁纸、墙布，一幅裱糊结束后，应及时检查，发现壁纸与墙面空鼓起泡时，可及时用注射器针头对准空鼓处刺穿后，先排出气后，再注入适量的胶粘剂，刮平压实壁纸、墙布；检查发现壁纸、墙布有皱折时，要趁其未干，用湿毛巾轻拭表面，让其湿润后，用手慢慢把皱折处抚平；对于因垂直偏差过多造成较大的皱折，可将壁纸、墙布裁开拼接或搭接。

### 6.5.3 裱糊工程质量验收

（1）一般规定

1）裱糊与软包工程验收时应检查下列文件和记录

①裱糊与软包工程的施工图、设计说明及其他设计文件；

②饰面材料的样板及确认文件；

③材料的产品合格证书、性能检测报告、进场验收记录和复验报告；

④施工记录。

2）各分项工程的检验批应按下列规定划分：同一品种的裱糊或软包工程每50间（大面积房间和走廊按施工面积30m$^2$为一间）应划分为一个检验批，不足50间也应划分为一个检验批。

3）检查数量应符合下列规定：

裱糊工程每个检验批应至少抽查10%，并不得少于3间，不足3间时应全数检查。

软包工程每个检验批应至少抽查20%，并不得少于6间，不足6间时应全数检查。

4）裱糊前，基层处理质量应达到下列要求：

①新建筑物的混凝土或抹灰基层墙面在刮腻子前应涂刷抗碱封闭底漆；

②旧墙面在裱糊前应清除疏松的旧装修层，并涂刷界面剂；

③混凝土或抹灰基层含水率不得大于8%；木材基层的含水率不得大于12%；

④基层腻子应平整、坚实、牢固，无粉化、起皮和裂缝，腻子的粘结强度应符合《建筑室内用腻子》（JG/T 3049）N型的规定；

⑤基层表面平整度、立面垂直度及阴阳角方正应达到本规范第4.2.11条高级抹灰的要求；

⑥基层表面颜色应一致；

⑦裱糊前应用封闭底胶涂刷基层。

（2）裱糊工程

1）本内容适用于聚氯乙烯塑料壁纸、复合纸质壁纸、墙布等裱糊工程的质量验收。

2）壁纸、墙布的种类、规格、图案、颜色和燃烧性能等级必须符合设计要求及国家现行标准的有关规定。

检验方法：观察；检查产品合格证书、进场验收记录和性能检测报告。

3）裱糊工程基层处理质量应符合本规范第11.1.5条的要求。

检验方法：观察；手摸检查；检查施工记录。

4）裱糊后各幅拼接应横平竖直，拼接处花纹、图案应吻合，不离缝，不搭接，不显拼缝。

检验方法：观察；拼缝检查距离墙面 1.5m 处正视。

5）壁纸、墙布应粘贴牢固，不得有漏贴、补贴、脱层、空鼓和翘边。

检验方法：观察；手摸检查。

6）裱糊后的壁纸、墙布表面应平整，色泽应一致，不得有波纹起伏、气泡、裂缝、皱折及斑污，斜视时应无胶痕。

检验方法：观察；手摸检查。

7）复合压花壁纸的压痕及发泡壁纸的发泡层应无损坏。

检验方法：观察。

8）壁纸、墙布与各种装饰线、设备线盒应交接严密。

检验方法：观察。

9）壁纸、墙布边缘应平直整齐，不得有纸毛、飞刺。

检验方法：观察。

10）壁纸、墙布阴角处搭接应顺光，阳角处应无接缝。

检验方法：观察。

# 复习思考题

1. 人工地基处理方法有哪些？
2. 地基、基础如何分类，其中桩按受力情况分有哪些类型？
3. 混凝土预制桩沉桩质量控制有哪些要求？
4. 砖墙砌筑时哪些部位不得留设脚手眼？
5. 砖砌体工程质量保证资料有哪些内容？
6. 钢筋机械连接应具备有哪些技术资料？
7. 首盘混凝土有哪些操作要求？
8. 混凝土强度不足产生的原因有哪些，如何防治？
9. 什么是建筑防水，建筑物有哪些部位需要防水，防水做法有哪些？
10. 钢结构工程有哪些特点？
11. 钢结构工程焊接质量控制的基本内容有哪些？
12. 钢结构安装质量验收应提交哪些资料？
13. 抹灰工程产生空鼓和开裂有哪些原因？
14. 饰面砖粘贴工程验收主控项目有哪些？
15. 涂料工程施工时对基层有何要求？

# 单元5 建筑工程施工质量验收

**知 识 点：**本章主要介绍建筑工程质量验收的目的、作用和依据，建筑工程施工质量的划分、控制及验收规定，建筑工程施工质量验收的程序和组织，工程质量验收有关资料。

**教学目标：**通过本章的学习，使学生掌握建筑施工质量验收的程序、要求和方法，能对工程质量做出正确的结论，学会填写有关的质量验收表格。

进行建筑工程施工质量验收，是质量管理工作的重要内容，施工单位必须根据合同和设计图纸的要求，严格执行国家颁发的有关工程质量验收的标准和规范，在自检合格的基础上，及时地配合监理工程师、当地质量监督站等有关人员进行工程质量验收和办理相应的验收资料。

## 课题1 概 述

### 1.1 建筑工程质量验收的目的、作用和依据

#### 1.1.1 工程质量验收的目的

建筑工程的质量验收就是采用一定的方法和手段，以技术方法的形式，对建筑工程的检验批、分项工程、分部工程和单位工程的施工质量进行检测，并根据检测结果按国家颁布的《建筑工程质量验收统一标准》和相关验收规范的有关规定，由施工单位对其检查结果做出评定，监理（建设）单位做出验收结论。施工质量验收的目的，一是对施工过程中的检验批和分项工程质量进行控制，检验出“不合格”的各项工程，以便及时进行处理，使其达到质量标准的合格指标；二是对建筑工程施工的最终产品——单位工程的质量进行把关，为用户提供符合质量标准的产品。

#### 1.1.2 工程质量验收的作用

质量验收的作用，一是保证作用。通过质量验收，保证前一道工序各项工程的质量达到合格标准后，才转入下一道工序各项工程的施工。二是信息反馈作用。通过质量验收，可以积累大量的信息，定期对这些信息进行分析、研究，进而提出合理的质量改进措施，使工程质量处于受控状态，从而起到了预防施工过程中出现的质量问题。

#### 1.1.3 质量验收的依据

建筑工程施工质量验收在评定过程中主要是根据国家颁发的有关技术标准和验收规范进行评定的，具体地讲有《建筑工程施工质量验收统一标准》和配合使用的建筑工程各专业工程施工验收规范系列；国家颁发的各种设计规范、规程、标准及建筑材料质量标准以及标准图集等；工程承包合同、设计图纸、图纸会审记录、工程变更通知单；国务院各部门及各地区制定的有关标准、规范、规程、规定和企业内部的有关标准规定等。

# 课题2　现行施工质量验收标准及配套使用的系列规范

## 2.1　建筑工程施工质量验收系列规范介绍

2002年1月1日，我国已实施《建筑工程施工质量验收统一标准》，原《建筑安装工程质量检验评定标准》同时废止。2002年3月1日我国开始全面实施与现行标准配合使用的14项系列规范，原《建筑工程施工及验收规范》同时废止。这套标准和规范的推行标志着我国面向新世纪，适应市场经济的施工质量验收标准和施工规范全面实施，将对我国工程建设标准化发展方向，建设工程施工组织方式和质量监管工作产生重大影响。标准和系列规范的推行是加强建筑工程法制建设的重要组成部分，也是当前整顿和规范建筑市场，提高工程质量，标本兼治的核心工作。

### 2.1.1　编制的指导意见

建筑工程施工质量验收规范编制初期，建设部标准定额司提出了《关于对建筑工程验收规范进行编制的指导意见》，其内容如下：

(1) 总体设想

提出了对现行的验收标准进行“验评分离，强化验收，完善手段，过程控制”的改革设想。

(2) 积极稳妥修订好质量验收规范

对当前的验收规范和施工技术规范的修订，主要解决以下几个方面的内容：

1) 建立验收类规范和施工技术规范现要求同一个对象只能制定一个标准，才能便于执行。这就要求标准规范之间应当协调一致，避免重复矛盾。提出了建筑安装工程质量验收标准规范体系的框架，这个体系框架将作为指导编制组修订标准规范的指导思想。

2) 统一编制原则。

①为便于将来的工程验收规范的修订加快，首先要结合当前我国的质量方针政策，确定质量责任和要求深度，然后修改和完善不合理的指标；

②对于强制性的工程验收规范，将属于涉及工程安全、影响使用功能和质量的给予重点突出并具体化，对验收的方法和手段给予规范化，形成对施工质量全过程控制的要求；

③ 对于推荐性的施工工艺规范，将有关施工工艺和技术方面的内容可作为企业标准或行业推荐性标准；

④对于质量检测方面的内容，应分清基本试验和现场检测，基本试验具有法定性，现场试验作为内控质量，当用于质量判断时，应结合技术条件、试验程序和第三方确认的公正性；

⑤结合当前有关建设工程质量方针和政策，制订出评优良工程方面的推荐性标准。这方面的标准除考虑工程安全、功能评价、建筑环境等方面的质量要求外，还应兼顾工程观感质量，编制出一项为评优良工程服务的推荐性标准。

3) 措施应配套。制定的配套措施应围绕规范的贯彻实施，特别是强制性验收规范的贯彻执行。

### 2.1.2 修订要点

(1) 贯彻“验评分离、强化验收、完善手段、过程控制”的编制指导思想

本次编制是将有关房屋工程的方式及验收规范和其工程质量验评标准合并，组成新的工程质量验收规范体系，实际上是重新建立一个技术标准体系，以统一建筑工程质量验收方法、程序和质量指标。

1) 验评分离。将现行的验评标准中的质量检验与质量评定的内容分开，将现行的施工及验收规范中的施工工艺和质量验收的内容分开，将验评标准中的质量检验与施工规范中的质量验收衔接，形成工程质量验收规范。施工及验收规范中的施工工艺部分分开，作为企业标准，或行业推荐性标准；验评标准中的评定部分，主要是为企业操作工艺水平进行评价，可作为行业推荐性标准，为社会及企业的创优评价提供依据。

2) 强化验收。将施工规范中的验收部分与验评标准中的质量检验内容合并起来，形成一个完整的工程质量验收规范，作为强制性标准，是施工单位必须完成的最低质量标准，是施工单位必须达到的施工质量标准，也是建设单位验收工程质量所必须遵守的规定。其规定的质量指标都必须达到，强化体现在：

①强制性标准；

②只设合格一个质量等级；

③强化质量指标都必须达到规定的指标；

④增加检测项目。

3) 完善手段。以往不论是施工规范还是验评标准，对质量指标的科学检测重视不够，以致评定及验收中，科学的数据较少。为改善质量指标的量化，在这次修订中，努力补救这方面的不足，主要从以下3个阶段着手改进：

①完善材料、设备的检测；

②完善施工阶段的施工试验；

③开发竣工工程抽测项目，减少或避免人为因素的干扰和主观评价的影响。使其具有法定性、复演性、统一性和公正性。

4) 过程控制。是根据工程质量的特点进行的质量管理。工程质量验收是在施工全过程控制的基础上。

①体现在建立过程控制的各项制度；

②在基本规定中，设置控制的要求，强制中间控制和合格控制，综合质量水平的考核，作为质量验收的要求及依据文件；

③验收规范的本身，分项、分部、单位工程的验收，就是过程的控制。

(2) 贯彻有关管理规定的精神

新标准3基本规定中的施工现场管理体系的检查记录，基本规定的全部条文，新标准6验收程序和组织，新标准4质量验收的划分等，都是管理的内容。这样有利于落实当前有关工程质量的法律、法规、质量责任制度等。并使参与工程建设的建设单位、勘察设计单位、施工单位、监理单位责任落实，分清质量责任等。

(3) 进一步明确了工程质量验收规范体系的服务对象

主要服务对象是施工单位、建设单位及监理单位。施工单位应制定必要措施，保证所施工的工程质量达到验收标准的规定；建设单位、监理单位要按验收标准的规定进行验

收，不能随便降低标准。它是施工合同双方应共同遵守的标准，也是参与建设工程各方应尽的责任，同时也是政府质量监督和解决施工质量纠纷仲裁的依据。

（4）质量验收规范标准水平的确定

标准编制中质量验收水平的确定是标准修订的一个重要内容，以往都是以全国平均先进水平为准，但这次是施工规范和验评标准的合并，而在这个基础上确定新的验收标准的水平，却是一个很难解决的问题。因为新的验收标准只规定“合格”一个质量等级，其要求不能将现行的施工及验收规范、检验评定标准的规定降低。验收规范的质量指标必须全部完成。所以，新验收标准的水平虽只有一个合格等级，但其标准不是降低了，而是较大幅度的提高了。新验收标准的水平确定在全国先进水平上，而不是像以往规范、标准的水平确定在全国平均先进水平上。

（5）同一个对象只能制定一个标准

这次质量验收规范的修订，基本能实现这个目标。在这个系列中，14 项规范不论修订时间是否一致，都是独立的，都不会发生交叉，都能保证正常使用。

（6）质量验收规范支持体系

新的质量验收规范，将对工程质量的管理产生重大影响。其将形成一个完整的技术标准体系。

1）《工程建设标准强制性条文》（规范中用黑体字注明），相当于国际上发达国家的技术法规，是强制性的，是涉及建设工程安全、人身健康、环境保护和公共利益的技术要求，用法规的形式规定下来的，严格贯彻在工程建设工作中，不执行技术法规就是违法，就要受到处罚。这种管理体制，由于技术法规的数量相对减少，重点内容比较突出，因而运作起来比较灵活。这是我国工程建设标准体制的改革向国际惯例接轨的重要步骤。同时它的推出，是贯彻落实《条例》的一项重大举措，是保证和提高建设工程质量的重要环节，为改革工程建设标准体制迈出了新的一步。

强制性条文批准颁布实施，明确了《条文》是参与工程建设活动各方执行和政府监督的依据；《条文》必须严格执行，否则政府主管部门将按照《条例》规定给予相应的处罚，造成工程质量事故的，还要追查有关单位和责任人的责任。同时还发布了《工程建设强制性标准实施监督管理规定》，用部门规章的形式规定下来。

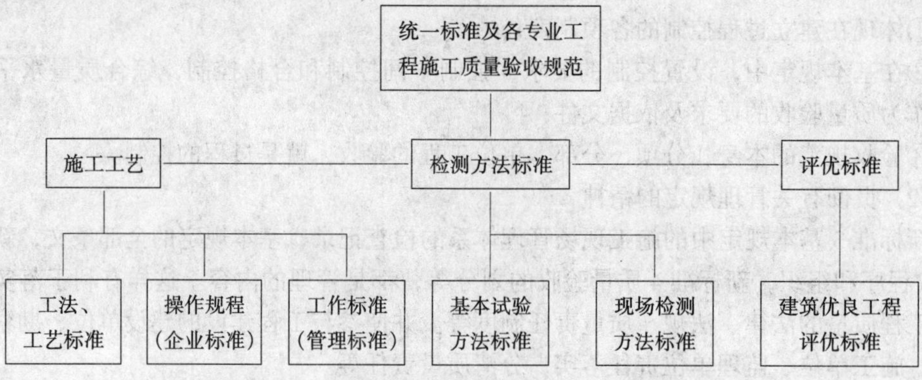


图 5-1　工程质量验收规范支持体系示意图

2）建立以验收规范为主体的整体施工技术体系（支撑体系）如图 5-1 所示，以保证本标准体系的落实和执行。

这样就使工程建设技术标准体系有了基础，发挥了全行业的力量，都来为提高建设工程的质量而努力。

## 2.2 《建筑工程施工质量验收统一标准》和配合使用的系列验收规范名称

《建筑工程施工质量验收统一标准》和与它配合使用的十四项建筑工程各专业工程施工质量验收规范名称如下：

《建筑工程施工质量验收统一标准》GB 50300—2001；

《建筑地基基础施工质量验收规范》GB 50202—2002；

《砌体工程施工质量验收规范》GB 50203—2002；

《混凝土结构工程施工质量验收规范》GB 50204—2002；

《钢结构工程施工质量验收规范》GB 50205—2001；

《木结构工程质量验收规范》GB 50206—2002；

《屋面工程质量验收规范》GB 50207—2002；

《地下防水工程质量验收规范》GB 50208—2002；

《建筑地面工程施工质量验收规范》GB 50209—2002；

《建筑装饰装修工程质量验收规范》GB 50210—2001；

《建筑给水排水及采暖工程施工质量》GB 50242—2002；

《通风与空调工程施工质量验收规范》GB 50243—2002；

《建筑电气安装工程施工质量验收规范》GB 50303—2002；

《建筑电梯工程施工质量验收规范》GB 50310—2002；

《智能建筑工程施工质量验收规范》GB 50339—2003。

## 2.3 施工质量验收标准规范的特点

### 2.3.1 仅规定合格指标，取消优良指标

旧标准规范，主要是针对施工企业如何完成建筑工程，让施工企业来掌握的规范，分为合格和优良两个质量指标。修订后的标准规范强调参与建设工程活动各方，对质量的判定和认同，使得大家站在同一水准和同一尺度。质量指标只有一个，要么通过验收，要么不通过验收，验收规范不仅是施工单位必须达到的施工质量指标，也是建设单位（监理单位）验收工程质量，监督机构解决施工质量纠纷时仲裁的依据。

### 2.3.2 重点规定施工过程中的检验验收

旧标准规范，是要求企业按照这个规范去做，做完了，对工程也就认可，规范起着教练员、管理者、裁判三重作用，导致参与建设活动各方职责不清。随着新技术不断发展，大家对质量要求也在不断提高，作为政府为了人民的利益，对后果的监督管理定位，应当是监督者、裁判员。它所关心的是工程结构和地基基础的使用功能，以保护人民安全、健康利益为目的，达到建立良好工程建设秩序。

至于如何具体操作、施工、采用什么样的施工工艺方法，是施工企业自己的事情。这样在同一标准下，优秀的企业采用先进的方法，降低了工程成本，达到了质量标准，在市场竞争中，就有优势，落后的企业就遭到淘汰。因此政府是这个游戏规则的制定者和监督者，而企业是活动者，用户是受益者。

2.3.3 强调了建筑工程施工过程中的监督管理

通过对施工过程中质量的验收来控制工程质量，对每一个施工工艺流程各个阶段进行划分，确定具体分项工程，在施工过程中的任何一道工序，每一个分项完成以后都必须经过监理工程师验收认可合格，才能进行下一道工序。例如：在混凝土施工过程中的钢筋绑扎，施工现场的监理工程师应当确定钢筋绑扎固定的位置、规格、数量、接头等是否符合规范和设计要求，验收合格后，才能浇筑混凝土。

2.3.4 明确建筑施工过程中的质量责任

规范将工程划分成若干个分项工程、分部工程、单位工程，每一个工序过程中的分项工程由谁、什么时间来完成，现场施工技术、项目管理人员是谁，各个工序交接是谁来负责的，对完成这项工作是哪一个监理工程师验收合格的等等，所有各方的相关人员，都有明确的要求并记录在案，一项工程完成后向政府备案时，质量监督机构就对各种记录进行审查。即使将来用户使用过程中出现质量纠纷，将根据当时的记录，来确定各个单位和个人责任，对责任实行终身责任制，由于有质量责任追究，各方人员将会认真对待。

2.3.5 加强了施工过程中的检测

增加了一些测试项目，保证验收用数据来说话。对原有的质量评定情况、质量控制及观感检查进行了充实，增加了见证检验资料的审查（获取检测数据需要有监理方人员监督），结构、使用功能的抽查，避免数据弄虚作假。例如：我们对浇灌混凝土，需要在现场取样后，到试验室进行试验来确定混凝土的强度是否符合设计要求，这时从现场取样到试验室试验，专门有监理人员全过程见证，直至结论出来，使实验的数据具有真实性。

# 课题3 建筑工程施工质量验收的划分

## 3.1 建筑工程质量划分的目的

一个建筑物（构筑物）的建成，由施工准备工作开始到竣工交付使用要经过若干个工序、工种之间的配合施工，所以一个工程质量的好坏，取决于各个施工工序和各工种的操作质量。为了便于控制、检查和评定每个施工工序和工种的操作质量，建筑工程按检验批、分项工程、分部工程（子分部工程）、单位工程（子单位工程）四级划分进行评定。将一个单位（子单位）工程划分为若干个分部（子分部）工程，每个分部（子分部）工程又划分为若干个分项工程，每个分项工程又可划分为一个或若干个检验批。首先评定验收检验批的质量，再评定验收分项工程的质量，而后以分项工程质量为基础评定验收分部（子分部）的工程质量，最终以分部（子分部）工程质量、质量控制资料及有关安全和功能的检测资料、观感质量来综合评定验收单位（子单位）工程的质量。检验批、分项、分部（子分部）和单位（子单位）工程四级的划分目的是为了方便质量管理和控制工程质量，根据某项工程的特点以对其进行质量控制和验收。

## 3.2 建筑工程质量验收的划分

建筑工程质量验收应划分为单位(子单位)工程、分部(子分部)、分项工程和检验批。

### 3.2.1 单位工程的划分

（1）房屋建筑（构筑物）单位工程

1）具备独立施工条件并能形成独立使用功能的建筑物及构筑物为一个单位工程。如一栋住宅楼，一个商店、锅炉房、一所学校的一个教学楼、一个办公楼等均为一个单位工程。

2）建筑规模较大的单位工程，可将其能形成独立使用功能的部分作为一个子单位工程。如一个公共建筑有三十层塔楼及裙房，该业主在裙房施工竣工后，具备使用功能，就计划先投入使用，这个裙房就可以先以子单位工程进行验收；如果塔楼三十层分二个或三个子单位工程验收也是可以的。各子单位工程验收完，整个单位工程也就验收完了。并且可以以子单位工程办理竣工备案手续。

3）单位（子单位）工程的划分，应在施工前由建设、监理、施工单位自行商议确定，并据此收集整理施工技术资料和验收。事先确定可以避免不必要的合同纠纷。

（2）室外单位工程

为了加强室外工程的管理和验收，促进室外工程质量的提高，将室外工程根据专业类别和工程规模划分为室外建筑环境和室外安装两个室外单位工程，并又分成附属建筑、室外环境、给排水与采暖和电气子单位工程。

### 3.2.2 分部（子分部）工程的划分

1）分部工程的划分应按专业性质、建筑部分确定。

2）当分部工程较大或较复杂时，可按材料种类、施工特点、施工程序、专业系统及类别等划分为若干子分部工程。

一个单位工程有的是由地基与基础、主体结构、屋面、装饰装修四个建筑及结构分部工程和建筑设备安装工程的建筑给水排水及采暖、建筑电气、通风与空调、电梯和智能建筑五个分部工程，共9个分部工程组成，不论其工作量大小，都作为一个分部工程参与单位工程的验收。但有的单位工程中，不一定全有这些分部工程。如有的构筑物可能没有装饰装修分部工程，有的可能没有屋面工程等。对建筑设备安装工程来讲，一些高级宾馆、公共建筑可能五个分部工程全有，一般工程有的就没有通风与空调及电梯安装分部工程。有的构筑物可能连建筑给水排水及采暖、智能建筑分部工程也没有。所以说，房屋建筑物（构筑物）的单位工程目前最多是由九个分部所组成。

### 3.2.3 分项工程的划分

分项工程应按主要工种、材料、施工工艺、设备类别等进行划分。如瓦工的砌砖工程，钢筋工的钢筋绑扎工程，木工的木门窗安装工程，油漆工的混色油漆工程等。也有一些分项工程并不限于一个工种，由几个工种配合施工的，如装饰工程的护栏和扶手制作与安装，由于其材料可以是金属的、木质的，不一定由一个工种来完成。

设备安装工程的分项工程一般应按工种种类及设备组别等划分，同时也可按系统、区段来划分。如碳素钢管有给水管道、排水管道等；再如管道安装有碳素钢管道、铸铁管道、混凝土管道等；从设备组别来分，有锅炉安装、锅炉附属设备安装、卫生器具安装等。另外，对于管道的工作压力不同，质量要求也不同，也应分别划分为不同的分项工程。同时，还应根据工程的特点，按系统或区段来划分各自的分项工程，如住宅楼的下水管道，可把每个单元排水系统划分为一个分项工程。对于大型公共建筑的通风管道工程，一个楼层可分为数段，每段则为一个分项工程来进行质量控制和验收。

### 3.2.4 检验批的划分

验收批可根据施工或质量控制以及专业验收的需要按楼层、施工段、变形缝等进行划分。分项工程是一个比较大的概念，真正进行质量验收的并不是一个分项工程的全部，而只是其中的一部分。在原《验评标准》中这个问题没有很好解决，将一个分项工程和检验评定的那一部分，统称为分项工程，实际其范围是不一致的。如一个砖混结构的住宅工程，其主体部分由砌砖、模板、钢筋、混凝土等分项工程组成，在验收时，是分层验收的，如一层砌砖分项工程、二层砌砖分项工程等，如果这个房屋有六层就有六个分项工程，这样划分非常不合理。这次验收规范的编制中，解决了这个问题，前者叫分项工程，后者叫检验批。这样一来，砌砖分项工程就由六个检验批组成，每一个验收批都验收了，砌砖分项工程的验收也就完成了。

# 课题4 建筑工程施工质量控制及验收规定

## 4.1 建筑工程施工质量控制及验收

### 4.1.1 建筑工程施工质量控制

建筑工程应按下列规定进行施工质量控制：

1）建筑工程采用的主要材料、半成品、成品、建筑构配件、器具和设备应进行现场验收。凡涉及安全、功能的有关产品应按各专业工程质量验收规范规定进行复验，并应经监理工程师（建设单位技术负责人）检查认可。

2）各工序应按施工技术标准进行质量控制，每道工序完成后应进行检查。

3）相关各专业工程之间，应进行交接检验，并形成记录。未经监理工程师（建设单位技术负责人）检查认可，不得进行下道工序施工。

### 4.1.2 建筑工程施工质量验收质量要求

1）建筑工程施工质量应符合本标准和相关专业验收规范的规定；

2）建筑工程施工应符合工程勘察、设计文件的要求；

3）参加工程施工质量验收的各方人员应具备规定的资格；

4）工程质量的验收均应在施工单位自行检查评定的基础上进行；

5）隐蔽工程在隐蔽前应由施工单位通知有关单位进行验收，并应形成验收文件；

6）涉及结构安全的试块、试件以及有关材料，应按规定进行见证取样检测；

7）检验批的质量应按主控项目和一般项目验收；

8）对涉及结构安全和使用功能的重要分部工程应进行抽样检测；

9）承担见证取样检测及有关结构安全检测的单位应具有相应资质；

10）工程的观感质量应由验收人员通过现场检查，并应共同确认。

### 4.1.3 建筑工程质量验收规定

（1）检验批质量的验收

分项工程分成一个或几个检验批来验收。检验批合格质量应符合下列规定：

1）主控项目和一般项目的质量经抽样检验合格。

2）具有完整的施工操作依据、质量检验记录。

主控项目的条文是必须达到的要求，是保证工程安全和使用功能的重要检验项目，是对安全、卫生、环境保护和公众利益起决定性作用的检验项目，是确定该检验批主要性能的。如果达不到规定的质量指标，降低要求就相当于降低该工程项目的性能指标，就会严重影响工程的安全性能。如混凝土、砂浆的强度等级是保证混凝土结构、砌体工程强度的重要性能。所以必须全部达到要求。

一般项目是除主控项目以外的检验项目，其条文也是应该达到的，只不过对少数条文可以适当放宽一些，也不影响工程安全和使用功能的。这些条文虽不像主控项目那样重要，但对工程安全、使用功能、工程整体的美观都是有较大影响的。这些项目在验收时，绝大多数抽查的处（件），其质量指标都必须达到要求，其余20%虽可以超过一定的指标，也是有限的，通常不能超过规定值的150%，这样就对工程质量的控制更严格了。

（2）分项工程质量验收合格应符合下列规定

1）分项工程所含的检验批均应符合合格质量的规定；

2）分项工程所含的检验批的质量验收记录应完整。

分项工程质量的验收是在检验批验收的基础上进行的，是一个统计过程，没有直接的验收内容，所以在验收分项工程时应注意两点：一是核对检验批的部位、区段是否全部复盖分项工程的范围，没有缺漏；二是检验批验收记录的内容及签字人是否正确、齐全。

（3）分部（子分部）工程质量验收合格应符合下列规定

1）分部（子分部）工程所含分项工程的质量均应验收合格；

2）质量控制资料应完整；

3）地基与基础、主体结构和设备安装等分部工程有关安全及功能的检验和抽样检测结果应符合有关规定；

4）观感质量验收应符合质量要求。

分部（子分部）工程的验收内容、程序都是一样的，在一个分部工程中只有一个子分部工程时，子分部就是分部工程。当不只一个子分部工程时，可以一个子分部、一个子分部地进行质量验收，然后，应将各子分部的质量控制资料进行核查；对地基与基础、主体结构和设备安装工程等分部工程中的子分部工程及其有关安全及功能的检验和抽样检测结果的资料核查；观感质量评价结果的综合评价。

（4）单位（子单位）工程质量验收合格应符合下列规定

1）单位（子单位）工程所含分部（子分部）工程的质量均应验收合格；

2）质量控制资料应完整；

3）单位（子单位）工程所含分部工程有关安全和功能的检测资料应完整；

4）主要功能项目的抽查结果应符合相关专业质量验收规范的规定；

5）观感质量应符合要求。

单位（子单位）工程质量验收是《统一标准》二项内容中的一个，这部分内容只在统一标准中有，其他专业质量验收规范中没有。这部分内容是单位（子单位）工程的质量验收，是工程质量验收的最后一道把关，是对工程质量的一次总体综合评价，所以，标准规定为强制性条文，列为工程质量管理的一道重要程序。

参与建设的各方责任主体和有关单位及人员，应该重视这项工作，认真做好单位（子单位）工程质量的竣工验收，把好工程质量关。

单位（子单位）工程质量验收，总体上讲还是一个统计性的审核和综合性的评价。是通过核查分部（子分部）工程验收质量控制资料、有关安全、功能检测资料、进行的必要的主要功能项目的复核及抽测，以及总体工程观感质量的现场实物质量验收。

## 课题5　建筑工程质量验收程序和组织

### 5.1　生产者自我检查是验收的基础

验收标准规定：建筑工程在施工单位自行质量检查评定的基础上，参与建设活动的有关单位共同对检验批、分项、分部、单位工程的质量进行抽样复验，根据相关标准以书面形式对工程质量达到合格与否做出确认。

质量检验评定首先是班组在施工过程中的自我检查。自我检查就是按照施工规范和操作工艺的要求，边操作边检查，将误差控制在规定的限值内。这就要求施工班组搞好自检、互检、交接检。自检、互检主要是在本班组（本工种）内部范围进行，由承担分项工程的工种工人和班组长等参加。在施工操作过程中或工作完成后，对产品进行自我检查和互相检查，及时发现问题，及时整改，防止质量检查成为“马后炮”。班组自我质量把关，在施工过程中控制质量，经过自检、互检使工程质量达到合格或优良标准。单位工程负责人组织有关人员（工长、班组长、班组质量员）对分项工程（工种）检验评定，专职质量检查员核定，作为分项工程质量评定及下一道工序交接的依据。自检、互检突出了生产过程中加强质量控制，从分项工程开始加强质量控制，要求本班组（或工种）工人在自检的基础上，互相之间进行检查督促，取长补短，由生产者本身把好质量关，把质量问题和缺陷解决在施工过程中。

自检、互检是班组在分项（或分部）工程交接（分项完工或中间交式验收）前，由班组进行的检查；也可是分包单位在交给总包之前，由分包单位先进行的检查；还可以是由项目工程负责人（或项目技术负责人）组织有关班组长（或分包）及有关人员参加的交工前的检验，对单位工程的观感和使用功能等方面易出现的质量疵病和遗留问题，尤其是各工种、分包之间的工序交叉可能发生建筑成品损坏的部位，均要及时发现问题及时改进，力争单位工程一次验收通过。

交接检是各班组之间，或各工种、各分包之间，在工序、分项或分部工程完毕之后，下一道工序、分项或分部工程开始之前，共同对前一道工序、分项或分部工程的检查，经后一道工序认可，并为他们创造了合格的工作条件。例如，基础公司把桩基交给土建公司，瓦工班组把某层砖墙交给木工班组支模，木工班组把模板交给钢筋班组绑扎钢筋，钢筋班组把钢筋交给混凝土班组浇筑混凝土等。交接检通常由项目技术负责人（或项目主管工长）主持，由有关班组长或分包单位参加，它是下道工序对上道工序质量的验收，也是班组之间的检查、督促和互相把关。交接检是保证下一道工序顺利进行的有力措施，也有利于分清质量责任和成品保护，也可以防止下道工序对上道工序的损坏，它促进了质量的控制。

在分项工程、分部工程完成后，由施工企业专职质量检查员，对工程质量进行核定。其中地基与基础分部工程、主体分部工程，由企业技术、质量部门组织到施工现场进行检查验收和质量核定，以保证达到标准的合格规定，以便顺利进行下道工序。专职质量检查员正确掌握国家验评标准，是搞好质量管理的一个重要方面。

以往单位工程质量检查达不到合格，其中一个重要原因就是自检、互检、交接检执行不认真，检查马虎，流于形式，有的根本不进行自检、互检、交接检，干成啥样算啥样。有的工序、分项（分部）以及分包之间，不检查、不验收、不交接就进行下道工序，单位工程不自检就交给用户，结果是质量粗糙，使用功能差，质量不好，责任不清。

## 5.2 谁生产谁负责质量

《中华人民共和国建筑法》和《建筑工程质量管理条例》明确规定：建筑施工企业对工程的施工质量负责。同时规定建筑物在合理使用寿命内，必须确保地基基础工程和主体结构的质量，也就是终身负责制。

质量检查首先是班组在生产过程中的自我检查，这是一种自我控制的检查，是生产者应该做的工作。按照操作规程进行操作，依据验评标准进行工程质量检查，使生产出的产品达到标准规定的合格指标，然后交给项目负责人，组织进行分项工程质量检验评定。

施工过程中，操作者按规范要求随时检查，为体现谁生产谁负责质量的原则，项目专业质量检查员组织检验评定检验批质量等级；项目专业技术负责人组织评定分项工程质量等级；项目经理组织评定分部（子分部）工程的质量等级；项目经理或施工单位负责人组织单位工程质量检验评定。在有总分包的工程中总包单位对工程质量应全面负责，分包单位应对自己承建的分项、分部工程的质量等级负责，这些都体现了谁生产谁负责质量的原则，自己要把关，自己认真评定后才交给下一道工序（或用户）。

好的质量跟施工过程密切相关，操作人员没有质量意识，管理人员没有质量观念，不从自己的工作做起，想搞好质量是不可能的。所以，这次标准修订过程中，规定了各级都要承担质量责任，从分项工程就严格掌握标准，加强控制，把质量问题消灭在施工过程中。而且层层把关，各负其责，为搞好质量而共同努力。

## 5.3 项目建设监理机构对工程质量的监督与控制

项目建设监理机构应依照法律法规以及有关技术标准、技术文件和建设工程承包合同代表建设单位对施工质量实施监理，并对施工质量承担监理责任。监理工程师应当按照工程监理规范的要求，采取旁站、巡视和平行检验等形式对工程质量实施监理。

专业监理工程师应对施工单位报送的拟进场工程材料、构配件和设备的工程材料/构配件/设备报审表及其质量证明资料进行审核，并对进场的实物按照委托监理合同约定或有关工程质量管理文件规定的比例采用平行检验或见证取样方式进行抽检。

对未经监理人员验收或验收不合格的工程材料、构配件、设备，监理人员应拒绝签认，并应签发监理工程师通知单，书面通知承包单位限期将不合格的工程材料、构配件、设备撤出现场。

专业监理工程师应要求施工单位报送重点部位、关键工序的施工工艺和确保工程质量的措施，审核同意后予以签认。

当施工单位采用新材料、新工艺、新技术、新设备时，专业监理工程师应要求承包单位报送相应的施工工艺措施和证明材料，组织专题论证，经审定后予以签认。

项目监理机构应对承包单位在施工过程中报送的施工测量放线成果进行复验和确认。

项目监理机构应定期检查承包单位的直接影响工程质量的计量设备的技术状况。

项目总监理工程师应安排监理人员对施工过程进行巡视和检查。对隐蔽工程的隐蔽过程、下道工序施工完成后难以检查的重点部位，专业监理工程师应安排监理员进行旁站。

专业监理工程师应根据施工单位报送的隐蔽工程报验申请表和自检结果进行现场检查，符合要求予以签认。

对未经监理人员验收或验收不合格的工序，监理人员应拒绝签认，并要求承包单位严禁进行下一道工序的施工。

专业监理工程师应对施工单位报送的分项工程质量验评资料进行审核，符合要求后予以签认；总监理工程师应组织监理人员对承包单位报送的分部工程和单位工程质量验评资料进行审核和现场检查，符合要求后予以签认。

对施工过程中出现的质量缺陷，专业监理工程师应及时下达监理工程师通知，要求施工单位整改，并检查整改结果。

监理人员发现施工存在重大质量隐患，可能造成质量事故或已经造成质量事故时，应通过总监理工程师及时下达工程暂停令，要求施工单位停工整改。整改完毕并经监理人员复查，符合规定要求后，总监理工程师应及时签署工程复工报审表。总监理工程师下达工程暂停令和签署工程复工报审表，宜事先向建设单位报告。

对需要返工处理或加固补强的质量事故，总监理工程师应责令施工单位报送质量事故调查报告和经设计单位等相关单位认可的处理方案，项目监理机构应对质量事故的处理过程和处理结果进行跟踪检查和验收。

总监理工程师应及时向建设单位及本监理单位提交有关质量事故的书面报告，并应将完整的质量事故处理记录整理归档。

## 5.4 建筑工程质量验收程序和组织

检验批及分项工程应由监理工程师（建设单位项目技术负责人）组织施工单位项目专业质量（技术）负责人等进行验收。

分部工程应由总监理工程师（建设单位项目负责人）组织施工单位项目负责人和技术、质量负责人等进行验收；地基与基础、主体结构分部工程的勘察、设计单位工程项目负责人和施工单位技术、质量部门负责人也应参加相关分部工程验收。

单位工程完工后，施工单位应自行组织有关人员进行检查评定，并向建设单位提交工程验收报告。

建设单位收到工程验收报告后，应由建设单位（项目）负责人组织施工（含分包单位)、设计、监理等单位（项目）负责人进行单位（子单位）工程验收。

单位工程有分包单位施工时，分包单位对所承包的工程项目应按本标准规定的程序检查评定，总包单位应派人参加，分包工程完成后，应将工程有关资料交总包单位。

当参加验收各方对工程质量验收意见不一致时，可请当地建设行政主管部门或工程质量监督机构协调处理。

单位工程质量验收合格后，建设单位应在规定时间内将工程竣工验收报告和有关文件，报建设行政管理部门备案。

# 课题6 施工质量验收的资料

## 6.1 单位（子单位）工程质量验收记录

单位（子单位）工程质量验收由五部分内容组成：分部工程、质量控制资料核查、安全和主要使用功能核查及抽查结果、观感质量验收、综合验收结论。使用的表格见表5-1、表5-2、表5-3、表5-4所示。

### 6.1.1 分部工程验收资料

施工单位自行组织有关人员对单位（子单位）工程所含各分部工程逐项检查评定，填写验收记录。由总监理工程师（建设单位项目负责人）组织审查施工单位的记录，符合要求后填写验收结论。

### 6.1.2 质量控制资料核查

施工单位先自行根据单位（子单位）工程质量控制资料核查记录逐项核查，评定合格后，提交验收。由总监理工程师（建设单位项目负责人）组织审查，符合要求后填写验收结论。

### 6.1.3 安全和主要功能核查及抽查结果

施工单位先自行根据部位（子单位）安全和主要使用功能核查及抽查结果记录逐项核查，检查评定合格后提交验收报告，总监理工程师（建设单位项目负责人）组织审查，符合要求后，再填写验收结论。

**单位工程质量竣工验收记录** **表5-1**

<table>
<tr><td colspan="2">工程名称</td><td></td><td>结构类型</td><td></td><td>层数/建筑面积</td><td></td></tr>
<tr><td colspan="2">施工单位</td><td></td><td>技术负责人</td><td></td><td>开工日期</td><td></td></tr>
<tr><td colspan="2">项目经理</td><td></td><td>项目技术负责人</td><td></td><td>竣工日期</td><td></td></tr>
<tr><td>序号</td><td colspan="2">项　目</td><td colspan="2">验 收 记 录</td><td colspan="2">验 收 结 论</td></tr>
<tr><td>1</td><td colspan="2">分部工程</td><td colspan="2"></td><td colspan="2"></td></tr>
<tr><td>2</td><td colspan="2">质量控制资料核查</td><td colspan="2"></td><td colspan="2"></td></tr>
<tr><td>3</td><td colspan="2">安全和主要使用功能核查及抽查结果</td><td colspan="2"></td><td colspan="2"></td></tr>
<tr><td>4</td><td colspan="2">观感质量验收</td><td colspan="2"></td><td colspan="2"></td></tr>
<tr><td>5</td><td colspan="2">综合验收结论</td><td colspan="4"></td></tr>
<tr><td rowspan="2">参加验收单位</td><td colspan="2">建设单位</td><td>监理单位</td><td>施工单位</td><td colspan="2">设计单位</td></tr>
<tr><td colspan="2">（公章）<br>单位（项目）负责人：<br>年 月 日</td><td>（公章）<br>总监理工程师：<br>年 月 日</td><td>（公章）<br>单位负责人：<br>年 月 日</td><td colspan="2">（公章）<br>单位（项目）负责人：<br>年 月 日</td></tr>
</table>

**单位（子单位）工程质量控制资料核查记录** 表 5-2

| 工程名称 | | | 施工单位 | | |
|---|---|---|---|---|---|
| 序号 | 项目 | 资 料 名 称 | 份数 | 核查意见 | 核查人 |
| 1 | 建筑与结构 | 图纸会审、设计变更、洽商记录 | | | |
| 2 | | 工程定位测量、放线记录 | | | |
| 3 | | 原材料出厂合格证书及进场检（试）验报告 | | | |
| 4 | | 施工试验报告及见证检测报告 | | | |
| 5 | | 隐蔽工程验收记录 | | | |
| 6 | | 施工记录 | | | |
| 7 | | 预制构件、预拌混凝土合格证 | | | |
| 8 | | 地基、基础、主体结构检验及抽样检测资料 | | | |
| 9 | | 分项、分部工程质量验收记录 | | | |
| 10 | | 工程质量事故及事故调查处理资料 | | | |
| 11 | | 新材料、新工艺施工记录 | | | |
| 1 | 给排水与采暖 | 图纸会审、设计变更、洽商记录 | | | |
| 2 | | 材料、配件出厂合格证书及进场检（验）报告 | | | |
| 3 | | 管道、设备强度试验、严密性试验记录 | | | |
| 4 | | 隐蔽工程验收记录 | | | |
| 5 | | 系统清洗、灌水、通水、通球试验记录 | | | |
| 6 | | 施工记录 | | | |
| 7 | | 分项、分部工程质量验收记录 | | | |
| 1 | 建筑电气 | 图纸会审、设计变更、洽商记录 | | | |
| 2 | | 材料、设备出厂合格证书及进场检（试）验报告 | | | |
| 3 | | 设备调试记录 | | | |
| 4 | | 接地、绝缘电阻测试记录 | | | |
| 5 | | 隐蔽工程验收记录 | | | |
| 6 | | 施工记录 | | | |
| 7 | | 分项、分部工程质量验收报告 | | | |
| 1 | 通风与空调 | 图纸会审、设计变更、洽商记录 | | | |
| 2 | | 材料、设备出厂合格证书及进场检（试）验报告 | | | |
| 3 | | 制冷、空调、水管道强度试验、严密性试验记录 | | | |
| 4 | | 隐蔽工程验收记录表 | | | |
| 5 | | 制冷设备运行调试记录 | | | |
| 6 | | 通风、空调系统调试记录 | | | |
| 7 | | 施工记录 | | | |
| 8 | | 分项、分部工程质量验收记录 | | | |

续表

| 工程名称 | | | 施工单位 | | |
|---|---|---|---|---|---|
| 序号 | 项目 | 资料名称 | 份数 | 核查意见 | 核查人 |
| 1 | 电梯 | 土建布置图纸会审、设计变更、洽商记录 | | | |
| 2 | | 设备出厂合格证书及开箱检验记录 | | | |
| 3 | | 隐蔽工程验收表 | | | |
| 4 | | 施工记录 | | | |
| 5 | | 接地、绝缘电阻测试记录 | | | |
| 6 | | 负荷试验、安全装置检查记录 | | | |
| 7 | | 分项、分部工程质量验收记录 | | | |
| 1 | 建筑智能化 | 图纸会审、设计变更、洽商记录、竣工图及设计说明 | | | |
| 2 | | 材料、设备出厂合格证、技术文件及进场检（试）验报告 | | | |
| 3 | | 隐蔽工程验收表 | | | |
| 4 | | 系统功能测定及设备调试记录 | | | |
| 5 | | 系统技术、操作和维护手册 | | | |
| 6 | | 系统管理、操作人员培训记录 | | | |
| 7 | | 系统检测报告 | | | |
| 8 | | 分项、分部工程质量验收报告 | | | |
| 自评意见：<br>施工单位项目经理：<br>年　月　日 | | | 结论：<br>总监理工程师（建设单位项目负责人）：<br>年　月　日 | | |

注：抽查项目由验收组协商确定。

**单位（子单位）工程安全和功能检验资料核查及主要功能抽查记录　　表 5-3**

| 工程名称 | | | 施工单位 | | | |
|---|---|---|---|---|---|---|
| 序号 | 项目 | 安全和功能检查项目 | 份数 | 核查意见 | 抽查结果 | 核查（抽查）人 |
| 1 | 建筑与结构 | | | | | |
| 2 | | | | | | |
| 3 | | | | | | |
| 4 | | | | | | |
| 5 | | | | | | |
| 6 | | | | | | |
| 7 | | | | | | |
| 8 | | | | | | |
| 9 | | | | | | |
| 10 | | | | | | |

续表

<table>
<tr><td colspan="2">工程名称</td><td></td><td colspan="2">施工单位</td><td colspan="2"></td></tr>
<tr><td>序号</td><td>项目</td><td>安全和功能检查项目</td><td>份数</td><td>核查意见</td><td>抽查结果</td><td>核查（抽查）人</td></tr>
<tr><td>1</td><td rowspan="6">给排水与采暖</td><td></td><td></td><td></td><td></td><td></td></tr>
<tr><td>2</td><td></td><td></td><td></td><td></td><td></td></tr>
<tr><td>3</td><td></td><td></td><td></td><td></td><td></td></tr>
<tr><td>4</td><td></td><td></td><td></td><td></td><td></td></tr>
<tr><td>5</td><td></td><td></td><td></td><td></td><td></td></tr>
<tr><td>6</td><td></td><td></td><td></td><td></td><td></td></tr>
<tr><td>1</td><td rowspan="5">电气</td><td></td><td></td><td></td><td></td><td></td></tr>
<tr><td>2</td><td></td><td></td><td></td><td></td><td></td></tr>
<tr><td>3</td><td></td><td></td><td></td><td></td><td></td></tr>
<tr><td>4</td><td></td><td></td><td></td><td></td><td></td></tr>
<tr><td>5</td><td></td><td></td><td></td><td></td><td></td></tr>
<tr><td>1</td><td rowspan="5">通风与空调</td><td></td><td></td><td></td><td></td><td></td></tr>
<tr><td>2</td><td></td><td></td><td></td><td></td><td></td></tr>
<tr><td>3</td><td></td><td></td><td></td><td></td><td></td></tr>
<tr><td>4</td><td></td><td></td><td></td><td></td><td></td></tr>
<tr><td>5</td><td></td><td></td><td></td><td></td><td></td></tr>
<tr><td>1</td><td rowspan="2">电梯</td><td></td><td></td><td></td><td></td><td></td></tr>
<tr><td>2</td><td></td><td></td><td></td><td></td><td></td></tr>
<tr><td>1</td><td rowspan="3">智能建筑</td><td></td><td></td><td></td><td></td><td></td></tr>
<tr><td>2</td><td></td><td></td><td></td><td></td><td></td></tr>
<tr><td>3</td><td></td><td></td><td></td><td></td><td></td></tr>
<tr><td colspan="3">自评意见：<br><br>施工单位项目经理：<br><br>年　月　日</td><td colspan="4">结论：<br><br>总监理工程师（建设单位项目负责人）：<br><br>年　月　日</td></tr>
</table>

注：抽查项目由验收组协商确定。

**单位（子单位）工程观感质量检查记录**　　　　　　　　**表 5-4**

| 工程名称 | | | | | | | | 施工单位 | | | | | | | | 质量评价 | | |
|---|---|---|---|---|---|---|---|---|---|---|---|---|---|---|---|---|---|---|
| 序号 | 项目 | | 分 | 抽查质量状况 | | | | | | | | | | | | 好 | 一般 | 差 |
| | | | 值 | 1 | 2 | 3 | 4 | 5 | 6 | 7 | 8 | 9 | 10 | 11 | 12 | 90% | 80% | 70% |
| 1 | 建筑与结构 | 室外墙面 | 16 | | | | | | | | | | | | | | | |
| 2 | | 变形缝 | 2 | | | | | | | | | | | | | | | |
| 3 | | 水落管、屋面 | 10 | | | | | | | | | | | | | | | |
| 4 | | 室内墙面 | 10 | | | | | | | | | | | | | | | |
| 5 | | 室内顶棚 | 5 | | | | | | | | | | | | | | | |
| 6 | | 室内地面 | 10 | | | | | | | | | | | | | | | |
| 7 | | 楼梯、踏步、护栏 | 4 | | | | | | | | | | | | | | | |
| 8 | | 门窗 | 16 | | | | | | | | | | | | | | | |
| 1 | 给排水与采暖 | 管道接口、坡度、支架 | 3 | | | | | | | | | | | | | | | |
| 2 | | 卫生器具、支架、阀门 | 3 | | | | | | | | | | | | | | | |
| 3 | | 检查口、扫除口、地漏 | 2 | | | | | | | | | | | | | | | |
| 4 | | 散热器、支架 | 2 | | | | | | | | | | | | | | | |
| 1 | 建筑电气 | 配电箱、盘、板、接线盒 | 4 | | | | | | | | | | | | | | | |
| 2 | | 设备器具、开关、插座 | 2 | | | | | | | | | | | | | | | |
| 3 | | 防雷、接地 | 2 | | | | | | | | | | | | | | | |
| 1 | 通风与空调 | 风管、支架 | 2 | | | | | | | | | | | | | | | |
| 2 | | 风口、风阀 | 2 | | | | | | | | | | | | | | | |
| 3 | | 风机、空调设备 | 3 | | | | | | | | | | | | | | | |
| 4 | | 阀门、支架 | 2 | | | | | | | | | | | | | | | |
| 5 | | 水泵、冷却塔 | 2 | | | | | | | | | | | | | | | |
| 6 | | 绝热 | 2 | | | | | | | | | | | | | | | |
| 1 | 电梯 | 运行、平层、开关门 | 3 | | | | | | | | | | | | | | | |
| 2 | | 层门、信号系统 | 1 | | | | | | | | | | | | | | | |
| 3 | | 机房 | 1 | | | | | | | | | | | | | | | |
| 1 | 智能建筑 | 机房设备安装及布局 | 1 | | | | | | | | | | | | | | | |
| 2 | | 现场设备安装 | 2 | | | | | | | | | | | | | | | |
| 3 | | | | | | | | | | | | | | | | | | |

共实测　项，其中好　项，一般　项，差　项

| 观感质量综合评价 | |
|---|---|

| 自评意见：<br>施工单位项目经理：<br>年　月　日 | 结论：<br>监理工程师：（建设单位项目负责人）<br>年　月　日 |
|---|---|

6.1.4　观感质量验收

施工单位先自行根据部位（子单位）工程观感质量记录逐项核查，检查评定合格后提交验收报告，总监理工程师（建设单位项目负责人）组织审查，符合要求后，再填写验收结论。

6.1.5　综合验收结论

施工单位在工程完工后，由项目经理组织有关人员对验收内容逐项进行查对，并将表格中应填写的内容填写清楚，自检评定合格后交建设单位组织验收。根据各建设责任主体单位的意见，得出综合验收结论。

建设单位、监理单位若施工单位赞同综合验收结论时，每个单位（项目）负责人要亲自签字，注明签字验收日期，并加盖单位公章，以证实单位工程质量竣工验收的合法性，并对工程质量承担相关责任。

## 6.2　分部（子分部）工程验收记录

分部（子分部）工程验收记录除了所含的分项工程的检查评定外，还有质量控制资料检查，安全工程项目的检测和观感质量的验收。所使用的表格见表5-5所示。

**分部工程质量验收记录**　　　　**表5-5**

| 工程名称 | | 结构类型 | | 层　数 | |
|---|---|---|---|---|---|
| 施工单位 | | 技术部门负责人 | | 质量部门负责人 | |
| 分包单位 | | 分包单位负责人 | | 分包技术负责人 | |

| 序号 | 分项工程名称 | 检验批数 | 施工单位检查评定 | 验收意见 |
|---|---|---|---|---|
| 1 | | | | |
| 2 | | | | |
| 3 | | | | |
| 4 | | | | |
| 5 | | | | |
| 6 | | | | |
| 7 | | | | |
| 8 | | | | |
| 质量控制资料 | | | | |
| 安全和功能检验（检测）报告 | | | | |
| 观感质量验收 | | | | |

| | | |
|---|---|---|
| 验收单位 | 分包单位 | 项目经理：<br>年　月　日 |
| | 施工单位 | 项目经理：<br>年　月　日 |
| | 勘察单位 | 项目负责人：<br>年　月　日 |
| | 设计单位 | 项目负责人：<br>年　月　日 |
| | 监理（建设）单位 | 总监理工程师（建设单位项目专业负责人）：<br>年　月　日 |

分部（子分部）工程应由施工单位将自行检查评定合格的表填写好后，由项目经理交监理单位（建设单位）验收。由总监理工程师（建设单位项目负责人）组织施工单位项目负责人和技术、质量负责人等进行验收；地基与基础、主体结构分部工程还应邀请工程勘察、设计单位项目负责人等参加验收。

## 6.3 分项工程验收记录

分项工程应由监理工程师（建设单位项目技术负责人）组织施工单位项目专业质量（技术）负责人负责验收。分项工程是在检验批验收合格的基础上进行，通常起一个归纳整理的作用，是一个归纳统计表。所用表格见表5-6所示。实施时应注意以下三点：

**分项工程质量验收记录** **表5-6**

| 工程名称 | | 结构类型 | | 检验批数 | |
|---|---|---|---|---|---|
| 施工单位 | | 项目经理 | | 项目技术负责人 | |
| 分包单位 | | 分包单位负责人 | | 分包项目经理 | |
| 序号 | 检验批部位、区段 | 施工单位检查评定结果 | | 监理（建设）单位验收结论 | |
| 1 | | | | | |
| 2 | | | | | |
| 3 | | | | | |
| 4 | | | | | |
| 5 | | | | | |
| 6 | | | | | |
| 7 | | | | | |
| 8 | | | | | |
| 9 | | | | | |
| 10 | | | | | |
| 11 | | | | | |
| 12 | | | | | |
| 13 | | | | | |
| 14 | | | | | |
| 15 | | | | | |
| 16 | | | | | |
| 17 | | | | | |
| 18 | | | | | |
| 19 | | | | | |
| 20 | | | | | |
| 施工单位检查评定结果 | 项目专业质量检查员：项目专业质量（技术）负责人：<br>年 月 日 | | | | |
| 监理（建设）单位验收结论 | 监理工程师（建设单位项目技术负责人）：<br>年 月 日 | | | | |

1）检查验收批质量：是否覆盖了整个检验批次，整个分项工程；

2）检查有混凝土、砂浆强度要求的检验批，到试验块龄期后，其强度是否达到设计强度要求；

3）将检验批的资料进行统一登记整理，以方便管理。

## 6.4 工程检验批质量验收记录

工程检验批由监理工程师（建设单位项目技术负责人）组织施工单位项目专业质量（技术）人员等对工程质量进行验收。所用表格见表5-7所示。

**检验批质量验收记录** **表5-7**

| | | | | | |
|---|---|---|---|---|---|
| 工程名称 | | 分项工程名称 | | 验收部位 | |
| 施工单位 | | 专业工长 | | 项目经理 | |
| 施工执行标准名称及编号 | | | | | |
| 分包单位 | | 分包项目经理 | | 施工班组长 | |
| 质量验收规范的规定 | | | 施工单位检查评定记录 | | 监理（建设）单位验收记录 |
| 主控项目 | 1 | | | | |
| | 2 | | | | |
| | 3 | | | | |
| | 4 | | | | |
| | 5 | | | | |
| | 6 | | | | |
| | 7 | | | | |
| | 8 | | | | |
| | 9 | | | | |
| | | | | | |
| 一般项目 | | | | | |
| | | | | | |
| | | | | | |
| | | | | | |
| 施工单位检查评定结果 | 项目专业质量检查员：<br>年 月 日 | | | | |
| 监理（建设）单位验收结论 | 监理工程师（建设单位项目技术负责人）：<br>年 月 日 | | | | |

施工单位自行评定合格后，由项目专业质量检验员和项目专业质量（技术）本人签字以示承担责任，并注明签字日期，然后送交监理（建设）单位验收。

监理（建设）单位根据对检验批检测结果评定其质量为合格后，由监理工程师（建设单位项目技术负责人）签字以示承担相关责任，并注明日期。

# 课题7 工程项目的交接与回访保修

## 7.1 工程项目的交接

工程项目交接是指对工程项目的质量进行竣工验收之后，由施工单位向建设单位进行移交项目所有权的过程。能否交接取决于施工单位所承包的工程项目是否通过竣工验收。因此，交接是建立在竣工验收合格的基础上的时间过程。

工程项目经竣工验收合格后，便可办理工程交接手续，即将工程项目的所有权移交给建设单位。交接手续应及时办理，以便使项目早日投产使用，充分发挥投资效益。

在办理工程项目交接前，施工单位要编制竣工结算书，以此向建设单位结算最终拨付的工程价款。

在工程项目交接时，还应将成套的工程技术资料进行分类整理、编目建档后移交给建设单位，同时，施工单位还应将在施工中所占用的房屋设施等，移交给建设单位。

## 7.2 工程项目的回访与保修

工程项目在竣工验收交付使用后，施工单位应编制回访计划，主动对交付使用的工程进行回访。回访计划包括以下内容。

1）确定企业主管回访保修业务的部门；

2）确定企业回访保修的执行单位；

3）被回访的建设单位（或使用人）及其工程名称；

4）回访时间安排及主要工程内容；

5）回访工程的保修期限。

每次回访结束，执行单位应填写回访记录，主管部门依据回访记录对回访服务的实施效果进行验证。回访记录应包括：参加回访的人员；回访发现的质量问题；建设单位的意见；回访单位对发现的质量问题的处理意见；回访主管部门的验收签证。

回访一般采用三种形式：一是季节性回访。大多数是雨期回访屋面、墙面的防水情况，冬期回访采暖系统的情况，发现问题，采取有效措施及时加以解决。二是技术性回访。主要了解在工程施工过程中所采用的新材料、新技术、新工艺、新设备等的技术性能和使用后的效果，发现问题及时加以补救和解决，同时也便于总结经验，获取科学依据，为改进、完善和推广创造条件。三是保修期满前的回访。这种回访一般是在保修期即将结束之前进行回访。

建设工程施工单位在向建设单位提交工程竣工验收报告时，应当向建设单位出具质量保修书。《建设工程质量保修书》包括的内容有：质量保修项目内容及范围；质量保修期；质量保修责任；质量保修金的支付方法等。

在正常使用条件下，建设工程的最低保修期限按国务院有关规定为：

1）基础设施工程、房屋建筑的地基基础工程和主体结构工程，为设计文件规定的合理使用年限。

2）屋面防水工程、有防水要求的卫生间、房间和外墙面的防渗漏，为5年。

3）供热与供冷系统，为2个采暖期、供冷期。

4）电气管线、给排水管道、设备安装和装修工程，为2年。

其他项目的保修期限，由发包方与承包方约定。

建设工程的保修期限，自竣工验收合格之日起计算。

在保修期内，属于施工单位施工过程中造成的质量问题，要负责维修，不留隐患。一般施工项目竣工后，建没单位在施工单位的工程款中保留5%左右，作为保修金。按照合同在保修期满退回施工单位。如属于设计原因造成的质量问题，在征得甲方和设计单位认可后，协助修补，其费用由设计单位承担。

施工单位在接到用户来访、来信的质量投诉后，应立即组织力量维修，发现影响安全的质量问题应及时处理。施工单位对于回访中发现的质量问题，应组织有关人员进行分析，制定措施，作为进一步改进和提高质量的依据。

对所有的回访和保修都必须予以记录，并提交书面报告，作为技术资料归档。施工单位还应不定期听取用户对工程质量的意见。对于某些质量纠纷或问题应尽量通过协商解决，若无法达成统一意见，则由有关仲裁部门负责仲裁。

## 复习思考题

1. 建筑工程项目的建设过程有哪几个阶段？
2. 影响工程质量的主要因素有哪些？
3. 建筑工程有什么特点？
4. 建筑工程质量有什么特点？
5. 贯彻《建设工程质量管理条例》对工程技术标准提出了哪些新要求？
6. 制定新验收标准和规范的指导思想是什么？
7. 现行施工质量验收规范有什么特点？
8. 建筑工程施工质量验收划分的目的是什么？
9. 建筑工程施工质量验收应如何划分？
10. 建筑工程施工质量应如何进行控制？
11. 检验批质量合格应符合哪些规定？
12. 分项工程质量合格应符合哪些规定？
13. 分部（子分部）工程质量合格应符合哪些规定？
14. 单位（子单位）工程质量合格应符合哪些规定？
15. 建筑工程质量不符合要求时应如何处理？
16. 建筑工程质量验收程序和组织有什么规定？

17. 单位（子单位）工程质量验收资料包括哪些内容？
18. 分部（子分部）工程质量验收记录包括哪些内容？
19. 分项工程质量验收记录包括哪些内容？
20. 检验批工程质量验收记录包括哪些内容？
21. 什么是工程项目的交接？包括哪些内容？
22. 正常使用条件下建设工程的最低保修期限有哪些规定？

# 单元6　建筑工程质量事故的处理

**知 识 点：**本章主要介绍建筑工程质量事故的特点和分类，工程质量事故分析，处理工程质量事故的依据、程序和方法，工程质量事故处理的资料和处理后的验收。

**教学目标：**通过本章的学习使学生了解工程质量事故的基本知识，掌握质量事故分析和处理的常用方法。

由于影响建筑产品质量的因素繁多，在施工过程中稍有不慎，就极易引起系统性因素的质量变异，从而产生质量问题、质量事故、甚至发生严重的工程质量事故。因此，必须采取有效的措施，对常见的质量问题和事故事先加以预防，并对已经出现的质量事故及时进行分析和处理。

## 课题1　建筑工程质量事故的特点和分类

### 1.1　建筑工程质量事故的特点

根据我国有关质量、质量管理和质量保证方面的国家标准的定义，凡工程产品质量没有满足某个规定的要求，就称之为质量不合格；而没有满足某个预期的使用要求或合理的期望（包括与安全性有关的要求），则称之为质量缺陷。在建设工程中通常所称的工程质量缺陷，一般是指工程不符合国家或行业现行有关技术标准、设计文件及合同中对质量的要求。

由工程质量不合格和质量缺陷而造成或引发经济损失、工期延误或危及人的生命和社会正常秩序的事件，称为工程质量事故。

工程质量事故具有复杂性、严重性、可变性和多发性的特点。

1.1.1　复杂性

建筑生产与一般工业相比有产品固定，生产流动；产品多样，结构类型不一，露天作业多，自然条件复杂多变；材料品种、规格多，材料性能各异；多工种、多专业交叉施工，相互干扰大；工艺要求不同、施工方法各异、技术标准不一等特点。因此，影响工程质量的因素繁多，造成质量事故的原因错综复杂，即使是同一类质量事故，而原因却可能截然不同。例如，就墙体开裂质量事故而言，其产生的原因就可能是：设计计算有误；地基不均匀沉降；或温度应力、地震力、冻涨力的作用；也可能是施工质量低劣、偷工减料或材料不良等等。所以使得对质量事故进行分析，判断其性质、原因及发展，确定处理方案与措施等都增加了复杂性。

1.1.2　严重性

工程项目一旦出现质量事故，其影响较大。轻者影响工程顺利进行、拖延工期、增加工程费用，重者则会留下隐患成为危险的建筑，影响作用功能或不能使用，更严重的还会引起建筑物的失稳、倒塌，造成人民生命、财产的巨大损失。所以对于建筑工程质量事故问题不能掉以轻心，必须高度重视，加强对工程建筑质量的监督管理，防患于未然，力争将事故消灭在萌芽之中，以确保建筑物的安全作用。

### 1.1.3 可变性

许多建筑工程的质量事故出现后，其质量状态并非稳定于发现时的初始状态，而是有可能随时间、环境、施工情况等而不断地发展、变化着。例如，地基基础或桥墩的超量沉降可能随上部荷载的不断增大而继续发展；混凝土结构出现的裂缝可能随环境温度的变化而变化，或随荷载的变化及持续时间的变化而变化等。因此，有些在初始阶段并不严重的质量问题，如不及时处理和纠正，有可能发展成严重的质量事故，例如，开始时微细的裂缝可能发展为结构断裂或建筑物倒塌事故。所以在分析、处理工程质量事故时，一定要注意质量事故的可变性，应及时采取可靠的措施，防止事故进一步恶化，或加强观测与试验，取得可靠数据，预测未来发展的趋向。

### 1.1.4 多发性

建筑工程质量事故多发性有两层意思，一是有些事故像“常见病”、“多发病”一样经常发生，而成为质量通病。例如，混凝土、砂浆强度不足，预制构件裂缝等；二是有些同类事故一再发生。例如，悬挑结构断塌事故，近几年在全国十几个省、市先后发生数十起，一再重复出现。

## 1.2 建筑工程质量事故的分类

建筑工程质量事故一般可按下述不同的方法分类：

### 1.2.1 按事故发生的时间分类

(1) 施工期

(2) 使用期

从国内外大量的统计资料分析，绝大多数质量事故都发生在施工阶段到交工验收前这段时间内。

### 1.2.2 按事故损失的严重程度划分

建设部对质量事故作出明确规定：

(1) 重大事故

凡是有下列情况之一者，为重大事故：

1）建筑物、构筑物或其它主要结构倒塌；

2）超过规范规定或设计要求的基础严重不均匀沉降、建筑物倾斜、结构开裂或主体结构强度严重不足，影响结构物的寿命，造成不可补救的永久性质量缺陷或事故；

3）影响建筑设备及其相应系统的使用功能，造成永久性质量缺陷者；

4）经济损失在10万元以上者。

重大事故分为四个等级：

1）一级重大事故，直接经济损失大于300万元；

2）二级重大事故，直接经济损失100~300万元；

3）三级重大事故，直接经济损失30~100万元；

4）四级重大事故，直接经济损失10~30万元；

(2) 一般事故

通常是指由此造成的直接经济损失在10万元以下，至5000元（含5000元）额度内的质量事故。

(3) 质量问题

经济损失不足5000元的列为质量问题。

### 1.2.3 按事故性质分类

(1) 倒塌事故

建筑物整体或局部倒塌。

(2) 开裂事故

承重结构或围护结构等出现裂缝。

(3) 错位偏差事故

平面尺寸错位，建筑物上浮、下沉，地基尺寸形状错误等。

(4) 变形事故

建筑物倾斜、扭曲、地基变形过大等。

(5) 材料、半成品、构件不合格事故

水泥强度等级不足、安定性不合格，钢筋强度低、塑性差，混凝土强度低于设计要求等。

(6) 地基或结构构件承载能力不足事故

钢筋混凝土结构漏筋，钢筋严重错位，混凝土有孔洞，地基承载力不足等。

(7) 建筑功能事故

房屋漏雨、渗水、隔热、隔音功能不良等。

(8) 其他事故

塌方、滑坡、火灾等事故。

(9) 自然灾害事故：地震、风灾、水灾等事故。

### 1.2.4 按事故造成的后果分类

(1) 未遂事故

及时发现质量问题，经及时采取措施，未造成经济损失、延误工期或其它不良后果者，均属未遂事故。

(2) 已遂事故

凡出现不符合质量标准或设计要求，造成经济损失、延误工期或其它不良后果者，均构成已遂事故。

### 1.2.5 按事故责任分类

(1) 指导责任事故

由于在工程实施指导或领导失误而造成的质量事故。例如，由于工程负责人片面追求施工进度，放松或不按质量标准进行控制和检验，降低施工质量标准等。

(2) 操作责任事故

指在施工过程中，由于实施操作者不按规程和标准实施操作，而造成的质量事故。例如，浇筑混凝土时随意加水；混凝土拌和料产生了离析现象仍浇筑入模；压实土方含水量及压实遍数未按要求控制操作等。

#### 1.2.6 按事故发生原因分类

(1) 技术原因引发的质量事故

是指在工程项目实施中由于设计、施工在技术上的失误而造成的事故。例如，结构设计计算错误；地质情况估计错误；采用了不适宜的施工方法或施工工艺等。

(2) 管理原因引发的质量事故

主要指管理上的不完善或失误引发的质量事故。例如，施工单位或监理方的质量体系不完善；检验制度不严密；质量控制不严格；质量管理措施落实不力；检测仪器设备管理不善而失准，进场材料检验不严等原因引起的质量事故。

(3) 社会、经济原因引发的质量事故

主要指由于社会、经济因素及在社会上存在的弊端和不正之风引起建设中的错误行为，而导致出现质量事故。例如，某些施工企业盲目追求利润而置工程质量于不顾，在建筑市场上随意压价投标，中标后则依靠违法手段或修改方案追加工程款，或偷工减料，或层层转包，凡此种种，这些因素常常是导致重大工程质量事故的主要原因，应当给予充分的重视。

# 课题2 建筑工程质量事故处理的依据和程序

## 2.1 建筑工程事故处理的依据

工程质量事故发生后，事故的处理主要应解决：查明原因，落实措施，妥善处理，消除隐患，界定责任。其中核心及关键是查明原因。

工程质量事故发生的原因是多方面的，引发事故的原因不同，事故责任的界定与承担也不同，事故处理的措施也不同。总之，对于所发生的质量事故，无论是分析原因、界定责任，以及做出处理决定，都需要以切实可靠的客观依据为基础。概括起来进行工程质量事故处理的主要依据有以下四个方面。

### 2.1.1 质量事故的实况资料

要查明质量事故的原因和确定处理对策，首要的是掌握质量事故的实际情况。有关质量事故实况的资料主要来自以下几个方面。

(1) 施工单位的质量事故调查报告

质量事故发生后，施工单位有责任就所发生的质量事故进行周密的调查研究以掌握情况，并在此基础上写出调查报告，提交监理工程师和业主。在调查报告中首先应就与质量事故有关的实际情况做详尽的说明，其内容应包括：

1) 质量事故发生的时间、地点。

2) 质量事故状况的描述。例如，发生事故的类型（如混凝土裂缝、砖砌体裂缝等）；发生的部位（楼层、部位-梁、柱、何处）；分布状态及范围；缺陷程度（裂缝长度、宽度、深度等）。

3) 事故发展变化的情况。

如，是否扩大其范围、程度，是否已经稳定等。

4）有关质量事故的观测记录。

(2) 监理单位调查研究所获得的第一手资料

其内容与施工单位调查报告中的有关内容大致相似，可用来与施工单位所提供的情况对照、核实。

### 2.1.2 有关合同及合同文件

(1) 所涉及的文件主要有：

设计委托合同；工程承包合同；监理委托合同；设备与器材购销合同等。

(2) 有关合同和合同文件在处理质量事故中的作用

是判断在施工过程中有关各方是否按照合同有关条款实施其活动的依据。例如，施工单位是否按规定时间要求通知监理进行隐蔽工程检验，监理人员是否按规定时间实施检查和验收；施工单位在材料进场时，是否按规定进行检验等，借以探寻产生质量事故的原因。此外，有关合同文件还是界定质量责任的重要依据。

### 2.1.3 有关技术文件和档案

(1) 有关的设计文件

如施工图纸和技术说明等。它是施工的重要依据。在处理质量事故中起两方面作用。一方面是可以对照设计文件，核查施工质量是否完全符合设计的规定和要求；另一方面是可以根据所发生的质量事故情况，核查设计中是否存在问题和缺陷，成为质量事故的一方面原因。

(2) 与施工有关的技术文件和档案、资料

这类文件、档案主要有：

1）施工组织设计或施工方案、施工计划。

2）施工记录、施工日志等。借助这些资料可以追溯和探寻事故的可能原因。

3）有关建筑材料的质量证明资料。例如，材料的批次、出厂日期、出厂合格证可检测报告、施工单位抽检或试验报告等。

4）现场制备材料的质量证明资料。例如，混凝土搅拌料的配合比、水灰比、坍落度记录；混凝土试块强度试验报告，沥青拌合料配合比、出机温度和摊铺温度记录等。

5）对事故状况的观测记录、试验记录或试验报告等。例如，对地基沉降的观测记录；对建筑物倾斜和变形的观测记录；对混凝土结构物钻取试样的记录与试验报告等。

6）其它有关资料。

上述各类技术资料对于分析质量事故原因，判断其发展变化趋势，推断事故影响及严重程度，决定处理措施等都是不可缺少的。

### 2.1.4 有关的建设法规

(1) 设计、施工单位资质管理方面的法规

这类法规文件主要内容涉及：勘察设计单位、施工企业和监理单位的等级划分；明确各级企业或单位应具备的条件；确定各级企业或单位所能承担的任务范围等。

(2) 建筑市场方面的法规

这类法规主要涉及工程发包、承包活动，以及国家对建筑市场的管理活动。

（3）建筑施工方面的法规

这类法规主要涉及到有关施工技术管理、建设工程质量监督管理、建筑安全生产管理和施工机械设备管理、工程监理等方面的法律规定，它们都是与现场施工密切相关的，因而与工程施工质量有密切关系和直接关系。

（4）关于标准化法规

这类法规主要涉及技术标准（勘测、设计、施工、安装、验收等）、经济标准和管理标准（如建设程序、设计文件深度、企业生产组织和生产能力标准、质量管理与质量保证标准等）。

## 2.2 建筑工程质量事故处理程序

工程质量事故发生后，应按规定由有关单位在24小时内向当地的建设行政主管部门和其他有关部门报告。对重大质量事故，事故发生地建设行政主管部门和其他有关部门应当按照事故类别和等级向当地人民政府和上级建设行政主管部门和其他有关部门报告。特别重大质量事故的调查程度按照国务院有关规定办理。

工程质量事故一般可以按以下程序进行处理，如图6-1所示。

（1）当发现工程出现质量事故后，监理工程师首先应以“质量通知单”的形式通知施工单位，并要求停止有质量缺陷部位和与其相关联部位及下道工序施工，需要时，还应要求施工单位采取防护措施，同时，要及时向业主和主管部门报告。

（2）施工单位接到质量通知单后，在监理工程师组织与参与下，尽快进行质量事故的调查，写出调查报告。

调查的主要目的是要查明事故的范围、缺陷程度、性质、影响和原因，为事故的分析处理提供依据。调查应力求全面、准确、客观。

调查报告的内容主要包括：

1）与事故有关的工程情况；

2）质量事故的详细情况，如质量事故发生的时间、地点、部位、性质、现状及发展变化情况等；

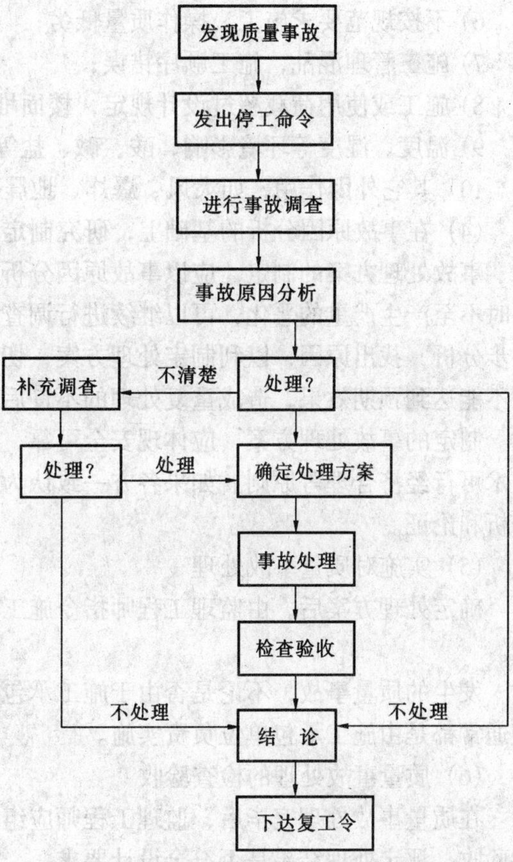


图6-1 工程质量事故处理程序图

3）事故调查中有关的数据、资料；

4）质量事故原因分析与判断；

5）是否需要采取临时防护措施；

6）事故处理及缺陷补救的建议方案与措施；

7）事故涉及的有关人员和责任者的情况。

事故情况调查是事故原因分析的基础，有些质量事故原因复杂，常涉及勘察、设计、施工、材料、工程环境条件等方面，因此，调查必须全面、详细、客观、准确。

(3) 在事故调查的基础上进行事故原因分析，正确判断事故发生原因

事故原因分析是确定事故处理措施的基础。正确的处理来源于对事故原因的正确判断。只有对调查提供的充分的调查资料、数据进行详细、深入的分析后，才能由表及里、去伪存真，找出造成事故的真正原因。为此，监理工程师应当组织设计、施工、建设单位等各方参加事故原因分析。

常见的质量事故原因的以下几类：

1）违反基本建设程序，无证设计，违章施工；

2）地基承载能力不足或地基变形过大；

3）材料性能不良，构件制品质量不合格；

4）设计构造不当，结构计算错误；

5）不按设计图纸施工，随意改变设计；

6）不按规范要求施工，操作质量低劣；

7）施工管理混乱，施工顺序错误；

8）施工或使用荷载超过设计规定，楼面堆载过大；

9）温度、湿度等环境影响，酸、碱、盐等化学腐蚀；

10）其它外因作用，如大风、爆炸、地震等。

(4) 在事故原因分析的基础上，研究制定事故处理方案

事故处理方案的制定，应以事故原因分析为基础，如果某些事故一时认识不清，而且一时不至产生严重的恶化，可以继续进行调查、观测，以便掌握更充分的资料数据，做进一步分析，找出原因，以利制定处理方案；切记急于求成，不能对症下药，采取的处理措施不能达到预期效果，造成重复处理的不良后果。

制定的事故处理方案，应体现安全可靠，不留隐患，满足建筑物的功能和使用要求，技术可行经济合理等原则。如果各方一致认为质量缺陷不需专门的处理，必须经过充分的分析和论证。

(5) 实施对质量事故处理

确定处理方案后，由监理工程师指令施工单位按既定的处理方案实施对质量缺陷的处理。

发生的质量事故，不论是否由于施工承包单位方面的责任原因造成的，质量事故的处理通常都是由施工承包单位负责实施。

(6) 质量事故处理的检查验收

在质量事故处理完毕后，监理工程师应组织有关人员，对处理的结果进行严格的检查和验收。评定处理结果是否符合设计要求。

(7) 下达复工令

监理工程师对质量事故处理结果检查验收后，若符合处理方案中的标准要求，监理工程师即可下达“复工指令”，工程可重新复工。

# 课题3　建筑工程质量事故处理的方法与验收

## 3.1　建筑工程质量事故处理的方法

对施工中出现的工程质量事故，一般有三种处理方法：

(1) 返工

对于严重未达到规范或标准的质量事故，影响到工程正常使用的安全，而且又无法通过修补的方法予以纠正时，必须采取返工重做的措施。

(2) 修补

这种方法适用于通过修补可以不影响工程的外观和正常使用的质量事故。它是利用修补的方法对工程质量事故予以补救，这类工程事故在工程施工中是经常发生的。

(3) 不作处理

有些出现的工程质量问题，虽然超过了有关规范规定，已具有质量事故的性质，但可针对具体情况通过有关各方分析讨论，认定可不需专门处理，这样的情况有：

1) 不影响结构的安全、生产工艺和使用要求。例如，有的建筑物在施工中发生错位事故，若进行彻底纠正，难度很大，还将会造成重大的经济损失，经过分析论证后，只要不影响生产工艺和使用要求，可不作处理。

2) 较轻微的质量缺陷。这类质量缺陷通过后序工程可以弥补的，可不作处理。例如，混凝土墙板面出现了轻微的蜂窝、麻面质量问题，该缺陷可通过后序工程抹灰、喷涂进行弥补，则不需要对墙板缺陷进行专门的处理。

3) 对出现的某些质量事故，经复核验算后仍能满足设计要求者可不作处理。例如，结构断面尺寸比设计要求稍小，经认真验算后，仍能满足设计要求者，可不作处理。但必须特别注意，这种方法实际上是挖掘设计的潜力，对此需要格外慎重。

## 3.2　建筑工程质量事故处理决策的辅助方法

对质量事故处理的决策，是一项复杂而重要的工作，它直接关系到工程的质量、工期和费用。所以，要做出对质量事故处理的决定，特别是对需要做出返工或不做处理的决定，更应当慎重对待。在对于某些复杂的质量事故做出处理决定前，可采取以下辅助方法做进一步论证。

### 3.2.1　实验验证

即对某些有严重质量缺陷的项目，可采取合同规定的常规试验方法进一步进行验证，以便确定缺陷的严重程度。例如混凝土构件的试件强度低于要求的标准不太大（例如10%以内）时，可进行加载试验，以证明其是否满足使用要求，又如市政道路工程的沥青面层厚度误差超过了规范允许范围，可采用弯沉试验，检查路面的整体强度等。根据对试验验证检查的分析、论证，再研究处理决策。

### 3.2.2　定期观测

有些工程，在发现其质量缺陷时其状态可能尚未达到稳定仍会继续发展，在这种情况下一般不宜过早做出决定，可以对其进行一段时间的观测，然后再根据情况做出决定。属于这类的质量缺陷如建筑物沉降超过预计和规定的标准；建筑物墙体产生裂缝并处于发展状态等。有些有缺陷的工程，短期内其影响可能不十分明显，需要较长时间的观察检测或沉降观测才能得出结论。

3.2.3　专家论证

对于某些工程缺陷，可能涉及的技术领域比较广泛，则可采取专家论证。采用这种办法时，应事先做好充分准备，尽早为专家提供尽可能详尽的情况和资料，以便使专家能够进行较充分的、全面和细致的分析、研究，提出切实的意见与建议。实践证明，采取这种方法，对重大事故问题做出恰当处理的决定十分有益。

### 3.3　建筑工程质量事故处理的鉴定验收

质量事故的处理是否达到预期的目的和较果，是否仍留有隐患，应当通过检查鉴定和验收作出确认。

事故处理的质量检查鉴定，应严格按照施工验收规范及有关标准规定进行，必要时还应通过实际量测、试验和仪表检测等方法获取必要的数据，才能对事故处理的结果做出确切的结论，检查和鉴定的结论可能的以下几种：

1）事故已排除，可继续施工；

2）隐患已消除，结构安全有保证；

3）经修补、处理后，完全能满足使用要求；

4）基本上满足使用要求，但使用时应有附加的限制条件，例如限制荷载等；

5）对耐久性的结论；

6）对建筑物外观影响的结论等；

7）对短期难以做出结论者，可提出进一步观测检验的意见。

对于处理后符合规定的要求和满足使用要求的，监理工程师可予以验收、确认。

## 课题4　建筑工程质量事故处理的资料

### 4.1　质量事故处理所需的资料

处理工程质量事故，必须分析原因，作出正确的处理决策，这就要以充分的、准确的有关资料作为决策的基础和依据，一般质量事故处理，必须具备以下资料。

(1) 与工程质量事故有关的施工图

(2) 与工程施工有关的资料、记录

例如，建筑材料的试验报告，各种中间产品的检验记录和试验报告（如沥青拌合料温度量测记录、混凝土试块强度试验报告等)，以及施工记录等。

(3) 事故调查分析报告

一般应包括以下内容：

1）质量事故的情况。包括发生质量事故的时间、地点，事故情况，有关的观测记录，事故的发展变化趋势，是否已趋稳定等。

2）事故性质。应区分是结构性问题还是一般性问题；是内在的实质性的问题，还是表面性的问题；是否需要及时处理，是否需要采取保护性措施。

3）事故原因。阐明造成质量事故的主要原因，例如，对混凝土结构裂缝是由于地基不均匀沉降原因导致的，还是由于温度应力所至，或是由于施工拆模前受到冲击、振动的结果，还是由于结构本身承载力不足等。对此应附有有说服力的资料、数据说明。

4）事故评估。应阐明该质量事故对于建筑物功能、使用要求、结构承受力性能及施工安全有何影响，并应附有实测、验算数据和试验资料。

5）事故涉及的人员与主要责任者的情况等。

(4) 设计单位、施工单位、监理单位和建设单位对事故处理的意见和要求。

### 4.2 事故处理后的资料

事故处理后，应由监理工程师提出事故处理报告，其内容包括：

1）质量事故调查报告；

2）质量事故原因分析；

3）质量事故处理依据；

4）质量事故处理方案、方法及技术措施；

5）质量事故处理施工过程的各种原始记录资料；

6）质量事故检查验收记录；

7）质量事故结论等。

## 复习思考题

1. 质量不合格、质量缺陷和质量事故的含义是什么？
2. 建筑工程质量事故有哪些特点？
3. 如何区分工程质量事故中的质量问题、一般事故和重大事故？
4. 进行工程质量事故处理主要应当依据哪些方面的文件、资料？
5. 试简要说明工程质量事故处理的程序。
6. 质量事故处理可采用的方案有哪几类？它们在何种情况下采用？
7. 质量事故处理决策的辅助方法有哪几种？
8. 常见的质量事故原因有哪几类？
9. 质量事故处理后如何进行鉴定与验收？
10. 质量事故处理需要哪些资料？

# 下篇　建筑工程安全管理

# 单元7　建筑工程安全生产管理的概念

**知 识 点**：本章主要介绍了建设工程安全生产管理的基本概念，建筑工程安全生产管理的特点及建设工程安全生产管理的方针与法规及安全生产管理的常用术语。

**教学目标**：通过本章学习使学生能够熟悉安全生产管理的基本常识和相关法律制度。

## 课题1　概　述

### 1.1　建筑工程安全生产管理的基本概念

安全生产是指生产过程处于避免人身伤害、设备损坏及其他不可接受的损害风险（危险）的状态。不可接受的损害风险（危险）是指：超出了法律、法规和规章的要求；超出了方针、目标和企业规定的其他要求；超出了人们普遍接受的（通常是隐含）要求。

建筑工程安全生产管理是指建设行政主管部门、建筑安全监督管理机构、建筑施工企业及有关单位对建筑安全生产过程中的安全工作，进行计划、组织、指挥、控制、监督、调节和改进等一系列致力于满足生产安全的管理活动。

### 1.2　建设工程安全生产管理的特点

1.2.1　安全生产管理涉及面广、涉及单位多

由于建设工程规模大，生产工艺复杂、工序多，在建造过程中流动作业多，高处作业多，作业位置多变，遇到不确定因素多，所以安全管理工作涉及范围大，控制面广。安全管理不仅是施工单位的责任，还包括建设单位、勘察设计单位、监理单位，这些单位也要为安全管理承担相应的责任与义务。

1.2.2　安全生产管理动态性

1）由于建设工程项目的单件性，使得每项工程所处的条件不同，所面临的危险因素和防范措施也会有所改变，例如员工在转移工地后，熟悉一个新的工作环境需要一定的时间，有些制度和安全技术措施会有所调整，员工同样有个熟悉的过程。

2）工程项目施工的分散性。因为现场施工是分散于施工现场的各个部位，尽管有各种规章制度和安全技术交底的环节，但是面对具体的生产环境时，仍然需要自己的判断和处理，有经验的人员还必须适应不断变化的情况。

1.2.3　安全生产管理的交叉性

建设工程项目是开放系统，受自然环境和社会环境影响很大，安全生产管理需要把工程系统和环境系统及社会系统相结合。

1.2.4　安全生产管理的严谨性

安全状态具有触发性，安全管理措施必须严谨，一旦失控，就会造成损失和伤害。

# 课题2 建设工程安全生产管理的方针、原则及相关法规

## 2.1 建设工程安全生产管理的方针

自2004年2月1日开始执行的《建设工程安全生产管理条例》第1章总则第3条规定"建设工程安全生产管理，坚持安全第一、预防为主的方针"。

"安全第一"是原则和目标，是把人身安全放在首位，安全为了生产，生产必须保证人身安全，充分体现了"以人为本"的理念。"安全第一"的方针，就是要求所有参与工程建设的人员，包括管理者和操作人员以及对工程建设活动进行监督管理的人员都必须树立安全的观念，不能为了经济的发展牺牲安全，当安全与生产发生矛盾时，必须先解决安全问题，在保证安全的前提下从事生产活动，也只有这样才能使生产正常进行，促进经济的发展，保持社会的稳定。

"预防为主"是实现安全第一的最重要的手段，在工程建设活动中，根据工程建设的特点，对不同的生产要素采取相应的管理措施，从而减少甚至消除事故隐患，尽量把事故消灭在萌芽状态，这是安全生产管理的最重要的思想。

## 2.2 建设工程安全生产管理的原则

### 2.2.1 "管生产必须管安全"的原则

"管生产必须管安全"的原则是指建设工程项目各级领导和全体员工在生产过程中必须坚持在抓生产的同时抓好安全工作。它体现了安全与生产的统一，生产与安全是一个有机的整体，两者不能分割更不能对立起来，应将安全寓于生产之中。

### 2.2.2 "安全具有否决权"的原则

"安全具有否决权"的原则是指安全生产工作是衡量建设工程项目管理的一项基本内容，它要求在对项目各项指标考核、评优创先时，首先必须考虑安全指标的完成情况。安全指标没有实现，其他指标顺利完成，仍无法实现项目的最优化，安全具有一票否决的作用。

### 2.2.3 职业安全卫生"三同时"的原则

"三同时"原则是指一切生产性的基本建设和技术改造建设工厂项目，必须符合国家的职业安全卫生方面的法规和标准。职业安全卫生技术措施及设施应与主体同时设计、同时施工、同时投产使用，以确保项目投产后符合职业安全卫生要求。

### 2.2.4 事故处理"四不放过"的原则

在处理事故时必须坚持和实施"四不放过的原则"，即：事故原因分析不清不放过；事故责任者和群众没受到教育不放过；没有整改措施预防措施不放过；事故责任者和责任领导不处理不放过。

## 2.3 建设工程安全生产管理有关法律法规与标准规范

### 2.3.1 我国的安全生产的法律制度

安全生产法律法规：是指国家关于改善劳动条件，实现安全生产，为保护劳动者在生

产过程中的安全和健康而采取的各种措施的总和，是必须执行的法律规范。

规章制度：是指国家各主管部门及其他地方政府的各种法规性文件，制定各方面的条例、办法、制度、规程、规则和章程等。它们具有不同的约束力和法律效力，企业制定的规章制度是为了保护国家法律制度的实施和加强企业的内部管理，进行正常而有秩序地生产而制定的相应措施与办法，因此，企业规章制度有两个特点：一是制定时必须服从国家法律、法规，不能凌驾于国家法律之上；二是本企业具有约束力，全体员工必须遵守。

技术规范：是指人们关于合理利用自然力、生产工具、交通工具和劳动对象的行为规则。如：操作规程、技术规范、标准和规定等。安全技术规范是强制性的标准。因为，违反规范往往给个人、企业和社会造成严重危害，为维护和有利于社会秩序、企业生产秩序和工作秩序，便把遵守安全技术规范确定为法律义务，使之具有法律规范的性质。

我国现行有关建设工程安全生产的法律法规与标准规范，见表 7-1。

**建设工程安全生产法律法规与标准规范表** **表 7-1**

| 类 别 | 颁布单位 | 名 称 | 颁布时间 |
|---|---|---|---|
| 法律法规 | 全国人大 | 中华人民共和国安全生产法 | 2002 |
| | 全国人大 | 中华人民共和国建筑法 | 1997 |
| | 全国人大 | 中华人民共和国消防法 | 1998 |
| | 全国人大 | 中华人民共和国刑法 | 1997 |
| | 国务院 | 建设工程安全生产管理条例 | 2003 |
| | 国务院 | 安全生产许可证条例 | 2004 |
| | 国务院 | 特别重大事故调查程序暂行规定 | 1989 |
| | 国务院 | 企业职工伤亡事故报告和处理规定 | 1991 |
| | 国务院 | 国务院关于特大安全事故行政责任追究的规定 | 2001 |
| | 国务院 | 特种设备安全生产监察条例 | 2003 |
| 部门规章 | 建设部 | 工程建设重大事故报告和调查程序规定 | 1989 |
| | 建设部 | 建筑安全生产监督管理规定 | 1991 |
| | 建设部 | 建设工程施工现场管理规定 | 1991 |
| | 建设部 | 建设行政处罚程序暂行规定 | 1999 |
| | 建设部 | 实施工程建设强制性标准监督规定 | 2000 |
| | 建设部 | 建筑业企业资质管理规定 | 2001 |
| | 建设部 | 建筑工程施工许可管理办法 | 1999 |
| 规范性文件 | 建设部 | 建筑施工企业主要负责人、项目负责人和专职安全生产管理人员安全生产考核管理暂行规定 | 2004 |
| 标准规范 | | 施工企业安全生产评价标准（JGJ/T 77—2003） | 2004 |
| | | 建筑施工安全检查标准（JGJ 59—99） | 2003 |
| | | 施工现场临时用电安全技术规范（JGJ 46—88） | 1999 |
| | | 建筑施工高处作业安全技术规范（JGJ 80—91） | 1988 |
| | | 龙门架及井架物料提升机安全技术规范（JGJ 88—92） | 1991 |
| | | 建筑施工扣件式钢管脚手架安全技术规范（JGJ 130—2001） | 1992 |
| | | 建筑机械使用安全技术规程（JGJ 33—2001） | 2001 |
| | | 建筑施工门式钢管脚手架安全技术规范（JGJ 128—2000） | 2000 |
| | | 工程建设标准强制性条文（房屋建筑部分）（2002）版 | 2002 |

### 2.3.2 法治是强化安全管理的重要内容

法律是上层建筑的组成部分，为其赖以建立的经济基础服务。实践证明，在安全生产工作中，加强法制建设，增强法制观念，以法治安全，是极其必要的。改革开放以来，建筑业持续快速发展，在国民经济中的地位和作用逐渐增强，已成为我国支柱产业之一。但随着建设规模的逐渐扩大，当前建设工程安全生产还存在不少问题，安全生产还不够稳定，伤亡事故还没得到有效的控制，建立健全安全的相关的法律制度，严格按照安全法规、规章制度、规范实施安全管理，严格法律责任，是实施安全生产的根本保证。

## 课题3　建设工程安全生产管理的常用术语

### 3.1　安全生产管理体制

根据国务院发（1993）50号文，当前我国的安全生产管理体制是“企业负责、行业管理、国家监察和群众监督、劳动者遵章守法”。具体含义如下：

企业负责。企业必须坚决执行国家的法律、法规和方针政策，按要求做好安全生产工作，要自觉接受行业管理、国家监察和群众监督，并结合本企业情况，努力克服安全生产中的薄弱环节，积极认真地解决安全生产中的各种问题，企业法定代表人是安全生产的第一责任者。

行业管理。各级综合管理生产和行业管理部门，根据“管生产必须管安全”的原则，管理本行业的安全生产工作，建立安全管理机构，配备安全技术干部，组织贯彻执行国家生产方针、政策、法规，制定行业的规章制度和规范标准；对本行业安全生产工作进行计划、组织和监督检查、考核；帮助企业解决安全生产方面的实际问题，支持、指导企业搞好安全生产。

国家监察。由劳动部门、行政主管部门按照国务院要求实施国家劳动安全监察，国家监察是一种执法监察，主要监察国家法规、政策的执行情况，预防和纠正违反法规、政策的偏差。它不干预企事业内部执行法规、政策的方法、措施和步骤等具体事物，它不能替代行业管理部门日常管理和安全检查。

群众（工会组织）监督。保护职工的安全健康是工会的职责。工会对危害职工安全健康的现象有抵制、纠正以至控告的权利，这是一种自下而上的群众监督。这种监督是与国家安全监察和行业管理相辅相成的，应密切配合，相互合作，互相沟通，共同搞好安全生产工作。

劳动者遵章守法。从许多事故发生的原因看，大都与职工的违章行为有直接关系。因此，劳动者在生产过程中应自觉遵守安全生产规章制度和劳动纪律，严格执行安全技术操作规程，不违章操作。劳动者遵章守纪也是减少事故，实现安全生产的重要保证。

### 3.2　安全生产责任制度

安全生产责任制度是建筑生产中最基本的安全管理制度，是所有安全规章制度的核心，安全生产责任制度是指将各种不同的安全责任落实到负责安全管理的人员和具体岗位人员身上的一种制度。这一制度是安全第一，预防为主方针的具体体现，是建筑安全生产的基本制度。安全生产责任制度的主要内容包括：一是从事建筑活动主体的负责人的责任制。比如，施工单位的法定代表人要对本企业的安全负主要的安全责任。二是从事建筑活动主体的职能机构或职能处室负责人及其工作人员的安全生产责任制。比如，施工单位根据需要设置职能机构或职能处室负责人及其工作人员要对安全负责。三是岗位人员的安全生产责任制。岗位人员必须对安全负责。从事特种作业的安全人员必须进行培训，经过考试合格后才能上岗作业。

## 3.3 安全生产目标管理

安全生产目标管理就是根据建筑施工企业的总体规划要求，制定出在一定时期内安全生产方面所要达到的预期目标并组织实现此目标。其基本内容是：确定目标、目标分解、执行目标、检查总结。

## 3.4 施工组织设计

施工组织设计是组织建设工程施工的纲领性文件，是指导施工准备和组织施工的全面性的技术、经济文件，是指导现场施工的规范性文件。施工组织设计必须在施工准备阶段完成。

## 3.5 安全技术措施

安全技术措施是指为防止工伤事故和职业病的危害，从技术上采取的措施。在工程施工中，是指针对工程特点、环境条件、劳力组织、作业方法、施工机械、供电设施等制定的确保安全施工的措施。

安全技术措施也是建设工程项目管理实施规划或施工组织设计的重要组成部分。

## 3.6 安全技术交底

安全技术交底是落实安全技术措施及安全管理事项的重要手段之一。重大安全技术措施及重要部位的安全技术由公司技术负责人向项目经理部技术负责人进行书面的安全技术交底；一般安全技术措施及施工现场应注意的安全事项由项目经理部技术负责人向施工作业班组、作业人员作出详细说明，并经双方签字认可。

## 3.7 安全教育

安全教育是实现安全生产的一项重要基础工作，它可以提高职工搞好安全生产的自觉性、积极性和创造性，增强安全意识，掌握安全知识，提高职工的自我防护能力，使安全规章制度得到贯彻执行。安全教育培训的主要内容包括：安全生产思想、安全知识、安全技能、安全规程标准、安全法规、劳动保护和典型事例分析。

## 3.8 班前安全活动

班前安全活动是指在上班前由组长组织并主持，根据本班目前工作内容，重点介绍安全注意事项、安全操作要点，以达到组员在班前掌握安全操作要领，提高安全防范意识，减少事故发生的活动。

## 3.9 特种作业

特种作业是指在劳动过程中容易发生伤亡事故，对操作者本人，尤其对他人和周围设施的安全有重大危害因素的作业。直接从事特种作业者，称特种作业人员。

## 3.10 安 全 检 查

安全检查是指建设行政主管部门、施工企业安全生产管理部门或项目经理部对施工企业、工程项目经理部贯彻国家安全生产法律法规的情况、安全生产情况、劳动条件、事故隐患等进行的检查。

## 3.11 安 全 事 故

安全事故是人们在进行有目的的活动过程中，发生了违背人们意愿的不幸事件，使其有目的的行动暂时或永久地停止。重大安全事故，系指在施工过程中由于责任过失造成工程倒塌或废弃、机械设备破坏和安全设施失当造成人身伤亡或者重大经济损失的事故。

## 3.12 安 全 评 价

安全评价是采用系统科学方法，辨别和分析系统存在的危险性并根据其形成事故的风险大小，采取相应的安全措施，以达到系统安全的过程。安全评价的基本内容：识别危险源、评价风险、采取措施，直至达到安全指标。

## 3.13 安 全 标 志

安全标志由安全色、几何图形和图形符号构成，以此表达特定的安全信息。其目的是引起人们对不安全因素的注意，预防事故发生。安全标志分为禁止标志、警告标志、指令标志、提示性标志四类。

# 复习思考题

1. 建设工程安全管理的基本概念包括哪些内容？
2. 简述建设工程安全生产管理的特点。
3. 建设工程安全生产管理的方针是什么？
4. 简述建设工程安全生产管理的原则。
5. 我国的安全生产法律制度有哪些内容？
6. 简述我国的安全管理体制。

# 单元8 施工项目安全管理

**知 识 点：**本章主要介绍施工安全生产的特点，安全生产管理程序，如何建立安全生产管理体系，安全生产责任制，落实安全技术措施，进行安全教育，预防安全事故的发生和安全事故发生后的处理程序。

**教学目标：**通过本章学习使学生能够对建设工程施工项目安全管理的基本任务和方法有系统的了解。

## 课题1 施工项目安全管理概述

### 1.1 施工安全生产的特点

(1) 产品的固定性导致作业环境局限性

建筑产品坐落在一个固定的位置上，导致了必须在有限的场地和空间上集中大量的人力、物资、机具来进行交叉作业，导致作业环境的局限性，因而容易产生物体打击等伤亡事故。

(2) 露天作业导致作业条件恶劣性

建设工程施工大多是在露天空旷的地上完成的，导致工作环境相当艰苦，容易发生伤亡事故。

(3) 体积庞大带来了施工作业高空性

建设产品的体积十分庞大，操作工人大多在十几米，甚至几百米上进行高空作业，因而容易产生高空坠落的伤亡事故。

(4) 流动性大，工人素质低提高了安全管理的难度

由于建设产品的固定性，当这一产品完成后，施工单位就必须转移到新的施工地点去，施工人员流动性大，素质较差，要求安全管理举措必须及时、到位，提高了施工安全管理的难度。

(5) 手工操作多、体力消耗大、强度高导致个体劳动保护任务艰巨

在恶劣的作业环境下，施工工人的手工操作多，体能耗费大，劳动时间和劳动强度都比其他行业要大，其职业危害严重，带来了个人劳动保护的艰巨性。

(6) 产品多样性，施工工艺多变性要求安全技术措施和安全管理必须及时到位

建设产品多样性，施工生产工艺复杂多变性，如一栋建筑物从基础、主体至竣工验收，各道施工工序均有其不同的特性，其不安全的因素各不相同。同时，随着工程建设进度，施工现场的不安全因素也在随时变化，要求施工单位必须针对工程进度和施工现场实际情况不断及时地采取安全技术措施和安全管理措施予以保证。

(7) 施工场地窄小带来了多工种立体交叉性

近年来，建筑由低向高发展，施工现场却由宽到窄发展，致使施工场地与施工条件要求的矛盾日益突出，多工种交叉作业增加，导致机械伤害、物体打击事故增多。

施工安全生产的上述特点，决定了施工生产的不安全隐患多存在于高空作业、交叉作业、垂直运输、个体劳动保护以及使用电气工具上，伤亡事故也多发生在高空坠落、物体打击、机械伤害、起重伤害、触电、坍塌等方面。同时，超高层、新、奇、个性化的建筑产品的出现，给建筑施工带来了新的挑战，也给建设工程安全管理和安全防护技术提出了新的要求。

## 1.2 施工现场不安全因素

### 1.2.1 人的不安全因素

人的不安全因素是指影响安全的人的因素，即能够使系统发生故障或发生性能不良的事件的人员个人的不安全因素和违背设计和安全要求的错误行为。人的不安全因素可分为个人的不安全因素和人的不安全行为两个大类。

个人的不安全因素是指人员的心理、生理、能力中所具有不能适应工作、作业岗位要求的影响安全的因素。个人的不安全因素主要包括：

1）心理上的不安全因素，是指人在心理上具有影响安全的性格、气质和情绪，如懒散、粗心等。

2）生理上的不安全因素，包括视觉、听觉等感觉器官、体能、年龄、疾病等不适合工作或作业岗位要求的影响因素。

3）能力上的不安全因素，包括知识技能、应变能力、资格等不能适应工作和作业岗位要求的影响因素。

人的不安全行为是指造成事故的人为错误，是人为地使系统发生故障或发生性能不良事件，是违背设计和操作规程的错误行为。不安全行为在施工现场的类型，按《企业职工伤亡事故分类标准》(GB 6441—86)，可分为 13 个大类：

1）操作失误、忽视安全、忽视警告；

2）造成安全装置失效；

3）使用不安全设备；

4）手代替工具操作；

5）物体存放不当；

6）冒险进入危险场所；

7）攀坐不安全位置；

8）在起吊物下作业、停留；

9）在机器运转时进行检查、维修、保养等工作；

10）有分散注意力行为；

11）没有正确使用个人防护用品、用具；

12）不安全装束；

13）对易燃易爆等危险物品处理错误。

不安全行为产生的主要原因是：系统、组织的原因；思想责任性的原因；工作的原因。其中，工作原因产生不安全行为的影响因素包括：工作知识的不足或工作方法不适当；技能不熟练或经验不充分；作业的速度不适当；工作不当，但又不听或不注意管理提示。

同时，分析事故原因，绝大多数事故不是因技术解决不了造成的，都是违章所致。由于没有安全技术措施，缺乏安全技术措施，不作安全技术交底，安全生产责任制不落实，违章指挥，违章作业造成的，所以必须重视和防止产生人的不安全因素。

### 1.2.2 物的不安全状态

物的不安全状态是指能导致事故发生的物质条件，包括机械设备等物质或环境所存在的不安全因素。

（1）物的不安全状态的内容

1）物（包括机器、设备、工具、物质等）本身存在的缺陷；

2）防护保险方面的缺陷；

3）物的放置方法的缺陷；

4）作业环境场所的缺陷；

5）外部的和自然界的不安全状态；

6）作业方法导致的物的不安全状态；

7）保护器具信号、标志和个体防护用品的缺陷。

（2）物的不安全状态的类型

1）防护等装置缺乏或有缺陷；

2）设备、设施、工具、附件有缺陷；

3）个人防护用品用具缺少或有缺陷；

4）施工生产场地环境不良。

### 1.2.3 管理上的不安全因素

管理上的不安全因素，通常也称为管理上的缺陷，也是事故潜在的不安全因素，作为间接的原因共有以下方面：

1）技术上的缺陷；

2）教育上的缺陷；

3）生理上的缺陷；

4）心理上的缺陷；

5）管理工作上的缺陷；

6）教育和社会、历史上的原因造成的缺陷。

## 1.3 施工安全管理的任务

1）正确贯彻执行国家和地方的安全生产、劳动保护和环境卫生的法律法规、方针政策和标准规程，使施工现场安全生产工作做到目标明确，组织、制度、措施落实，保障施工安全。

2）建立完善施工现场的安全生产管理制度，制定本项目的安全技术操作规程，编制有针对性的安全技术措施。

3）组织安全教育，提高职工安全生产素质，促进职工掌握生产技术知识，遵章守纪地进行施工生产。

4）运用现代管理和科学技术，选择并实施实现安全目标的具体方案，对本项目的安全目标的实现进行控制。

5）按“四不放过”的原则对事故进行处理并向政府有关安全管理部门汇报。

## 1.4 施工安全管理实施程序

施工安全管理的程序如图 8-1 所示。

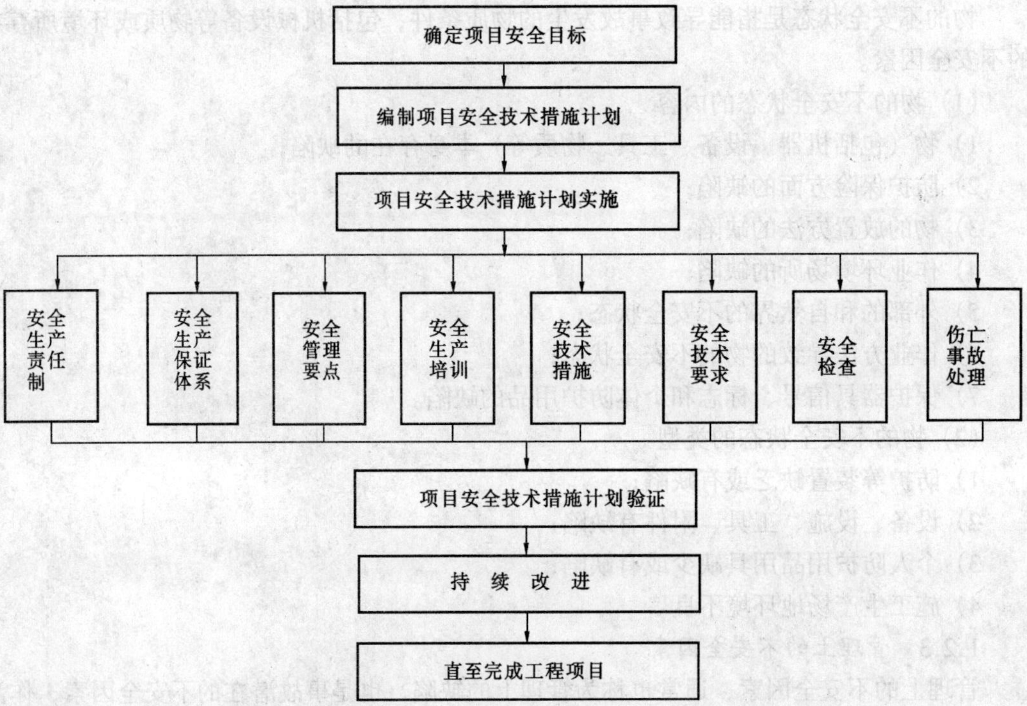


图 8-1 施工安全管理的程序

(1) 确定项目的安全目标

按“目标管理”方法在以项目经理为首的项目管理系统内进行分解，从而确定每个岗位的安全目标，实现全员安全控制。

(2) 编制项目安全技术措施计划

对生产过程中的不安全因素，用技术手段加以消除和控制，并用文件化的方式表示，这是落实“预防为主”的方针的具体体现，是进行工程项目安全控制的指导性文件。

(3) 安全技术措施计划的落实和实施

包括建立健全安全生产责任制、设置安全生产设施、进行安全教育和培训、沟通和交流信息、通过安全控制使生产作业的安全状况处于受控状态。

(4) 安全技术措施计划的验证

包括安全检查、纠正不符合情况，并做好检查记录工作。根据实际情况补充和修改安全技术措施。

(5) 持续改进，直至完成建设工程项目的所有工作。

## 1.5 施工安全管理的基本要求

1）必须取得安全行政主管部门颁发的《安全施工许可证》后才可开工。

2）总承包单位和每一个分包单位都应持有《施工企业安全资格审查认可证》。

3）各类人员必须具备相应的执业资格才能上岗。

4）所有新员工必须经过三级安全教育，即公司、项目部和进班组的安全教育。

5）特殊工种作业人员必须持有特种作业操作证，并严格按规定定期进行复查。

6）对查出的安全隐患要做到“五定”，即定整改责任人、定整改措施、定整改完成时间、定整改完成人、定整改验收人。

7）必须把好安全生产“六关”，即措施关、交底关、教育关、防护关、检查关、改进关。

8）施工现场安全设施齐全，并符合国家及地方有关规定。

9）施工机械（特别是现场安设的起重设备等）必须经安全检查合格后方可使用。

# 课题2　建设工程安全生产管理体系

建设工程安全生产管理体系是为确保“安全第一，预防为主”方针及安全管理目标实现所需要的组织机构、程序、过程和资源。

## 2.1　建设工程安全生产管理体系的作用

1）职业安全卫生状况是经济发展和社会文明程度的反映。它使所有劳动者获得安全与健康，是社会公正、安全、文明、健康发展的基本标志，也是保持社会安定团结和经济可持续发展的重要条件。

2）安全生产管理体系不同于安全卫生标准，它是对企业环境的安全卫生状态规定了具体的要求和限定，通过科学管理使工作环境符合安全卫生标准的要求。

安全生产管理体系是一个动态、自我调整和完善的管理系统，即通过策划（plan）、行动（do）、检查（check）和改进（act）四个环节构成一个动态循环上升的系统化管理模式。安全管理体系是项目管理体系中的一个子系统，其循环也是整个管理系统循环的一个子系统。

## 2.2　建立建设工程安全生产管理体系的原则

1）贯彻“安全第一、预防为主”的方针，建立健全安全生产责任制和群防群治制度等，确保工程项目施工过程的人身和财产安全，减少一般事故的发生。

2）依据《建筑法》、《建设工程安全生产管理条例》、《劳动保护法》、《环境保护法》以及国家有关安全生产的法律法规和规程标准进行编制。

3）必须包含安全生产管理体系的基本要求和内容，并结合工程项目实际情况和特点加以充实，完善生产管理体系，确保工程项目的施工安全。

4）具有针对性，要适用于建设工程施工全过程的安全管理和安全控制。

5）持续改进的原则，施工企业应加强对建设工程施工的安全管理，指导、帮助项目经理部建立、实施并持续改进安全生产管理体系。

## 2.3　安全生产管理体系的基本要求

（1）管理职责

1）安全管理目标。明确伤亡控制指标、安全达标、文明施工目标等内容。

2）安全管理组织机构。项目部建立以项目经理为现场安全管理第一责任人的安全生产领导小组；明确安全生产领导小组的主要职责；明确现场安全管理组织机构网络。

3）安全职责与权限。明确项目部主要管理人员的职责与权限，主要有项目经理、项目技术负责人、项目工长、项目安全员、项目质检员、项目技术员、项目核算员、项目材料员、班组兼职安全员、保卫消防员、机械管理员、班组长、生产工人等的安全职责，并让责任人履行签字手续。

（2）安全设施材料、设备及防护用品的采购管理

1）现场所采购的钢管、扣件、安全网等安全防护用品等、电气开关设备必须符合安全规范要求；

2）通常比较好的作法是从与公司长期合作、有较高质量信誉的合格供应商中采购；

3）采用的安全设施、材料必须具有合格的出厂证明、准用证、验收或复试手续等资料；

4）明确采购及验收控制点。

（3）分包方控制

根据《中华人民共和国建筑法》规定："施工现场安全由建筑施工企业负责。实行施工总承包，由总承包单位负责。分包单位向总承包单位负责，服从总承包单位对施工现场的安全生产管理。"由此可见对分包方进行安全及文明施工管理是必须的。

1）考查分包单位的资质；

2）考查分包单位的施工业绩；

3）分包合同的制定与实施；总分包安全生产协议的签订；

4）对分包队伍进入施工现场的安全管理控制点。

（4）施工中的过程控制

1）持证上岗。施工现场的管理人员、特种作业人员必须持证上岗。

2）对安全设施、设备、防护用品的检查验收。

3）施工现场临时用电。明确施工现场安全用电的技术措施；明确施工现场安全用电的实施要点。

4）施工机械：

①塔吊、施工升降机等大型机械管理。明确现场塔吊、施工升降机等大型机械的位置及规格型号、性能等事项；明确大型机械的装拆与使用管理的实施要点、关键部位或程序的控制点。

②中、小型机械的使用。明确现场中、小型机械的位置及规格型号、性能等事项；明确中小型机械安装、验收、使用的实施要点与关键部位的控制点。

5）脚手架。明确适用于工程实际的脚手架的搭设类型，搭拆与使用维护的实施要点及关键重点部位的控制点。

6）安全防火与消防。明确施工现场重点防火部位及消防措施；主体工程操作面消防措施；防火领导小组、义务消防队员名单，重点关键部位的防火安全责任到人，实行挂牌制度。

7）项目工会劳动保护。明确项目工会劳动保护的实施要点及控制点。

8）模板工程。明确工程模板支撑体系的类型或方式；明确实施要点及控制点。

9）基坑支护。明确工程基础施工所采取的基坑支护类型、实施要点及控制点。

10）文明施工。明确文明施工专门管理机构，现场围挡与封闭管理，路面硬化，物料码放，建筑主体立网全封闭，施工废水排放，宿舍、食堂、厕所等生活设施，出入口做法，垃圾管理，施工不扰民，减小环境污染等方面的内容、实施要点及控制点。

（5）检查、检验的控制

明确对现场安全设施进行安全检查、检验的内容、程序及检查验收责任人等问题。

（6）事故隐患的控制

明确现场控制事故隐患所采取的管理措施。

（7）纠正和预防措施

根据现场实际情况制定预防措施；针对现场的事故隐患进行纠正，并制定纠正措施，明确责任人。

（8）教育和培训

明确现场管理人员及生产工人必须进行的安全教育和安全培训的内容及责任人。

（9）内部审核

建筑业企业应组织对项目经理部的安全活动是否符合安全管理体系文件有关规定的要求进行审核，以确保安全生产管理体系运行的有效性。

（10）奖惩制度

明确施工现场安全奖惩制度的有关规定。

# 课题3 施工安全生产责任制

## 3.1 一 般 规 定

安全生产责任制是各项管理制度的核心，是企业岗位责任制的重要组成部分，是企业安全管理中最基本的制度，是保障安全生产的重要组织措施。

安全生产责任制度是根据“管生产必须管安全”、“安全生产，人人有责”等原则，明确各级领导、各职能部门、岗位、各工种人员在生产中应负有的安全职责。有了安全生产责任制，就能把安全与生产从组织领导上结合起来，把管生产必须管安全的原则从制度上固定下来，从而增强了各级管理人员的安全责任心，使安全管理纵向到底、横向到边。专管成线，群管成网，责任明确，协调配合，共同努力，真正把安全生产工作落到实处。

企业应以文件的形式颁布企业安全生产责任制。责任制的制定参照《中华人民共和国建筑法》、《中华人民共和国安全生产法》及国务院第302号《国务院关于特大安全事故行政责任追究的规定》制定本企业的安全生产责任制。

制定各级各部门安全生产责任制的基本要求如下：

1）企业经理是企业安全生产的第一责任人。各副经理对分管部门的安全生产负直接领导责任。具体应认真贯彻执行国家安全生产方针政策、法令、规章制度；定期向企业职工代表会议报告企业安全生产情况的措施；制定企业各级各部门的责任制等；定期向企业职工代表会议报告企业安全生产情况和措施；制定企业各级干部的安全责任制等制度，定期研究解决安全生产中的问题；组织或授权委托审批安全技术措施计划并贯彻实施；定期组织安全检查和开展安全竞赛等活动；对职工进行安全和遵章守纪教育；督促各级领导干部和各职能单位的职工做好本职范围内安全工作；总结与推广安全生产先进技术、新设备、新工艺新经验；主持重大伤亡事故的调查分析，提出处理意见和改进措施，并督促实施。

2）企业总工程师（主任工程师或技术负责人）对本企业安全生产的技术工作负总的责任。在组织编制和审批施工组织设计（施工方案）及在采用新技术、新工艺、新设备时，必须制定相应的安全技术措施；负责提出改善劳动条件的项目和实施措施并付诸实现；进行安全技术教育；及时解决施工中的安全技术问题，参加重大伤亡事故的调查分析，提出技术鉴定意见和改进措施。

3）项目经理应对本项目的安全生产工作负领导责任。认真执行安全生产规章制度，不违章指挥，制定和实施安全技术措施，经常进行安全生产检查，消除事故隐患，制止违章作业；对职工进行安全技术和安全纪律教育；发生伤亡事故要及时上报，并认真分析事故原因，提出并实现改进措施。

4）工长、施工员、工程项目技术负责人对所管工程的安全生产负直接责任。组织实施安全技术措施，进行安全技术交底，对施工现场搭设的架子和安装电气、机械设备等安全防护装置，都要组织验收，合格后方能使用；不违章指挥、组织工人学习安全操作规程，教育工人不违章作业；认真消除事故隐患，发生工伤事故时应保护现场并立即上报。

5）班组长要模范遵守安全生产规章制度，带领本班组安全作业，认真执行安全交底，有权拒绝违章指挥；班前要对所使用的机具、设备、防护用具及作业环境进行安全检查；组织班组安全活动日，开班前安全生产会；发生工伤事故时应保护现场并立即向工长报告。

6）企业中的生产、技术、机械设备、材料、财务、教育、劳资、卫生等各职能机构，都应在各自业务范围内，对实现安全生产的要求负责。

生产部门要合理组织生产，贯彻安全规章制度和施工组织设计（施工方案）；加强现场平面管理，建立安全生产、文明生产的秩序。

技术部门要严格按照国家有关安全技术规程、标准编制设计、施工、工艺等技术文件，提出相应的安全技术措施；编制安全技术规程；负责安全设备、仪表等技术鉴定和安全技术科研项目的研究工作。

设备部门对一切机电设备，必须配齐安全防护保险装置，加强机电设备、锅炉和压力窗口的经常检查、维修、保养，确保安全运转。

财务部门要按照规定提供实现安全措施的经费，并监督其专款专用。

教育部门负责将安全教育纳入全员培训计划，组织定期不定期的职工安全技术学习。同时要配合安全部门做好新工人、调换岗位工人、特殊工种工人的培训、考核、发证工作；贯彻劳逸结合，严格控制加班加点，对因工伤残和患职业病职工及时安排适合的工作。

7）安全机构和专职人员应做好安全管理工作和监督检查工作。

## 3.2 企业各级部门及管理人员的安全责任

### 3.2.1 企业法人代表安全生产责任制

1）认真贯彻执行国家和市有关安全生产的方针政策和法规、规范，掌握本企业安全生产动态，定期研究安全工作，对本企业安全生产负全面领导责任。

2）领导编制和实施本企业中、长期整体规划及年度、特殊时期安全工作实施计划。建立健全和完善本企业的各项安全生产管理制度及奖惩办法。

3）建立健全安全生产的保证体系，保证安全技术措施经费及奖惩办法。

4）领导并支持安全管理人员或部门的监督检查工作。

5）在事故调查组的指导下，领导、组织本企业有关部门或人员，做好特大、重大伤亡事故调查处理的具体工作，监督防范措施的制定和落实，预防事故重复发生。

3.2.2 企业技术负责人安全生产责任制

1）贯彻执行国家和上级的安全生产方针、政策，协助法定代表人做好安全方面的技术领导工作，在本企业施工安全生产中负技术领导责任。

2）领导制定年度和季节性施工计划时，要确定指导性的安全技术方案。

3）组织编制和审批施工组织设计、特殊复杂工程项目或专业性工程项目施工方案时，应严格审查是否具备安全技术措施及其可行性，并提出决定性意见。

4）领导安全技术攻关活动，确定劳动保护研究项目，组织鉴定验收。

5）对本企业使用的新材料、新技术、新工艺从技术上负责，组织审查其使用和实施过程中的安全性，组织编制或审定相应的操作规程，重大项目应组织安全技术交底工作。

6）参加特大、重大伤亡事故的调查，从技术上分析事故原因，制定防范措施。

3.2.3 企业安全生产负责人安全生产责任制

1）对本企业安全生产工作负直接领导责任，协助法定代表人认真贯彻执行安全生产方针、政策、法规，落实本企业各项安全生产管理制度。

2）组织实施本企业中长期、年度、特殊时期安全工作规划、目标及实施计划，组织落实安全生产责任制。

3）参与编制和审核施工组织设计、特殊复杂工程项目或专业性工程项目施工方案。审批本企业工程生产建设项目中的安全技术管理措施，制定施工生产安全技术措施经费的使用计划。

4）领导组织本企业的安全生产宣传教育工作，确定安全生产考核指标。领导、组织外包工队长的培训、考核与审查工作。

5）领导组织本企业定期不定期的安全生产检查，及时解决施工中的不安全生产问题。

6）认真听取、采纳安全生产的合理化建议，保证本企业安全生产保障体系的正常运转。

7）在事故调查组的指导下，组织特大、重大伤亡事故的调查、分析及处理中的具体工作。

3.2.4 安全保卫科安全生产责任制

1）贯彻执行“安全第一、预防为主”的安全生产方针和国家、政府部门及公司关于安全生产和劳动保护法规及安全生产规章制度。贯彻落实安全生产操作规程，做好安全管理和监督工作，负责生产过程安全控制，辅导工地完善落实各项安全技术措施。

2）经常深入施工现场，定期组织进行安全生产和劳动纪律的检查监督和宣传教育工作，掌握安全生产工作状况，并提出建议意见。

3）杜绝违章指挥和违章作业。发现险情及时处理有权责令工地和个人暂停生产，迅速报告上级领导处理。

4）参加事故的调查处理，制定仓库危险品和有毒材料的保管和保卫制度，严防不法分子扰乱生产秩序，依法打击危及工地安全和生产的违法事件。做好与当地公安及街道社区的横向联系，搞好社会治安综合治理工作。

5）对各工程施工组织设计中的安全生产技术措施进行审查，对不符合安全要求和不够针对性的，提出完善意见。

6）督促分公司、项目部完善施工限产的保险设施，对违章作业的单位和个人按制度进行处罚，对安全生产工作有显著成绩的单位与个人按制度给予奖励，组织特殊工种上岗培训和职工的三级安全教育，定期对安全员进行监督考核和继续教育。

7）在安全生产工作上，安全科权数分配可为70%，全权执行公司安全生产工作要求和安全生产奖罚制度。

8）贯彻执行国家及市有关消防保卫的法规、规定，协助领导做好消防保卫工作。

9）制定年、季消防保卫工作计划和消防安全管理制度，并对执行情况进行监督检查，参加施工组织设计、方案的审批，提出具体建议并监督实施。

10）经常对职工进行消防安全教育，会同有关部门对特种作业人员进行消防安全考核。

11）组织消防安全检查，督促有关部门对火灾隐患进行解决。

12）负责调查火灾事故的原因，提出处理意见。

13）参加新建、改建、扩建工程项目的设计、审查和竣工验收。

3.2.5　技术科安全生产责任制

1）认真学习、贯彻执行国家和上级有关安全技术及安全操作规程规定，保障施工生产中的安全技术措施的制定与实施。

2）严格按照国家安全技术规定、规程、标准，组织编制施工现场的安全技术措施方案，编制适合本公司实际的安全生产技术规程，确保针对性。

3）检查施工组织设计和施工方案安全措施的实施情况，对施工中涉及安全方面的技术性问题，提出解决办法。

4）对施工现场的特殊设施进行技术鉴定和技术数据的换算，负责安全设施的技术改造和提高。

5）同机械设备科、安全保卫科一起共同审核工程项目的安全施工组织设计，指导工地的安全生产工作。

6）与安全保卫科一起，编制单位工程建筑面积在10000$m^2$以上的安全施工组织设计，并与公司总工程师和其他各生产管理部门一起会审。10000$m^2$以下的单位工程安全组织设计由分公司、项目部的技术、安全等职能部门负责编制，经公司总工程师和技术、安全管理部门会审批准后执行。

7）对新技术、新材料、新工艺，必须制定相应的安全技术措施和安全操作规程。

8）对改善劳动条件，减轻重体力劳动，消除噪声等方面的治理进行研究解决。

9）参加伤亡事故和重大已、未遂事故中技术性问题的调查，分析事故原因，从技术上提出防范措施。

3.2.6　材料设备科安全生产责任制

1）凡购置的各种机、电设备、脚手架、新型建筑装饰、防水等料具或直接用于安全防护的料具及设备，必须执行国家、市有关规定，必须有产品介绍或说明的资料，严格审查其产品合格证明材料，必要时做抽样试验，回收的必须检修。

2）采购的劳动保护用品，必须符合国家标准及市有关规定，并向主管部门提供情况，接受对劳动保护用品的质量监督检查。

3）认真执行《建筑工程施工现场管理基本标准》的规定及施工现场平面布置图要求，做好材料堆放和物品储存，对物品运输应加强管理，保证安全。

4）对机、电、起重设备、锅炉、受压容器及自制机械设施的安全运行负责，按照安全技术规范经常进行检查，并监督各种设备的维修、保养的进行。

5）对设备的租赁，要建立安全管理制度，确保租赁设备完好、安全可靠。

6）对新购进的机械、锅炉、受压容器及大修、维修、外租回厂后的设备必须严格检查和把关，新购进的要有出厂合格证及完整的技术资料，使用前制定安全操作规程，组织专业技术培训，向有关人员交底，并进行鉴定验收。

7）参加施工组织设计、施工方案的会审，提出涉及安全的具体意见，同时负责督促下级落实，保证实施。

8）对特种作业人员定期培训、考核。

9）参加因工伤亡及重大未遂事故的调查，从事故设备方面认真分析事故原因，提出处理意见，制定防范措施。

#### 3.2.7 财务科安全生产责任制

1）根据本企业实际情况及企业安全技术措施经费的需要，按计划及时提取安全技术措施经费、劳动保护经费及其他安全生产所需经费，保证专款专用。

2）按照国家及市对劳动保护用品的有关标准和规定，负责审查购置劳动保护用品的合法性，保证其符合标准。

3）协助安全主管部门办理安全奖、罚款的手续。

4）按照安全生产设施需要，制定安全设施的经费预算。

5）对审定的安全所需经费，列入年度预算，落实好资金并专项立账使用，督促、检查安全经费的使用情况。

6）负责安全生产奖罚的收付工作，保证奖罚兑现。

### 3.3 施工项目管理人员及生产人员的安全责任

#### 3.3.1 项目经理安全生产责任制

1）项目经理是工程施工安全生产第一负责人，全面负责工程施工全过程的安全生产、文明卫生、防火工作，遵守国家法令，执行上级安全生产规章制度，对劳动保护全面负责。

2）组织落实各级安全生产责任制，贯彻上级部门的安全规章制度，并落实到施工过程管理中，把安全生产提到日常议事日程上。

3）负责搞好职工安全教育，支持安全员工作，组织检查安全生产。

4）发现事故隐患，及时按“定整改责任人、定整改措施、定整改完成时间、定整改完成人、定整改验收人”五定方针，及时落实整改。

5）发生工伤事故时，及时抢救，保护现场，上报上级部门。

6）不准违章指挥与强令职工冒险作业。

3.3.2 技术员安全生产责任制

1）遵守国家法令，学习熟悉安全生产操作规程，执行上级安全部门的规章制度。

2）根据施工技术方案中的安全生产技术措施，提出技术实施方案和改进方案中的技术措施要求。

3）在审核安全生产技术措施时，发现不符合技术规范要求的，有权提出更改完善意见，使之完善纠正。

4）按照技术部门编制的安全技术措施，根据施工现场实际补充编制分项分类的安全技术措施，使之完善和充实。

5）在施工过程中，对现场安全生产有责任进行管理，发现隐患，有权督促纠正、整改、通知安全员落实整改并汇报项目经理。

6）对施工设施和各类安全保护、防护物品，进行技术鉴定和提出结论性意见。

3.3.3 安全员安全生产责任制

1）负责施工现场的安全生产、文明卫生、防火管理工作，遵守国家法令，认真学习熟悉安全生产规章制度，努力提高专业知识和管理水准，加强自身建设。

2）经常及时检查施工现场的安全生产工作，发现隐患及时采取措施进行整改，并及时汇报项目经理处理。

3）坚持原则，对违章作业，违反安全操作规程的人和事，决不姑息，敢于阻止和教育。

4）对安全设施的配置提出合理意见，提交项目经理解决，如得不到解决，应责令暂停施工，报公司处理。

5）安全员有权根据公司有关制度进行监督，对违纪者进行处罚，对安全先进者上报公司奖励。

6）发生工伤事故时，及时保护现场，组织抢救及立即报告项目经理和上报公司。

7）做好安全技术交底工作，强化安全生产、文明卫生、防火工作的管理。

3.3.4 施工员安全生产责任制

1）遵守国家法令，学习熟悉安全技术措施，在组织施工过程中同时安排落实安全生产技术措施。

2）检查施工现场的安全工作是施工员本身应尽的职责，在施工中同时检查各安全设施的规范要求和科学性，发现不符规范要求和科学性的，及时调整，并汇报项目经理。

3）施工过程中，发现违章现象或冒险作业，协同安全员共同做好工作，及时阻止和纠正，必要时暂停施工，汇报项目经理。

4）在施工过程中，生产与安全发生矛盾时，必须服从安全，暂停施工，待安全整改和落实安全措施后，方准再施工。

5）施工过程中，发现安全隐患，及时告诉安全员和项目经理采取措施，协同整改，确保施工全过程中的安全生产。

3.3.5 质检员安全生产责任制

1）遵守国家法令，执行上级有关安全生产规章制度，熟悉安全生产技术措施。

2）在质量监控的同时，顾及安全设施的状况与使用功能和各部位洞口保护状况，发现不佳之处，及时通知安全员，落实整改。

3）悬空结构的支撑，应考虑安全系数，不准由于支撑质量不佳，引起坍塌，造成安全事故发生。

4）在施工中，结构安装的预制构件的质量应严格控制与验收，避免因构件不合格造成断裂坍塌，带来安全事故的发生。

5）在质量监控过程中，发现安全隐患，立即通知安全员或项目经理，同时有权责令暂停施工，待处理好安全隐患后，再行施工。

3.3.6　防火消防员安全生产责任制

1）遵守国家法令、学习熟悉安全防火法令、法规，宣传执行有关安全防火的规章制度。

2）经常检查施工现场、宿舍、食堂、仓库等地的安全、防火工作，发现火险隐患，立即采取有效措施整改。

3）对于各类防火器械的配备布置要求，及时提出合理意见，并按期更换药物和维修保养。

4）发现火灾隐患，通知立即整改，同时有权暂停施工，待消除火灾隐患，再行施工。

5）发生火灾，立即会同工地负责人组织指挥灭火，并报火警“119”，使损失减少到最低限度。

3.3.7　资料员安全生产责任制

1）遵守国家法令，学习熟悉安全生产技术操作规程和安全资料的编制要求。

2）按时、按规定做好安全技术资料，使之真实完整。

3）深入施工现场，配合安全员检查安全生产，做好记录，使安全资料符合施工现场实际。

4）如实做好资料，不准不了解施工现场情况便做记录，导致安全资料空虚不切实际。

5）坚持原则，杜绝作假，并可以报告上级处理。

3.3.8　材料员安全生产责任制

1）学习熟悉安全技术规范，遵守国家法令，执行上级部门关于安保方面的有关规定。

2）在采购安全设施、材料物品，劳动保护用品时，应保证产品质量，决不能以次充好和采购伪劣产品入库，安全防护用品必须有“三证一票”，即生产许可证、产品合格证、安鉴证和正式发票。

3）购买安全设施和劳保用品及防护材料时，应认准国家批准的设施和物品，同时取得合格品证件。

4）对上门销售的安全设施和劳保防护物品，除国家与有关部门认可的外一律不准采购，以防次品与伪劣产品危害安全。

5）应廉洁奉公，不贪小利，坚持原则，保证设施与物品的质量，有权拒绝指令购买次品与伪劣物品，并报告上级处理。

3.3.9　各生产班组和职工安全生产责任制

1）遵守国家法令和安全生产操作规程与规章制度，不违章作业，有权拒绝违章指挥和安全设施不完善的危险区域施工。无有效安全措施的有权停止作业，汇报项目经理提出整改意见。

2）正确使用劳动保护用品和安全设施，爱护机械电器等施工设备，不准非本工种人员操作机械、电器。

3）学习熟悉安全技术操作规程和上级安全部门的规章制度，遵守安全生产“六大纪律”和相关安全技术措施，努力提高自我保护意识和增强自我保护能力。

4）职工之间，应相互监督，制止违章作业和冒险作业，发现隐患及时报告项目经理和安全员立即整改，在确保安全的前提下安全作业。

5）发生工伤事故，及时抢救，并立即报告领导，保护现场，如实向上级反映情况。

### 3.4 安全管理目标责任考核制度及考核办法

企业应根据自己的实际情况制定安全生产责任制及其考核办法。企业应成立责任制考核领导小组，并制定责任制考核的具体办法，进行考核并有相应考核记录。工程项目部项目经理由企业考核，各管理人员由项目经理组织有关人员考核。考核时间可为每月一小考，半年一中考，一年一总考。

考核办法的制定可参考以下内容：

1）组织领导（成立安全生产责任制考核领导小组）。

2）以文件的形式建立考核的制度，确保考核工作认真落实。

3）严格考核标准、考核时间、考核内容。

4）要和经济效益挂钩，奖罚分明。

5）不走过场，要加强透明度，实行群众监督。

6）考核依据为《管理人员安全生产责任目标考核表》。

项目考核办法如下：

1）项目工程开工后，企业安全生产责任制考核领导小组应负责对项目各级各部门及管理人员安全生产责任目标考核。

2）考核对象：项目经理、施工技术人员、施工管理人员、安全员、班组长等。

3）考核程序：项目经理和安全员由公司（分公司）考核，其他管理人员由项目经理组织有关人员进行考核。

4）考核时间：可根据企业和项目部实际情况进行，每月至少一次。

5）考核内容：根据安全生产责任制，结合安全管理目标，按考核表中内容进行考核。

6）考核结果应及时张榜公示，同时，根据考核结果对优秀者及不合格者给予奖励或处罚。

## 课题4 施工安全技术措施

### 4.1 施工安全技术措施一般规定

安全技术措施是指为防止工伤事故和职业病的危害，从技术上采取的措施。在工程施工中，是指针对工程特点、环境条件、劳动组织、作业方法、施工机械、供电设施等制定确保安全施工的措施，安全技术措施也是建设工程项目管理实施规划或施工组织设计的重要组成部分。

施工安全技术措施包括安全防护设施的设置和安全预防措施，主要有17个方面的内容，如防火、防毒、防爆、防汛、防尘、防坍塌、防物体打击、防机械伤害、防溜车、防高空坠落、防交通事故、防寒、防暑、防疫、防环境污染等方面的措施。

## 4.2 施工安全技术措施编制依据和编制要求

### 4.2.1 编制依据

建设工程项目施工组织或专项施工方案中必须有针对性的安全技术措施，特殊和危险性大的工程必须编制专项施工方案或安全技术措施。安全技术措施或专项施工方案的编制依据有：

1）国家和地方有关安全生产、劳动保护、环境保护和消防安全等的法律、法规和有关规定；

2）建设工程安全生产的法律和标准规程；

3）安全技术标准、规范和规程；

4）企业的安全管理规章制度。

### 4.2.2 编制的要求

（1）及时性

1）安全技术措施在施工前必须编制好，并且审核审批后正式下达项目经理部以指导施工；

2）在施工过程中，发生设计变更时，安全技术措施必须及时变更或做补充，否则不能施工；施工条件发生变化时，必须变更安全技术措施内容，并及时经原编制、审批人员办理变更手续，不得擅自变更。

（2）针对性

1）针对工程项目的结构特点，凡在施工生产中可能出现的危险源，必须从技术上采取措施，消除危险，保证施工安全。

2）针对不同的施工方法和施工工艺制定相应的安全技术措施。

不同的施工方法要有不同的安全技术措施，技术措施要有设计、有安全验算结果、有详图、有文字说明。

根据不同分部分项工程的施工工艺可能给施工带来的不安全因素，从技术上采取措施保证其安全实施。按《建设工程安全生产管理条例》规定，土方工程、基坑支护、模板工程、起重吊装工程、脚手架工程及拆除、爆破工程等必须编制专项施工方案，深基坑、地下暗挖工程、高大模板工程的专项施工方案，还应当组织专家进行论证审查。

编制施工组织设计或施工方案在使用新技术、新工艺、新设备、新材料的同时，必须制定相应的安全技术措施。

3）针对使用的各种机械设备、用电设备可能给施工人员带来的危险，从安全保险装置、限位装置等方面采取安全技术措施。

4）针对施工中有毒、有害、易燃、易爆等作业可能给施工人员造成的危害，制定相应的防范措施。

5）针对施工现场及周围环境中可能给施工人员及周围居民带来的危险，以及材料、设备运输的困难和不安全因素，制定相应的安全技术措施。

6）针对季节性、气候施工的特点，编制施工安全措施，具体有：雨期施工安全措施；冬期施工安全措施；夏季施工安全措施等。

（3）可操作性、具体性

1）安全技术措施及方案必须明确具体、可操作性，能具体指导施工，绝不能一般化和形式化。

2）安全技术措施及方案中必须有施工总平面图，在图中必须对危险的油库、易燃材料库、变电设备以及材料、构件的堆放位置、塔式起重机、井字架或龙门架、搅拌机的位置等按照施工需要和安全堆放的要求明确定位，并提出具体要求。

3）安全技术措施及方案的编制劳动保护、环保、消防等法律人员必须掌握工程项目概况、施工方法、场地环境等第一手资料，并熟悉有关安全生产法规和标准，具有一定的专业水平和施工经验。

## 4.3 安全技术措施的编制内容

（1）一般工程

场内运输道路及人行通道的布置；一般基础和桩基础施工方案；主体结构施工方案；主体装修工程施工方案；临时用电技术方案；临边、洞口及交叉作业、施工防护安全技术措施；安全网的架设范围及管理要求；防水施工安全技术方案；设备安装安全技术方案；防火、防毒、防爆、防雷安全技术措施；临街防护、临近外架供电线路、地下供电、供气、通风、管线，毗邻建筑物防护等安全技术措施；群塔作业安全技术措施；中小型机械安全技术措施；冬、夏雨期施工安全技术措施；新工艺、新技术、新材料施工安全技术措施等。

（2）单位工程安全技术措施

对于结构复杂、危险性大、特性较多的特殊工程，应单独编制专项施工方案，如土方工程、基坑支护、模板工程、起重吊装工程、脚手架工程及拆除、爆破工程等，专项施工方案中要有设计依据、有安全验算结果、有详图、有文字说明。

（3）季节性施工安全技术措施

高温作业安全措施：夏季气候炎热，高温时间持续较长，制定防暑降温等安全措施；

雨期施工安全方案：雨期施工，制定防止触电、防雷、防塌、防台风等安全技术措施；

冬期施工安全方案：冬期施工，制定防火、防风、防滑、防煤气中毒、防冻等安全措施。

## 4.4 安全技术措施及方案审批、变更管理

（1）安全技术措施及方案审批管理。

1）一般工程安全技术措施及方案由项目经理部项目工程师审核，项目经理部技术负责人审批，报公司管理部、安全部备案。

2）重要工程安全技术措施及方案由项目经理部技术负责人审批，公司管理部、安全部复核，由公司技术发展部或公司部工程师委托技术人员审批并在公司管理部、安全部备

案。

3）大型、特大工程安全技术措施及方案由项目经理部技术负责人组织编制报公司技术发展部、管理部、安全部审核，按《条例》规定，深基坑、高大模板工程、地下暗挖工程等必须进行专家论证审查，经同意后方可实施。

(2) 安全技术措施及方案变更管理

1）施工过程中如发生设计变更，原定的安全技术措施也必须随着变更，否则不准施工。

2）施工过程中确实需要修改拟定的安全技术措施时，必须经编制人同意，并办理修改审批手续。

## 4.5 安全技术交底

安全技术交底是指导工人安全施工的技术措施，是工程项目安全技术方案的具体落实。安全技术交底一般由项目经理部技术管理人员根据分部分项工程的具体要求、特点和危险因素编写，是操作者的指令性文件，因而，要具体、明确、针对性强。

(1) 安全技术交底应符合以下规定

1）安全技术交底实行分级交底制度。开工前，项目技术负责人要将工程概况、施工方法、安全技术措施等情况向工地负责人、工长交底，必要时向全体职工进行交底；工长安排班组长工作前，必须进行书面的安全技术交底，两个以上施工队和工种配合时，工长应要按工程进度定期或不定期向有关班组长进行交叉作业的安全交底；班组长应每天对工人进行施工要求、作业环境等全方面交底。

2）结构复杂的分部分顶工程施工前，项目经理、技术负责人应有针对性地进行全面、详细的安全技术交底。

(2) 安全技术交底的基本要求

1）项目经理部必须实行逐级安全技术交底制度，纵向延伸到班组全体作业人员。

2）技术交底必须具体、明确、针对性强。

3）技术交底的内容应针对分部分项工程施工中给作业人员带来的潜在隐含危险因素和存在问题。

4）应优先采用新的安全技术措施。

5）应将工程概况、施工方法、施工程序、安全技术措施等向工长、班组长、作业人员进行详细交底。

6）定期向由两个以上作业队伍和多工种进行交叉施工的作业队伍进行书面交底。

7）保留书面安全技术交底等签字记录。

(3) 安全技术交底主要内容

1）本工程项目的施工作业特点和危险点；

2）针对危险点的具体预防措施；

3）应注意安全事项；

4）相应的安全操作规程和标准；

5）发生事故后应及时采取的避难和急救措施。

# 课题5 施工安全教育

## 5.1 施工安全教育的意义与目的

安全是生产赖以正常进行的前提，也是社会文明与进步的重要尺度之一，而安全教育又是安全管理工作的重要环节，安全教育的目的，是提高全员安全素质、安全管理水平和防止事故、实现安全生产。

安全教育是提高全员安全素质，实现安全生产的基础。通过安全教育，提高企业各级生产管理人员和广大职工搞好安全工作的责任感和自觉性，增强安全意识，掌握安全生产的科学知识，不断提高安全管理水平和安全操作技术水平，增强自我防护能力。

安全工作是生产活动紧密联系的，与经济建设、生产发展、企业深化改革、技术改造同步进行，只有加强安全教育工作才能使安全工作不断适应改革形势的要求。企业实行承包经营责任制，促进了经济发展，给企业带来了活力。但是，一些企业在承包中片面追求经济效益的短期行为，以包代管，出现拚设备、拚体力，违章指挥、违章作业。尤其是大批的农民工进城从事建筑施工，伤亡事故增多。其中，重要原因之一，是安全教育没有跟上，安全意识淡薄、安全素质差。因此，在经济改革中，强化安全教育是十分重要的。

## 5.2 安全教育的内容

安全教育，主要包括安全生产思想、安全知识、安全技术技能和法制教育四个方面的内容。

(1) 安全生产思想教育

1) 安全生产思想教育。首先提高各级领导和全体员工对安全生产重要意义的认识，从思想上认识搞好安全生产的重要意义，以增强关心人、保护人的责任感，树立牢固的群众观念；其次是通过安全生产方针、政策教育，提高各级领导和全体员工的政策水平，使他们正确全面地理解国家的安全生产方针政策，严肃认真地执行安全生产法律法规和规章制度。

2) 劳动纪律的教育。使全体员工懂得严格执行劳动纪律对实现安全生产的重要性，劳动纪律是劳动者进行共同劳动时必须遵守的规则和秩序。反对违章指挥，反对违章作业，严格执行安全操作规程。遵守劳动纪律是贯彻“安全第一，预防为主”的方针，减少伤亡事故，实现安全生产的重要保证。

(2) 安全知识教育

企业所有员工都应具备安全基本知识。因此，全体员工必须接受安全知识教育和每年按规定学时进行安全培训。安全基本知识教育的主要内容有企业的生产经营概况，施工生产流程、主要施工方法，施工生产危险区域及其安全防护的基本知识和注意事项，机械设备场内运输知识，电气设备（动力照明）、高处作业、有毒有害原材料等安全防护基本知识，以及消防器材使用和个人防护用品的使用知识等。

(3) 安全技能教育

安全技能教育，就是结合本工种专业特点，实现安全操作、安全防护所必须具备的基本技能知识要求。每个员工都要熟悉本工种、本岗位专业安全技能知识。安全技能知识是比较专门、细致和深入的知识，它包括安全技术、劳动卫生和安全操作规程。国家规定建筑业从事登高架设、起重、焊接、电气、爆破、压力容器、锅炉等特种作业人员必须进行专门的安全技能培训，经考试合格，持证上岗。

(4) 法制教育

法制教育就是要采取各种有效形式，以员工进行安全生产法律法规、行政法规和规章制度方面教育，从而提高全体员工学法、知法、懂法、守法的自觉性，以达到安全生产的目的。

## 5.3 施工现场常用几种安全教育形式

### 5.3.1 新工人三级安全教育

1) 三级安全教育是企业必须坚持的安全生产基本教育制度。对新工人（包括新招收的合同工、临时工、学徒工、劳务工及实习和代培人员）都必须进行公司（厂）、项目、班组的三级安全教育。

2) 三级安全教育一般由安全、教育和劳资等部门配合组织进行。经教育考试合格者才准许进入生产岗位。不合格者必须补课、补考。

3) 对新工人的三级安全教育，要建立档案，职工安全生产教育卡等，新工人工作一个阶段后还应进行重复性的安全再教育，以加深安全的感性和理性认识。

4) 三级安全教育的主要内容

公司（厂）进行安全基本知识、法规、法制教育、主要内容是：

①党和国家的安全生产方针；

②安全生产法规、标准和法制观念；

③本单位施工（生产）过程及安全生产规章制度，安全纪律；

④本单位安全生产的形势及历史上发生的重大事故及应吸取的教训；

⑤发生事故后如何抢救伤员、排险、保护现场和及时报告。

工程处（项目部、车间）进行现场规章制度和遵章守纪教育，主要内容是：

①本单位（工程处、项目部、车间）施工安全生产基本知识；

②本单位（包括施工、生产场地）安全生产制度、规定及安全注意事项；

③本工种的安全技术操作规程；

④机械设备、电气安全及高空作业安全基本知识；

⑤防毒、防尘、防火、防爆知识及紧急情况安全处置和安全疏散知识；

⑥防护用品发放标准及防护用具、用品使用的基本知识。

班组安全生产教育由班组长主持进行，或由班组安全员及指定技术熟练、重视安全生产的老工人讲解。进行本工种岗位安全操作班组安全制度、纪律教育。主要内容包括：

①本班组作业特点及安全操作规程；

②班组安全生产活动制度及纪律；

③爱护和正确使用安全防护装置（设施）及个人劳动防护用品；

④本岗位易发生事故的不安全因素及防范对策；

⑤本岗位的作业环境及使用的机械设备、工具的安全要求。

5.3.2　特种作业人员的培训

1）1986年3月1日起实施的《特种作业人员安全技术考核管理规划》(GB 5306—1985)是我国第一个特种作业人员安全管理方面的国家标准。对特种作业的定义、范围、人员条件和培训、考核、管理都做了明确的规定。

2）特种作业的定义是“对操作者本人，尤其是对他人和周围设施的安全有重大危害因素的作业，称为特种作业”。直接从事特种作业者，称为特种作业人员。

3）特种作业的范围：电工、电（气）焊工、架子工、司炉工、爆破工、机械操作工、起重工、塔吊司机及指挥人员、人货两用电梯司机、信号指挥、厂内车辆驾驶、起重机机械拆装作业人员、物料提升机。

4）从事特种作业的人员，必须经国家规定的有关部门进行安全教育和安全技术培训，并经考核合格取得操作证者，方准独立作业。

5.3.3　经常性教育

1）经常性的普及教育贯穿于管理工作的全过程，并根据接受教育对象的不同特点，采取多层次、多渠道和多种方法进行，可以取得良好的效果。

经常性教育主要内容包括：

①上级的劳动保护、安全生产法规及有关文件、指示；

②各部门、科室和每个职工的安全责任；

③遵章守纪；

④事故案例及教育和安全技术先进经验、革新成果等。

2）采用新技术、新工艺、新设备、新材料和调换工作岗位时，要对操作人员进行新技术操作和新岗位的安全教育，未经教育不得上岗操作。

3）班组应每周安排一次安全活动日，可利用班前和班后进行。其内容是：

①学习党、国家和上级主管部门及企业随时下发的安全生产规定文件和操作规程；

②回顾上周安全生产情况，提出下周安全生产要求；

③分析班组工人安全思想动态及现场安全生产形势，表扬好人好事和需吸取的教训。

4）适时安全教育。根据建筑施工的生产特点进行“五抓紧”的安全教育，即：

①工程突击赶任务，往往不注意安全，要抓紧安全教育；

②工程接近收尾时，容易忽视安全，要抓紧安全教育；

③施工条件好时，容易麻痹，要抓紧安全教育；

④季节气候变化，外界不安全因素多，要抓紧安全教育；

⑤节假日前后，思想不稳定，要抓紧安全教育，使之做到警钟长鸣。

5）纠正违章教育。企业对由于违反安全规章制度而导致重大险情或未遂事故的，进行违章纠正教育。教育内容为：违反的规章条文，它的意义及其危害，务必使受教育者充分认识自身的过失和吸取教训。至于情节严重的违章事件，除教育责任者本人外，还应通过适当的形式以现身说法，扩大教育面。

# 课题6 安 全 检 查

## 6.1 安全检查的目的与意义

### 6.1.1 安全检查的目的

1）预防伤亡事故或把事故降下来，把伤亡事故频率和经济损失降到低于社会容许的范围及国际同行业的先进水平。

2）不断改善生产条件和作业环境，达到最佳安全状态。但是，由于安全是与生产同时存在的，因此危及劳动者的不安全因素也同时存在，事故的原因也是复杂和多方面的。为此，必须通过安全检查对施工（生产）中存在的不安全因素进行预测、预报和预防。

### 6.1.2 安全生产检查的意义

1）通过检查，可以发现施工（生产）中的不安全（人的不安全行为和物的不安全状态）、不卫生问题，从而采取对策，消除不安全因素，保障安全生产；

2）利用安全生产检查，进一步宣传、贯彻、落实党和国家安全生产方针、政策和各项安全生产规章制度；

3）安全检查实质也是一次群众性的安全教育。通过检查，增强领导和群众安全意识，纠正违章指挥、违章作业，提高搞好安全生产的自觉性和责任感；

4）通过检查可以互相学习，总结经验，取长补短，有利于进一步促进安全生产工作；

5）通过安全生产检查，了解安全生产状态，为分析安全生产形势，研究加强安全管理提供信息和依据。

## 6.2 安全检查的形式

(1) 主管部门（包括中央、省、市级建设行政主管部门）对下属单位进行的安全检查

这类检查，能对本行业的特点、共性和主要问题进行检查，并有针对性、调查性，也有批评性。同时通过检查总结，扩大（积累）安全生产经验，对基层推动作用较大。

(2) 定期安全检查

企业内部必须建立定期分级安全检查制度，由于企业规模、内部建制等不同，要求也不能千篇一律。一般中型以上的企业（公司)，每季度组织一次安全检查；工程处（项目处、附属厂）每月或每周组织一次安全检查。每次安全检查应由单位领导或总工程师（技术领导）带队，由工会、安全、动力设备、保卫等部门派员参加。这种制度性的定期检查内容，属全面性和考核性的检查。

(3) 专业性安全检查

专业安全检查应由企业有关业务部门组织有关人员对某项专业（如：垂直提升机、脚手架、电气、塔吊、压力容器、防尘防毒等）的安全问题或在施工（生产）中存在的普遍性安全问题进行单项检查。这类检查专业性强，也可结合评比进行，参加专业安全检查的人员，主要应由专业技术人员、懂行的安全技术人员和有实际操作、维修能力的工作人员参加。

(4) 经常性的安全检查

在施工（生产）过程中进行经常性的预防检查。能及时发现隐患，消除隐患，保证施工（生产）的正常进行，通常有：

1）班组进行班前、班后岗位安全检查；

2）各级安全员及安全值班人员日常巡回安全检查；

3）各级管理人员在检查生产同时检查安全。

(5) 季节性及节假日前后安全检查

季节性安全检查是针对气候特点（如：冬季、夏季、雨季、风季等）可能给施工（生产）带来危害而组织的安全检查。节假日（特别是重大节日，如：元旦、劳动节、国庆节）前、后防止职工纪律松懈、思想麻痹等进行的检查。检查应由单位领导组织有关部门人员进行。节日加班，更要重视对加班人员的安全教育，同时认真检查安全防范措施的落实。

(6) 施工现场还要经常进行自检、互检和交接检查

1）自检：班组作业前、后对自身所处的环境和工作程序进行安全检查，可随时消除不安全隐患。

2）互检：班组之间开展的安全检查。可以做到互相监督、共同遵章守纪律。

3）交接检查：上道工序完毕，交给下道工序使用前，应由工地负责人组织工长、安全员、班组及其他有关人员参加，进行安全检查或验收，确认无误或合格后，方能交给下道工序使用。如：脚手架、井字架与龙门架、塔吊等，在搭设好使用前，都要经过交接检查。

## 6.3 安全检查的主要内容

1）查思想。主要检查企业的领导和职工对安全生产工作的认识。

2）查管理。主要检查工程的安全生产管理是否有效。主要内容包括：安全生产责任制，安全技术措施计划，安全组织机构，安全保证措施，安全技术交底，安全教育，持证上岗，安全设施，安全标识，操作规程，违规行为，安全记录等。

3）查隐患。主要检查作业现场是否符合安全生产、文明生产的要求。

4）查事故处理。对安全事故的处理应达到查明事故原因、明确责任并对责任者进行处理、明确和落实整改措施等要求。同是还应检查对伤亡事故是否及时报告、认真调查、严肃处理。

安全检查的重点是违章指挥和违章作业。安全检查后应编制安全检查报告，说明已达标项目、未达标项目、存在问题及原因分析、纠正和预防措施。

## 6.4 安全检查的注意事项

1）安全检查要深入基层，紧紧依靠职工，坚持领导与群众相结合的原则，组织好检查工作。

2）建立检查的组织领导机构，配备适当的检查力量，挑选具有较高技术业务水平人员参加。

3）做好检查的各项准备工作，包括思想、业务知识、法规政策和检查设备、奖金的

准备。

4）明确检查的目的和要求。既要严格要求，又要防止一刀切，要从实际出发，分清主、次矛盾，力求实效。

5）把自查与互查有机结合起来，基层以自检为主，企业内相应部门间互相检查，取长补短，相互学习和借鉴。

6）坚持查改结合。检查不是目的，只是一种手段，整改才是最终目的。发现问题，要及时采取切实有效的防范措施。

7）建立检查档案。结合安全检查表的实施，逐步建立健全检查档案，收集基本的数据，掌握基本安全状况，为及时消除隐患提供数据，同时也为以后的职业健康安全检查奠定基础。

8）在制定安全检查表时，应根据用途和目的具体确定安全检查表的种类。安全检查表的主要种类有：设计用安全检查表；厂级安全检查表，车间安全检查表；班组及岗位安全检查表；专业安全检查表等。制定安全检查表要在安全技术部门的指导下，充分依靠职工来进行。初步制定出来的检查表，要经过群众的讨论，反复试行，再加以修订，最后由安全技术部门审定后方可正式实行。

## 6.5 建筑施工安全检查标准（JGJ 59—99）

### 6.5.1 检查分类及评分方法

1）对建筑施工中易发生伤亡事故的主要环节、部位和工艺等的完成情况做安全检查评价时，应采用检查评分表的形式，分为安全管理、文明工地、脚手架、基坑支护与模板工程、“三宝”“四口”的防护、施工用电、物料提升机与外用电梯、塔吊、起重吊装和施工机具共十项分项检查评分表和一张检查评分汇总表。

2）各分项检查评分表中，满分为 100 分。表中各检查项目得分应为按规定检查内容所得分数之和。每张表总得分应为各自表内各检查项目实得分数之和。

3）在检查评分中，当保证项目中有一项不得分或保证项目小计得分不足 40 分时，此检查评分表不应得分。

4）汇总满分为 100 分。各分项检查表在汇总表中所占的满分分值应分别为：安全管理 10 分、文明施工 20 分、脚手架 10 分、基坑支护与模板工程 10 分、“三宝”“四口”防护 10 分、施工用电 10 分、物料提升机与外用电梯 10 分、塔吊 10 分、起重吊装 5 分和施工机具 5 分。在汇总表中各分项项目实得分数应按下式计算：

分项实得分 =（分项在汇总表中应得分 × 该分项在检查评分表中实得分）/100，汇总表总得分应为表中各分项项目实得分数之和。

5）建筑施工安全检查评分，应以汇总表的总得分及保证项目达标与否，作为对一个施工现场安全生产情况的评价依据，分为优良、合格、不合格三个等级。

优良。保证项目分值均应达到规定得分标准，汇总表得分值应在 80 分及其以上。

合格。①保证项目分值均应达到规定得分标准，汇总表得分值应在 70 分及其以上；②有一份表未得分，但汇总表得分值必须在 75 分及其以上；③当起重吊装检查评分表或施工机具检查评分表未得分，但汇总表得分值在 80 分及其以上。

不合格。①汇总表得分值不足 70 分；②有一份表未得分，且汇总表得分在 75 分以下；

③当起重吊装检查评分表或施工机具检查评分表未得分，且汇总表得分值在80分以下。

6）分值的计算方法

①汇总表中各项实得分数计算方法：

分项实得分＝（该分项在汇总表中应得分×该分项在检查评分表中实得分）/100

**【例8-1】** “安全管理检查评分表”实得85分，换算在汇总表中“安全管理”分项实得分为多少？

分项实得分＝(10×85)/100＝8.5(分)

②汇总表中遇有缺项时，汇总表总分计算方法：

缺项的汇总表分＝（实查项目实得分值之和/实查项目应得分值之和）×100

**【例8-2】** 如工地没有塔吊，则塔吊在汇总表中有缺项，其他各分项检查在汇总表实得分82分，计算该工地汇总表实得分为多少？

缺项的汇总表分＝(82/90)×100＝91.1(分)

③分表中遇有缺项时，分表总分计算方法：

缺项的分表分＝实查项目实得分值之和/实查项目应得分值之和×100

**【例8-3】** “施工用电检查评分表”中，“外电防护”缺项（该项应得分值为20分），其他各项检查实得分为60分，计算该分表实得多少分？换算到汇总表中应为多少分？

缺项的分表分＝60/（100－20）×100＝75（分）

汇总表中施工用电分项实得分＝10×75/100＝7.5（分）

④分表中遇保证项目缺项时，“保证项目小计得分不足40分，评分表得0分”，计算方法即：

实行分与应得分之比＜66.7%时，评分表得0分（40/60＝66.7%）

**【例8-4】** 如施工用电检查表中，外电防护这一保证项目缺项（该项为20分），另有其他“保证项目”检查实得分合计为20分（应得分值为40分），该分项检查表是否能得分？

$$20/40 = 50\% < 66.7\%$$

则该分项检查表计0分

⑤在各汇总表的各分项中，遇有多个检查评分表分值时，则该分项得分应为各单项实得分数的算术平均值。

**【例8-5】** 某工地多种脚手架和多台塔吊，落地式脚手架实得分为86分、悬挑脚手架实得分为80分；甲塔吊实得分为90分、乙塔吊实得分为85分。计算汇总表中脚手架、塔吊实得分值多少？

脚手架实得分＝（86＋80）/2＝83（分）

换算到汇总表中分值＝10×83/100＝8.3（分）

塔吊实得分＝（90＋85）/2＝87.5（分）

换算到汇总表中分值＝10×87.5/100＝8.75（分）

### 6.5.2 检查评分表

1）建筑施工安全检查评分汇总表主要内容应包括：安全管理、文明施工、脚手架、基坑支护与模板工程、“三宝”“四口”防护、施工用电、物料提升机与外用电梯、塔吊起重吊装和施工机具十项。该表所示得分作为对一个施工现场安生生产情况的评分依据。

2）安全管理检查评分表是对施工单位安全管理工作的评价。检查的项目应包括：安全生产责任制、目标管理、施工组织设计，分部工程安全技术交底、安全检查、安全教育、班前安全活动、特种作业持证上岗、工伤事故处理和安全标志十项内容。

3）文明施工检查评分表是对施工现场文明施工的评价。检查的项目应包括：现场围挡、封闭管理、施工场地、材料堆放、现场宿舍、现场防火、治安综合治理、施工安全标牌、生活设施、保健急救、社区服务十一项内容。

4）脚手架检查评分表分为落地式外脚手架检查评分表、悬挑式脚手架检查评分表、门型脚手架检查评分表、挂式脚手架检查评分表、吊篮脚手架检查评分表、附着式升降脚手架安全检查评分表等六种脚手架的安全检查评分表。

5）基坑支护安全检查评分表是对施工现场基坑支护工程的安全评价。检查的项目应包括：施工方案、临边防护、坑壁支护、排水措施、坑边荷载、上下通道、土方开挖、基坑支护变形监测和作业环境九项内容。

6）模板工程安全检查评分表是对施工过程中模板工作的安全评价。检查的项目应包括：施工方案、支撑系统、立柱稳定、施工荷载、模板存放、支拆模板、模板验收、混凝土强度、运输道路和作业环境十项内容。

7）“三宝”“四口”防护检查评分表是对安全帽、安全网、安全带、楼梯口、电梯井口、预留洞口、坑井口、通道口及阳台、楼板、屋面等临边使用及防护情况的评价。

8）施工用电检查评分表是对施工现场临时用电情况的评价。检查的项目应包括：外电防护、接地与接零保护系统、配电箱、开关箱、现场照明、配电线路、电器装置、变配电装置和用电档案九项内容。

9）物料提升机检查评分表是对物料提升机的设计制作、搭设和使用情况的评价。检查的项目包括：架体制作、限位保险装置、架体稳定、钢丝绳、楼层卸料平台防护、吊篮、安装验收、架体、传运系统、联络信号、卷扬机操作棚和避雷十二项内容。

10）外用电梯检查评分表是对施工现场外用电梯的安全状况及使用管理的评价。检查的内容应包括：安全装置、安全防护、司机、荷载、安装和拆卸、安装验收、架体稳定、联络信号、电气安全和避雷十项内容。

11）塔吊检查评分表是塔式起重机使用情况的评价。检查的项目应包括：力矩限制器、限位器、保险装置、附墙装置与夹轨钳、安装与拆卸、塔吊指挥、路基与轨道、电气安全、多塔作业和安装验收十项内容。

12）起重吊装安全检查评分表是对施工现场起重机吊装作业和起重吊装机械的安全评价。检查的项目应包括：施工方案、起重机械、钢丝绳与地锚、吊点、司机、指挥、地基承载力、起重作业、高空作业、作业平台、构件堆放、警戒和操作工十二项内容。

13）施工机具检查评分表是对施工中使用的平刨、圆盘锯、手持电动工具、钢筋机械、电焊机、搅拌机、气瓶、翻斗车、潜水泵和打桩机械十种施工机具安装状况的评价。

### 6.5.3 安全检查的方法

1）“看”：主要查看管理记录、持证上岗、现场标识、交接验收资料、“三宝”使用情况、“洞口”、“临边”防护情况、设备防护装置等。

2）“量”：主要是用尺进行实测实量。例如：脚手架各种杆件间距、塔吊道轨距离、电气开关箱安装高度、在建工程邻近高压线距离等。

3）“测”：用仪器、仪表实地进行测量。例如：用水平仪测量道轨纵、横向倾斜度，用地阻仪摇测地阻等。

4）“现场操作”：由司机对各种限位装置进行实际操作，检验其灵敏程度。例如：塔吊的力矩限制器、行走限位、龙门架的超高限位装置、翻斗车制动装置等等。总之、能测量的数据或操作试验，不能用估计、步量或“差不多”等来代替，要尽量采用定量方法检查。

# 课题 7　安全事故的预防与处理

## 7.1　伤亡事故的定义与分类

### 7.1.1　伤亡事故的定义

事故是指人们在进行有目的的活动过程中，发生了违背人们意愿的不幸事件，使其有目的的行动暂时或永久地停止。伤亡事故是指职工在劳动生产过程中发生的人身伤害、急性中毒事故。

### 7.1.2　伤亡事故分类

(1) 按事故产生的原因分类

按照我国《企业伤亡事故分类》（GB 6441—1986）标准规定，职业伤害事故分为 20 类：

1）物体打击：指落物、滚石、锤击、碎裂、崩块、砸伤等造成的人身伤害，不包括因爆炸而引起的物体打击；

2）车辆伤害：指被车辆挤、压、撞和车辆倾覆等造成的人身伤害；

3）机械伤害：指被机械设备或工具绞、碾、碰、割、戳等造成的人身伤害，不包括车辆、起重设备引起的伤害；

4）起重伤害：指从事各种起重作业时发生的机械伤害事故，不包括上下驾驶室时发生的坠落伤害，起重设备引起的触电及检修时制动失灵造成的伤害；

5）触电：由于电流经过人体导致的生理伤害，包括雷击伤害；

6）淹溺：由于水或液体大量从口、鼻进入肺内，导致呼吸道阻塞，发生急性缺氧而窒息死亡；

7）灼烫：指火焰引起的烧伤、高温物体引起的烫伤、强酸或强碱引起的灼伤、放射线引起的皮肤损伤，不包括电烧伤及火灾事故引起的烧伤；

8）火灾：在火灾时造成的人体烧伤、窒息、中毒等；

9）高处坠落：由于危险势能差引起的伤害，包括从架子、屋架上坠落以及平地坠入坑内等；

10）坍塌：指建筑物、堆置物倒塌以及土石塌方等引起的事故伤害；

11）冒顶片帮：指矿井作业面、巷道侧壁由于支护不当、压力过大造成的坍塌（片帮）以及顶板垮落（冒顶）事故；

12）透水：指从矿山、地下开采或其他坑道作业时，地下水意外大量涌入而造成的伤亡事故；

13）放炮：指由于放炮作业引起的伤亡事故；

14）火药爆炸：指在火药的生厂、运输、储藏过程中发生的爆炸事故；

15）瓦斯爆炸：指可燃气体、瓦斯、煤粉与空气混合，接触火源时引起的化学爆炸事故；

16）锅炉爆炸：指锅炉由于内部压力超出炉壁的承受能力而引起的物理性爆炸事故；

17）容器爆炸：指压力容器内部压力超出容器壁所能承受的压力引起的物理爆炸，容器内部可燃气体泄漏与周围空气混合遇火源而发生的化学爆炸；

18）其他爆炸：化学爆炸、炉膛、钢水包爆炸等；

19）中毒和窒息：指煤气、油气、沥青、化学、一氧化碳中毒等；

20）其他伤害：包括扭伤、跌伤、冻伤、野兽咬伤等。

（2）按事故后果严重分类

1）轻伤事故：造成职工肢体或某些器官功能性器质性轻度损伤，表现为劳动能力轻度或暂时丧失的伤害，一般每个受伤人员休息1个工作日以上，105个工作日以下；

2）重伤事故：一般指受伤人员技体残缺或视觉、听觉等器官受到严重损伤，能引起人体长期存在功能障碍或劳动能力有很大损失的伤害，或者造成每个受伤人员操作105工作日以上的失能伤害；

3）死亡事故：一次事故中死亡职工1～2人的事故；

4）重大伤亡事故：一次事故中死亡3人以上（含3人）的事故；

5）特大伤亡事故：一次死亡10人以上（含10人）的事故；

6）急性中毒事故：指生产性毒物一次或短期内通过人的呼吸道、皮肤或消化大量进入人体内，使人体在短时间内发生病变，导致职工立即中断工作，并须进行急救或死亡的事故，急性中毒的特点是发病快，一般不超过一个工作日，有的毒物因毒性有一定的潜伏期，可在下班后数小时发病。

## 7.2 预防安全事故措施

### 7.2.1 预防事故一般方式

1）约束人的不安全行为；

2）消除物的不安全状态；

3）同时约束人的不安全行为，消除物的不安全状态；

4）采取隔离防护措施，使人的不安全行为与物的不安全状态不相遇。

### 7.2.2 建立安全管理制度

（1）约束人的不安全行为的制度

1）安全生产责任制度，包括各级、各类人员的安全生产责任及各横向相关部门的安全生产责任；

2）安全生产教育制度，包括新工人入场三级安全教育、转场安全教育、变换工种安全教育、特种作业安全教育、班前安全讲话、周安全活动及各级管理人员的安全教育等；

3）特种作业管理制度，包括特种作业人员的分类、取证、培训及复审等。

（2）消除物的不安全状态的制度

1）安全防护管理制度，包括脚手架作业、洞口临边作业、高空作业、料具存放及化学危险品存放等的安全防护要求。

2）机械安全管理制度，包括塔吊及主要施工机械的安全防护技术管理要求。

3）临时用电安全管理制度，包括临时用电的安全管理要求，配电线路、配电箱、各类用电设备和照应的安全技术要求。

4）安全技术管理，包括安全技术措施及方案编制、审核、审批的基本要求、安全技术交底要求，各类安全防护用品、工具、设施、临时用电工程以及机械设备等验收要求，新技术、新工艺推广的安全要求。

(3) 起隔离防护作用的制度

1）安全生产组织管理制度，包括安全生产管理体系，安全生产管理机构的设置及人员的配备，安全生产方针和目标管理等；

2）劳动保护管理制度；

3）安全评价制度；

4）评价制度的支持系统，包括因工伤亡事故报告、统计、调查及处理制度，安全生产奖罚制度，安全生产资料管理制度。

## 7.3 安全事故的处理程序

发生伤亡事故后，负伤人员或最先发现事故的人应立即报告领导。企业对受伤人员歇工满一个工作日以上的事故，应填写伤亡事故登记表并及时上报。

企业发生重大伤亡事故，必须立即将事故概况（包括伤亡人数、发生事故的时间、地点、原因）等，用快速方法分别报告企业主管部门、行业安全管理部门和当地公安部门、人民检察院。发生重大伤亡事故，各有关部门接到报告后应立即转报各自的上级主管部门。

对于事故的调查处理，必须坚持“事故原因不查清不放过，事故责任者和群众没有受到教育不放过，没有防范措施不放过，事故责任人和责任领导不处理不放过”的“四不放过”原则，按照下列步骤进行：

### 7.3.1 迅速抢救伤员并保护好事故现场

事故发生后，现场人员不要惊慌失措，要有组织、听指挥，首先抢救伤员和排除险情，制止事故蔓延扩大，同时，为了事故调查分析需要，保护好事故现场，确因抢救伤员和排险，而必须移动现场物品时，应做出标识。因为事故现场是提供有关物证的主要场所，是调查事故原因不可缺少的客观条件。要求现场各种物件的位置、颜色、形状及其物理、化学性质等尽可能保持事故结束的原来状态。必须采取一切可能的措施，防止人为或自然因素的破坏。

### 7.3.2 组织调查

在接到事故报告后的单位领导，应立即赶赴现场组织抢救，并迅速组织调查组开展调查。轻伤、重伤事故，由企业负责人或其指定人员组织生产、技术、安全等部门及工会组成事故调查组，进行调查；伤亡事故，由企业主管部门会同企业所在地区的行政安全部门、公安部门、工会组成事故调查组，进行调查；重大伤亡事故，按照企业的隶属关系，由省、自治区、直辖市企业主管部门或国务院有关主管部门会同同级行政安全管理部门、公安部门、监察部门、工会组成事故调查组进行调查，死亡和重大事故邀请人民检察院参加，还可邀请有关专业技术人员参加。与发生事故有直接利害关系的人员不得参加调查组。

7.3.3 现场勘查

在事故发生后，调查组应速到现场进行勘查。现场勘查是技术性很强的工作，涉及广泛的科技知识和实践经验，对事故的现场勘察必须及时、全面、准确、客观。现场勘察的主要内容有：

(1) 现场笔录

1) 发生事故勘察人员姓名、单位、职务；

2) 现场勘察人员姓名、单位、职务；

3) 现场勘察起止时间、勘察过程；

4) 能量失散所造成的破坏情况、状态、程度等；

5) 设备损坏或异常情况及事故前后的位置；

6) 事故发生前劳动组合、现场人员的位置和行动；

7) 散落情况；

8) 重要物证的特征、位置及检验情况等。

(2) 现场拍照

1) 方位拍照，能反映事故现场在周围环境中的位置；

2) 全面拍照，能反映事故现场各部分之间的联系；

3) 中心拍照，反映事故现场中心情况；

4) 细目拍照，提示事故直接原因的痕迹物、致害物等；

5) 人体拍照，反映伤亡者主要受伤和造成死亡伤害部位。

(3) 现场绘图

1) 建筑物平面图、剖面图；

2) 事故时人员位置及活动图；

3) 破坏物立体图或展开图；

4) 涉及范围图；

5) 设备或工、器具构造简图等。

7.3.4 分析事故原因

1) 通过全面的调查，查明事故经过，弄清造成事故的原因，包括人、物、生产管理和技术管理等方面的问题，经过认真、客观、全面、细致、准确的分析，确定事故的性质和责任。

2) 事故分析步骤，首先整理和仔细阅读调查材料，按 GB 6441—86 标准附录 A，受伤部位、受伤性质、起因物、致害物、伤害方法、不安全状态和不安全行为等七项内容进行分析，确定直接原因、间接原因和事故责任者。

3) 分析事故原因，应根据调查所确认事实，从直接原因入手，逐步深入到间接原因。通过对直接原因和间接原因的分析，确定事故中的直接责任者和领导责任者，再根据其在事故发生过程中的作用，确定主要责任者。

4) 事故性质类别

①责任事故，就是由于人的过失造成的事故；

②非责任事故，即由于人们不能预见或不可抗力的自然条件变化所造成的事故，或是

在技术改造、发明创造、科学试验活动中，由于科学技术条件的限制发生的无法预料的事故。但是，对于能够预见并可以采取措施加以避免的伤亡事故，或没有经过认真研究解决技术问题而造成的事故，不能包括在内。

③破坏性事故，即为达到既定目的而故意制造的事故。对已确定破坏性事故的，应由公安机关认真追查破案，依法处理。

7.3.5 制定预防措施

根据对事故原因分析，制定防止类似事故再次发性的预防措施。同时，根据事故后果和事故责任人应负的责任提出处理意见。对于重大未遂事故不可掉以轻心，也应严肃认真按上述要求查找原因，分清责任，严肃处理。

7.3.6 写出调查报告

调查组应着重把事故发生的经过、原因、责任分析和处理意见以及本次事故的教训和改进工作的建议等写成报告，经调查组全体人员签字后报批。如调查中内部意见有分歧，应在弄清事实的基础上，对照法律法规进行研究，统一认识。对于个别同志仍持不有同意见的允许保留，并在签字时写明自己的意见。

7.3.7 事故的审理和结案

1）事故调查处理结论，应经有关机关审批后，方可结案。伤亡事故处理工作应当在90日内结案，特殊情况不得超过180日；

2）事故案件的审批权限，同企业的隶属关系及人事管理权限一致；

3）对事故责任的处理，应根据其情节轻重和损失大小，确定主要责任，次要责任，重要责任，一般责任，领导责任等，按规定给予处分；

4）要把事故调查处理的文件、图纸、照片、资料等记录长期完整地保存起来。

7.3.8 员工伤亡事故登记记录

1）员工重伤、死亡事故调查报告书，现场勘察资料（记录、图纸、照片）；

2）技术鉴定和试验报告；

3）物证、人证调查材料；

4）医疗部门对伤亡者的诊断结论及影印件；

5）事故调查组人员的姓名、职务，并应逐个签字；

6）企业或其主管部门对该事故所作的结案报告；

7）受处理人员的检查材料；

8）有关部门对事故的结案批复等。

7.3.9 关于工伤事故的结案批复等

1）"工人职员在生产区域中所发生的和生产有关的伤亡事故"，是指企业在册职工在企业生产活动所涉及的区域内（不包括托儿所、食堂、诊疗所、俱乐部、球场等生活区域），由于生产过程中存在的危险因素的影响，突然使人体组织受到损伤或某些器官失去正常机能，以致负伤人员立即中断工作的一切事故；

2）员工负伤后一个月内死亡，应作为死亡事故填报或补报。超过一个月死亡的，不作死亡事故统计；

3）员工在生产工作岗位干私活或打闹造成伤亡事故，不作工伤事故统计；

4）企业车辆执行生产运输任务（包括本企业职工乘坐企业车辆）行驶在场外公路上

发生的伤亡事故，一律由交通部门统计；

5）企业发生火灾、爆炸、翻车、沉船、倒塌、中毒等事故造成旅客、居民、行人伤亡，均不作职工伤亡事故统计；

6）停薪留职的职工在外单位工作发生伤亡事故由外单位负责统计报告。

## 复习思考题

1. 施工安全生产的特点是什么？
2. 施工安全管理的任务是什么？
3. 简述施工安全管理的实施程序。
4. 建设工程安全生产管理体系建立的原则是什么？
5. 简述企业法人代表、企业技术负责人、企业安全生产负责人的安全生产责任制。
6. 简述项目经理、技术员、安全员的安全生产责任制。
7. 施工安全技术措施编制依据和编制要求有哪些内容？
8. 安全技术措施的编制有哪些内容？
9. 简述安全技术交底的基本要求和交底主要内容。
10. 安全教育的目的和意义是什么？
11. 施工现场常用几种安全教育形式有哪些？
12. 安全检查有什么目的和意义？
13. 安全检查有哪些形式？
14. 安全检查有哪些主要内容？
15. 预防安全事故的措施有哪些？
16. 简述安全事故处理程序。

# 单元9　施工过程安全控制

**知识点**：本章主要介绍建筑工程施工过程安全控制的有关规定，主要工种及分项工程的安全技术措施。

**教学目标**：通过本章的学习使学生了解施工过程安全控制的基本知识，掌握施工现场安全生产的主要技术措施和重要部位的安全防护。

安全生产贯穿于从开工到竣工的施工生产全过程，因此，安全工作存在于每个分部分项工程、每道工序之中。安全生产管理不仅要监督检查安全计划和制度的贯彻实施，还应该了解建筑施工中主要安全技术和安全控制的基本知识。

## 课题1　施工现场安全控制

施工现场是建筑企业进行建筑生产的基地。杂乱的施工条件、快速的人机流、开敞的施工环境、“扰民”和“民扰”并存，这一切使得生产过程中的不安全因素极多。因此，施工现场的安全管理也是建筑安全生产中最为重要的环节。为此，《建筑法》规定：“建筑施工企业在编制施工组织设计时，应当根据建筑工程的特点制定相应的安全技术措施；对专业较强的工程项目，应当编制专项安全施工组织设计，并采取安全技术措施。”“建筑施工企业应当在施工现场采取维护安全、防范危险、预防火灾等措施；有条件的，应当对施工现场实行封闭管理”。

施工现场平面布置应有利于生产，方便职工生活，符合防洪、防火等安全要求，具备文明生产、安全生产施工技术。

### 1.1　运输道路布置

(1) 施工现场道路的最小宽度

1) 汽车单行道不小于3.5m（已考虑防火要求）；

2) 汽车双行道不小于6.0m；

3) 平板拖车单行道不小于4.0m；

4) 平板拖车双行道不小于8.0m；

5) 手推车道路不小于1.5m。

(2) 施工现场道路最小转弯半径

1) 小客车、三轮汽车不小于6.0m；

2) 一般二轴载重汽车单车道不小于9.0m，双车道不小于7.0m；有一辆拖车时不小于12.0m，有二辆拖车不小于15.0m；

3) 三轴载重汽车和重型载重汽车不小于12.0m；有一辆拖车不小于15.0m，有二辆拖车不小于 18.0m；

4）起重型载重汽车不小于 15.0m；有一辆拖车不小于 18.0m，有二辆拖车不小于 21.0m。

（3）其他要求

1）架空线及管道下面的道路，其通行空间宽度比道路宽度大 0.5m，空间高度应大于 4.5m；

2）路面应平整、压实，并高出自然地面 0.1～0.2m，雨量较大，一般沟深和底宽应不小于 0.4m；

3）道路应靠近建筑物、木料场等易发生火灾的地方，以便车辆能直接开到消防栓处。消防车道宽度不小于 3.5m；

4）道路应尽量布置成环形，否则应设置倒车场地。

### 1.2 主要施工垂直运输机械的布置

1）塔式起重机的轨道路基必须坚实稳定，两旁应设排水沟；

2）采用两台塔吊或一台塔吊另配一台井架（龙门架）施工时，塔吊的回转半径及服务范围应能保证交叉作业的安全；

3）塔吊临近高压线，应搭设防护架，并限制旋转角度；

4）塔吊一侧必须按规定挂安全网。

### 1.3 施工供电设施的布置

1）在建工程不得在高、低压线路下方施工；高、低压线路下方不得搭设作业棚、布置生活设施或堆放构件、架具、材料等。

2）在建工程（含脚手架具）的外侧边缘与外电架空线路的边线，最小安全操作距离如表 9-1 所示。

**表 9-1**

| 外电线路电压（kV） | 1 以下 | 1～10 | 35～110 | 154～220 | 330～500 |
|---|---|---|---|---|---|
| 最小安全操作距离（m） | 4 | 6 | 8 | 10 | 15 |

注：上、下脚手架的斜道严禁搭设在有外电线路的一侧。

3）架空线路与路面的垂直距离如表 9-2 所示。

**表 9-2**

| 外电线路电压（kV） | 1 以下 | 1～10 | 35 |
|---|---|---|---|
| 最小垂直距离（m） | 6 | 7 | 7 |

4）施工现场开挖非热管道沟槽的边缘与埋地电缆沟槽边缘的距离不得小于 0.5m。

5）变压器应布置在现场边缘高压线接入处，四周设有高度大于 1.7m 的铁丝网护栏，并设有明显的标志。不应把变压器布置在交通道口处。

6）线路应架设在道路一侧，距建筑物应大于 1.5m，垂直距离应在 2m 以上，木杆间距一般为 25～40m，分支线及引入线均应由杆上横担处连接。

7）线路应布置在起重机械的回转半径之外。否则必须搭设防护栏，其高度要超过线路 2m，机械运转时还应采取相应的措施，以确保安全。

8）供电线路跨过材料、构件堆场时，应有足够的安全架空距离。

### 1.4 临时设施的布置

1）施工现场要明确划分用火作业区，易燃易爆、可燃材料堆放场，易燃废品集中点和生活区等。各区域之间间距要符合防火有关规定。

2）临时宿舍尽可能建在离建筑物 20m 以外；并不得建在高压架空线路下方，应和高压架空线路保持安全距离。工棚净空不低于 2.5m。

### 1.5 消防设施的布置

1）施工现场要有足够的消防水源，消防干管管径不小于 100mm，高层建筑应安装高压水泵，竖管随施工层延伸。

2）消火栓应布置在明显并便于使用的位置，间距大于 100m，距拟建房屋不大于 5m，距路边不大于 2m。周围 3m 之内，禁止堆物。

3）临时设施，应配置足够的灭火器，总面积超过 $1200m^2$ 应配置一个种类合适的灭火器；油库、危险品仓库应配备足够数量、种类的灭火器。仓库或堆料场内，应分组布置不同种类的灭火器，每组灭火器不应少于 4 个，每组灭火器之间的距离不大于 30m。

4）应注意消防水源设备的防冻工作。

## 课题 2 地基基础工程施工安全技术

### 2.1 土方工程施工安全

建筑工程施工中土方工程量很大，特别是城市大型高层建筑深基础的施工。土方工程施工的对象和条件又比较复杂。如土质、地下水、气候、开挖深度、施工现场与设备等，对于不同的工程都不相同。施工安全在土方工程施工中是一个很突出的问题。历年来发生的工伤事故不少，而其中大部分是土方坍塌造成的。

#### 2.1.1 施工准备工作

做好现场勘察，拆除地面及地上障碍物、摸清工程实地情况、开挖土层的地质、水文情况、运输道路、邻近建筑、地下埋设物、古墓、旧人防地道、电缆线路、上下水管道、煤气管道、地面障碍物、水电供应情况等，以便有针对性地采取安全措施，消除施工区域内的地面及地下障碍物。

做好施工场地防洪排水工作，全面规划场地，平整各部分的标高，保证施工场地排水通畅不积水，场地周围设置必要的截水沟、排水沟。

保护好测量基准桩，以保证土方开挖标高位置尺寸准确无误。

准备好施工用电、用水、道路及其他设施。

需要做挡土桩的深基坑，要先做挡土桩。

2.1.2 土方开挖注意事项

1）根据土方工程开挖深度和工程量的大小，选择机械和人工挖土或机械挖土方案。

2）如开挖的基坑（槽）比邻近建筑物基础深时，开挖应保持一定的距离和坡度，以免在施工时影响邻近建筑物的稳定，如不能满足要求，应采取边坡支撑加固措施。并在施工中进行沉降和位移观测。

3）弃土应及时运出，如需要临时堆土，或留作回填土，堆土坡脚至坑边距离应按挖坑深度、边坡坡度和土的类别确定，在边坡支护设计时应考虑土附加侧压力。

4）为防止基坑底的土被扰动，基坑挖好后要尽量减少暴露时间，及时进行下一道工序的施工。如不能立即进行下一道工序。要预留 15～30cm 厚覆盖土层，等基础施工时再挖去。

基坑开挖要注意预防基坑被浸泡，引起坍塌和滑坡事故的发生。为此在制定土方施工方案时应注意采取排水措施。

2.1.3 安全措施

1）在施工组织设计中，要有单项土方工程施工方案，对施工准备、开挖方法、放坡、排水，边坡支护应根据有关规范要求进行设计，边坡支护要有设计计算书。

2）人工挖基坑时，操作人员之间要保持安全距离，一般大于 2.5m；多台机械开挖，挖土机间距应大于 10m，挖土要自上而下，逐层进行，严禁先挖坡脚的危险作业。

3）挖土方前对周围环境要认真检查，不能在危险岩石或建筑物下面进行作业。

4）基坑开挖应严格按要求放坡或设置支撑，操作时应随时注意边坡的稳定情况，特别是雨后更应加强检查，发现问题及时加固处理。

5）机械挖土，多台阶同时开挖土方时，应验算边坡的稳定。根据规定和验算确定挖土机离边坡的安全距离。

6）深基坑四周设防护栏杆并悬挂危险标志，施工人员上下要有专用爬梯；或开斜坡道，采取防滑措施，禁止踩踏支撑上下。

7）基坑（槽）挖土深度超过 3m 以上，使用吊装设备吊土时，起吊后，坑内操作人员应立即离开吊点的垂直下方，起吊设备距坑边一般不得少于 1.5m，坑内人员应戴安全帽。

8）运土道路的坡度、转弯半径要符合有关安全规定。用手推车推土、卸土时，不得放手让车自动翻转。

9）爆破土方要遵守爆破作业安全有关规定。

## 2.2 桩基工程的安全技术措施

1）机具进场要注意危桥、陡坡、陷地和防止碰撞电杆、房屋等，以免造成事故。

2）施工前应全面检查机械，发现问题要及时解决，严禁带病作业。

3）在打桩过程中遇有地坪隆起或下陷时，应随时对机架及路轨调整垫平。

4）机械司机，在施工操作时要思想集中，服从指挥信号，不得随便离开岗位，并经常注意机械运转情况，发现异常情况要及时纠正。

5）打桩时桩头垫料严禁用手拨正，不要在桩锤未打到桩顶即起锤或过早刹车，以免损坏桩机设备。

6）钻孔灌注桩在已钻成的孔尚未浇筑混凝土前，必须用盖板封严；钢管桩打桩后必须及时加盖临时桩帽；预制混凝土桩送桩入土后的桩孔必须及时用砂子或其他材料填灌，以免发生人身事故。

7）冲抓锥或冲孔锤操作时不准任何人进入落锤区施工范围内，以防砸伤。

8）成孔钻机操作时，注意钻机安定平稳，以防止钻架突然倾倒或钻具突然下落而发生事故。

9）当发生6级以上大风时，必须停止打桩作业，并将桩锤下降到最低位置。

# 课题3　脚手架搭拆安全技术

脚手架是建筑施工中必不可少的临时设施。例如砖墙的砌筑、墙面的抹灰、装饰和粉刷、结构构件的安装，都需要在其近旁搭设脚手架，以便在其上进行施工操作、堆放施工用料和必要时的短距离水平运输。脚手架虽然是随着工程进度而搭设，工程完毕后拆除，但它对建筑施工速度、工作效率、工程质量以及工人的人身安全有着直接的影响。如果脚手架搭设不及时，势必会拖延工程进度；脚手架搭设不符合施工需要，工人操作就不方便，质量得不到保证，工效也提不高，脚手架搭设不牢固，不稳定，就容易造成施工中的伤亡事故。因此，脚手架的选型、构造、搭设质量等决不可疏忽大意轻率处理。

## 3.1　脚手架施工荷载值

（1）承重架（包括砌筑、浇筑混凝土和安装用架）

脚手架安全技术规范规定为300kg/m²，为与国际荷载单位相统一和符合我国荷载规范的要求，于是就定为3000N/m²或3.0kN/m²，为了明确这3.0kN/m²荷载值的含义，相应指明脚手架上的堆砖荷载不能超过单行侧摆三层。

（2）装修架

脚手架上的施工荷载值规定为2000N/m²或2.0kN/m²。

## 3.2　多立杆式脚手架

（1）基础构造

竹、木脚手架一般将立杆直接埋于地基本土中，钢管脚手架则不将立杆直接埋于土中，而是将地表面整平夯实，垫以厚度不小于50mm的垫木或垫板，然后于垫木（或垫板）上加设钢管底座再立立杆。但不论直接埋入土中，还是加垫木，都应根据地基土的容许承载能力而对脚手架基础进行具体设计。地基土的容许承载力，当为坚硬土时，用100～120kN/m²；普通老土（包括三年以上的填土）采用80～100kN/m²；夯实的回填土则采用50～80kN/m²。

钢管脚手架基础，根据搭设高度的不同，其具体作法也有所不同：

1）一般作法。高度在30m以下的脚手架，垫木宜采用长2.0～2.5m、宽于200mm、厚50～60mm的木板，并垂直于墙面放置。若用4.0m左右长的垫板，则可平行墙面放置。

2）特殊作法。高度超过30m时，若脚手架地基为回填土，除分层夯实达到所要求的密实度外，应采用枕木支垫，或在地基上加铺20mm厚的道渣，再在其上面铺设混凝土预制板，然后沿纵向仰铺12～16号槽钢，再将脚手架立杆座放于槽钢上。脚手架高度大于

50m时，应在地面下1m深处改用灰土地基，然后再铺枕木。当内立杆处在墙基回填土之上时，除墙基边回填土应分层夯实达到所要求的密实度外，还应在地面上沿垂直于墙面的方向浇筑0.5m厚的混凝土基础，达到所规定的强度后，再在灰土上面或混凝土上面铺设枕木，架设立杆。

(2) 主要杆件

1) 立杆（也称立柱、站杆、冲天杆、竖杆等）与地面垂直，是脚手架主要受力杆件。它的作用是将脚手架上所堆放的物料和操作人员的全部重量，通过底座（或垫板）传到地基上。

2) 大横杆（也称顺水杆、纵向水平杆、牵杆等）与墙面平行，作用是与立杆连成整体，将脚手板上的堆放物料和操作人员的重量传到立杆上。

3) 小横杆（横担、横向水平杆等）与墙面垂直，作用是直接承受脚手板上的重量，并将其传到大横杆上。

4) 斜横是紧贴脚手架外排立杆，与立杆斜交与地面约成45°~60°角，上下连续设置，形成"之"字形，主要在脚手架拐角处设置，作用是防止架子沿纵长方向倾斜。

5) 剪刀撑（十字撑、十字盖）是在脚手架外侧交叉成十字形的双支斜杆，双杆互相交叉，并都与地面成45°~60°夹角。作用是把脚手架连成整体，增加脚手架的整体稳定。

6) 抛撑（支撑、压栏子）是设置在脚手架周围的支撑架子的斜杆，一般与地面成60°夹角，作用是增加脚手架横向稳定，防止脚手架向外倾斜或倾倒。

连墙杆是沿立杆的竖向不大于4m、水平方向不大于7m设置的能承受拉力和压力而与主体结构相连的水平杆件，其作用主要是承受脚手架的全部风荷载和脚手架里外排立杆不均匀下沉时所产生的荷载。

### 3.3 脚手架安全措施

1) 设置操作人员上下使用的安全扶梯、爬梯或斜道。

2) 搭设完毕后应进行检查验收，经检查合格后才准使用。特别是高层脚手架和特种工程脚手架，更应进行严格检查后才能使用。

3) 严格控制各式脚手架的施工使用荷载，特别是对于桥式、吊、挂、挑等脚手架更应严格控制施工使用荷载。

4) 在脚手架上同时进行多层作业的情况下，各作业层之间应设置可靠的防护棚档（在作业层下挂棚布、竹笆或小孔绳网等），以防止上层坠物伤及下层作业人员，任何人不准私自拆改架子。

5) 遇有立杆沉陷或悬空，节点松动、架子歪斜、杆件变形，脚手板上结冰等问题，在未解决以前应停止使用脚手架。

6) 遇有六级以上大风、大雾、大雨和大雪天气应暂停脚手架作业。雨雪后进行操作，要有防滑措施，且复工前必须检查无问题后方可继续作业。

## 课题4 砌筑工程的安全与防护措施

1) 在砌筑操作前，必须检查施工现场各项准备工作是否符合安全要求，如道路是否畅通，机具是否完好牢固，安全设施和防护用品是否齐全，经检查符合要求后才可施工。

2）施工人员进入现场必须戴好安全帽。砌砖石基础时，应检查和注意基坑土质的变化情况。堆放砖石材料应离开坑边 1m 以上。砌墙高度超过地坪 1.2m 以上时，应搭设脚手架。架上堆放材料不得超过规定荷载值，堆砖高度不得超过三皮侧砖，同一块脚手板上的操作人员不应超过二人。按规定搭设安全网。

3）不准站在墙顶上做划线、刮缝及清扫墙面或检查大角垂直等工作。不准用不稳固的工具或物体在脚手板上垫高操作。

4）砍砖时应面向墙面，工作完毕应将脚手板和砖墙上的碎砖、灰浆清扫干净，防止掉落伤人。正在砌筑的墙上不准走人。不准站在墙上做划线、刮缝、吊线等工作。山墙砌完后，应立即安装桁条或临时支撑，防止倒塌。

5）雨天或每日下班时，应做好防雨准备，以防雨水冲走砂浆，致使砌体倒塌。

6）冬期施工时，脚手板上如有冰霜、积雪，应先清除后才能上架子进行操作。

7）砌石墙时不准在墙顶或架上修石材，以免振动墙体影响质量或石片掉下伤人。不准徒手移动上墙的石块，以免压破或擦伤手指。不准勉强在超过胸部的墙上进行砌筑，以免将墙体体碰撞倒塌或上石时失手掉下造成安全事故。石块不得往下掷。运石上下时，脚手板要钉装牢固，并钉防滑条及扶手栏杆。

8）对有部分破裂和脱落危险的砌块，严禁起吊；起吊砌块时，严禁将砌块停留在操作人员的上空或在空中整修；砌块吊装时，不得在下一层楼面上进行其他任何工作；卸下砌块时应避免冲击，砌块堆放应尽量靠近楼板两端，不得超过楼板的承重能力；砌块吊装就位时，应待砌块放稳后，方可松开夹具。

## 课题5　模板安装拆除安全技术

(1) 模板施工前的安全技术准备工作

模板施工前，要认真审查施工组织设计中关于模板的设计资料，要审查下列项目：

1）模板结构设计计算书的荷载取值，是否符合工程实际，计算方法是否正确，审核手续是否齐全；

2）模板设计主要应包括支撑系统自身及支撑模板的楼、地面承受能力的强度等；

3）模板设计图包括结构构件大样及支撑体系、联接件等的设计是否安全合理，图纸是否齐全；

4）模板设计中安全措施是否周全。

当模板构件进场后，要认真检查构件和材料是否符合设计要求，例如钢模板构件是否有严重锈蚀或变形，构件的焊缝或连接螺栓是否符合要求。木料的材质以及木构件拼接节头是否牢固等。自己加工的模板构件，特别是承重钢构件其检查验收手续是否齐全。同时要排除模板工程施工中现场的不安全因素，要保证运输道路畅通，做到现场防护设施齐全。地面上的支模场地必须平整夯实。要做好夜间施工照明的准备工作，电动工具的电源线、绝缘、漏电保护装置要齐全，并做好模板垂直运输的安全施工准备工作。现场施工负责人在模板施工前要认真向有关人员作安全技术交底，特别是新的模板工艺，必须通过试验，并培训操作人员。

(2) 保证模板工程施工安全的基本要求

模板工程作业高度在 2m 和 2m 以上时，要根据高处作业安全技术规范的要求，进行操作和防护，要有可靠安全的操作架子，4m 以上或二层及二层以上周围应设安全网、防护栏杆，临街及交通要道地区施工应设警示牌，避免伤及行人。操作人员上下通行，必须通过马道，乘人施工电梯或上人扶梯等，不许攀登模板或脚手架上下，不许在墙顶、独立梁及其他狭窄而无防护栏的模板面上行走。高处作业架子上、平台上一般不宜堆放模板料，必须短时间堆放时，一定要码平稳，不能堆得过高，必须控制在架子或平台的允许荷载范围内。高处支模工人所用工具不用时要放在工具袋内，不能随意将工具、模板零件放在脚手架上，以免坠落伤人。

冬季施工，操作地点和人行通道的冰雪要在作业前，先清除掉，避免人员滑倒摔伤。五级以上大风天气，不宜进行大块模板拼装和吊装作业。

注意防火，木料及易燃保温材料要远离火源堆放。采用电热养护的模板要有可靠的绝缘、漏电和接地保护装置，按电气安全操作规范要求做。

雨季施工，高耸结构的模板作业，要安装避雷设施，其接地电阻不得大于 4Ω。沿海地区要考虑抗风和加固措施。在架空输电线路下面进行模板施工，如果不能停电作业，应采取隔离防护措施，其安全操作距离应符合表 9-3 的要求。

**架空输电线路下作业的安全操作距离** **表 9-3**

| 输电线路电压 | 1kV 以下 | 1～20kV | 35～110kV | 154kV | 220kV |
|---|---|---|---|---|---|
| 最小安全操作距离（m） | 4 | 6 | 8 | 10 | 15 |

运模板时，起重机的任何部位和被吊的物件边缘，与 10kV 以下架空线路边缘的最小水平距离不得小于 2m。如果达不到这个要求，或者施工操作距离达不到表 9-3 的要求，必须采取防护措施，增设屏障、遮栏、围护或保护网，并悬挂醒目的警告标志牌。在架设防护设施时，应有电气工程技术人员或专职安全人员负责监护。如果防护设施无法实现时，必须与有关部门协商，采取停电、迁移外电线路等措施，否则不得施工。

夜间施工，必须有足够的照明，照明电源电压不得超过 36V，在潮湿地点或易触及带电体场所，照明电源电压不得超过 24V。各种电源线，不允许直接固定在钢模板上。

模板支撑不能固定在脚手架或门窗上，避免发生倒塌或模板位移。液压滑动模板及其他特殊模板应按相应的专门安全技术规程进行施工准备和作业。

## 课题 6　钢筋加工安装安全技术

(1) 钢筋加工安装安全要求

1）钢筋加工机械的安装必须坚实稳固，保持水平位置。固定式机械应有可靠的基础，移动式机械作业时应楔紧行走轮。

2）钢筋加工机械应保证安全装置齐全有效。

3）外作业应设置机棚，机旁应有堆放原料、半成品的场地。

4）钢筋加工场地应由专人看管，非钢筋加工制作人员不得擅自进入加工场地。

5）作业后，应堆放好成品、清理场地、切断电源、锁好电闸。

6）对钢筋进行冷拉，卷扬机前应设置防护挡板，或将卷扬机与冷拉方向成90°，且应用封闭式的导向滑轮。冷拉场地禁止人员通行或停留，以防被伤。

7）起吊钢筋骨架时，下方禁止站人，待骨架降落至距安装标高1m以内方准靠近，就位支撑好后，方可摘钩。

8）在高空、深坑绑扎钢筋和安装骨架，应搭设脚手架和马道。绑扎3m以上的柱钢筋应搭设操作平台，已绑扎的柱骨架应采用临时支撑拉牢，以防倾倒。绑扎圈梁、挑檐、外墙、边柱钢筋时，应搭设外脚手架或悬挑架，并按规定挂好安全网。

(2) 钢筋焊接安全生产规定

1）焊机必须接地，以保证操作人员安全，对于焊接导线及焊钳接导处，都应有可靠的绝缘。

2）大量焊接时，焊接变压器不得超负荷，变压器升温不得超过60℃

3）点焊、对焊时，必须开放冷却水，焊机出水温度不得超过40℃，排水量应符合要求。天冷时应放尽焊机内存水，以免冻塞。

4）对焊机闪光区域，须设铁皮隔挡。焊接时禁止其他人员停留在闪光区范围内，以防火花烫伤。焊机工作范围内严禁堆放易燃物品，以免引起火灾。

5）室内电弧焊时，应有排气装置。焊工操作地点相互之间应设挡板，以防弧光刺伤眼睛。

## 课题7 混凝土现场作业安全技术

(1) 混凝土搅拌

1）搅拌机必须安置在坚实的地方用支架或支脚筒架稳，不准用轮胎代替支撑。

2）搅拌机开动前应检查离合器、制动器、齿轮、钢丝绳等是否良好，滚筒内不得有异物。

3）进料斗升起时严禁人员在料斗下面通过或停留，机械运转过程中，严禁将工具伸入拌和筒内，工作完毕后料斗用挂钩挂牢。

4）拌和机发生故障需现场检修时应切断电源，进入滚筒清理时，外面应派人监护。

(2) 混凝土运输

1）使用手推车运混凝土时，其运输通道应合理布置，使浇灌地点形成回路，避免车辆拥挤阻塞造成事故，运输通道应搭设平坦牢固，遇钢筋过密时可用马凳支撑支设，马凳间距一般不超过2m。

2）车子向料斗倒料时，不得用力过猛和撒把，并应设有挡车措施。

3）用井架、龙门架运输时，车把不得超出吊盘之外，车轮前后要挡牢，稳起稳落。

4）用输送泵输送混凝土时，管道接头、安全阀必须完好，管架必须牢固，输送前必须试送，检修时必须卸压。

5）用塔吊运送混凝土时，小车必须焊有牢固的吊环，吊点不得少于4个并保持车身平衡；使用专用吊斗时吊环应牢固可靠，吊索钢筋绳应符合起重机械安全规程要求。

(3) 混凝土浇筑

1）浇筑混凝土使用的溜槽及串桶节间必须连接牢靠，操作部位应有护身栏杆，不准直接站在溜槽帮上操作。

2）浇筑高度3m以上的框架梁、柱混凝土应设操作台，不得站在模板或支撑上操作。

3）浇筑拱形结构，应自两边拱脚对称同时进行；浇筑圈梁、雨蓬、阳台应设防护措施；浇筑料仓，下口应先封闭，并铺设临时脚手架，以防人员坠下。

4）混凝土振捣器应设单一开关，并装设漏电保护器，插座插头应完好无损，电源线不得破皮漏电；操作者应穿胶鞋，湿手不得触摸开关。

5）预应力灌浆应严格按照规定压力进行，输浆管道应畅通，阀门接头要严密牢固。

## 课题8 装饰装修工程安全技术

（1）抹灰、饰面作业

1）操作前应先检查脚手架是否稳固，操作中也应随时检查。

2）严禁搭飞跳板和探头板。

3）室内抹灰使用的木凳、金属支架应搭设平稳牢固，脚手板跨度不得大于2m，架上堆放材料不得过于集中，在同一跨度内不得超过两人。

4）不准在门窗、暖气片、洗脸池上搭设脚手板。阳台部位粉刷，外侧必须挂安全网。严禁踏踩脚手架的护身栏杆和阳台栏板上进行操作。

5）机械喷涂应戴防护用品，压力表安全阀应灵敏可靠，输浆管各部接口应拧紧卡牢。管路摆放顺直，避免折弯。

6）输浆泵应按照规定压力进行，超压或管道堵塞应卸压检修。

7）作业人员应戴安全帽。

8）调制和使用稀盐酸溶液时，应戴风镜和胶皮手套。调拌氯化钙砂浆时，应戴口罩和胶皮手套。

9）贴面使用预制件、大理石、瓷砖等，应堆放整齐平稳，边用边运。安装要稳拿稳放，待灌浆凝固稳定后，方可拆除临时设施。

10）使用磨石机，应戴绝缘手套穿胶靴，电源线不得破皮漏电，金刚砂块安装牢固，经试运转正常，方可操作。

11）夜间操作应有足够的照明。

12）遇6级以上大风时，应暂停高空作业。

（2）玻璃安装

1）切割玻璃，应在指定场所进行。切下的边角余料应集中堆放，及时处理，不得随地乱丢。搬运玻璃应戴手套。

2）在高处安装玻璃，必须系安全带、穿软底鞋，应将玻璃放置平稳，垂直下方禁止通行。安装屋顶采光玻璃，应铺设脚手板。

3）玻璃未钉牢固前，不得中途停工，以防掉落伤人。

4）安装玻璃不得将梯子靠在门窗扇上或玻璃上。

5）使用的工具、钉子应装在工具袋内，不准口含铁钉。

6）门窗扇玻璃安装完后，应随即将风钩或插销挂上，以免因刮风而打碎玻璃伤人。

（3）涂料工程

1）各类涂料和其他易燃、有毒材料，应存放在专用库房内，不得与其他材料混放。挥发性油料应装入密闭容器内，妥善保管。

2）库房应通风良好，不准住人，并设置消防器材和“严禁烟火”标识。库房与其他建筑物应保持一定的安全距离。

3）用喷砂除锈，喷嘴接头要牢固，不准对人。喷嘴堵塞，应停机消除压力后，方可进行修理或更换。

4）使用煤油、汽油、松香水、丙酮等调配油料，应戴好防护用品，严禁吸烟。熬胶、熬油必须远离建筑物，在空旷地方进行，严防发生火灾。

5）沾染油漆的棉纱、破布、油纸等废物，应收集存放在有盖的金属容器内，并及时处理。

6）在室内或容器内喷涂时，应戴防护镜。喷涂含有挥发性溶液和快干油漆时，严禁吸烟，作业周围不准有火种，并戴防毒口罩和保持良好的通风。

7）采用静电喷漆，为避免静电聚集，喷漆室（棚）应有接地保护装置。

8）刷涂外开窗扇，将安全带挂在牢固的地方。刷涂封檐板、水落管等应搭设脚手架或吊架。在大于25°的铁皮屋面上刷油，应设置活动板梯、防护栏和安全网。

9）使用合页梯作业时，梯子坡度不宜过限或过直，梯子下档用绳子拴好，梯子脚应绑扎防滑物。在合页梯上搭设架板作业时，两人不得挤在一处操作，应分段顺向进行，以防人员集中发生危险。使用单梯坡度宜为60°。

10）使用喷灯，加油不得过满，打气不应过足，使用的时间不宜过长，点火时火嘴不准对人，加油应待喷灯冷却后进行，离开工作岗位时，必须将火熄灭。

11）使用喷浆机，电动机接地必须可靠，电线绝缘良好。手上沾有浆水时，不准开关电闸，以防触电。通气管或喷嘴发生故障时，应关闭阀门后再进行修理。喷嘴堵塞，疏通时不准对人。

## 课题9　高处作业安全防护技术

高处作业，是从相对高度的概念出发的。根据国家标准《高处作业分级》（GB 3608—1983）的规定，凡在有可能坠落的高处进行施工作业时，当坠落高度距离基准面在2m及2m以上时，该项作业即称为高处作业。所谓基准面，即坠落下去的底面，如地面，楼面，楼梯平台、相邻较低建筑物的屋面，基坑的底面、脚手架的通道板等等。底面可能高低不平，所以对基准面的规定为，发生坠落通过最低站落点的水平面。这最低坠落着落点，指的是，在坠落中可能跌落到的最低点。由于牵涉到人身安全，因此，作出这种严格的规定是非常必要的。与此相反，如果处于四周封闭状态，那么，即使在高空，例如在高层建筑的居室内作业，也不能算为高处作业。按照上述的定义，建筑施工中有90%左右的作业，都称为高处作业。这些高处作业基本上分为三大类，即临边作业、洞口作业及独立悬空作业。进行各项高处作业，都必须做好各种必要的安全防护技术措施。

（1）临边作业

施工现场内任何场所，当工作面的边沿并无围护设施，使人与物有各种坠落可能的高处作业，属于临边作业。若围护设施如窗台、墙等，其高度低于80cm时，近旁的作业亦属临边作业。包括屋面边、楼板边、阳台边、基坑边等。

临边作业的安全防护，主要为设置防护栏杆，也有其他防护措施，大致可分以下三类：

1）设置防护栏杆。地面基坑周边，无外脚手架的楼面与屋面周边，分层施工的楼梯口与楼段边，尚未安装栏杆或栏板的阳台、料台周边、挑平台周边、雨篷与挑檐边、井架、施工用电梯、外脚手架等通向建筑物的通道的两侧边，以及水箱与水塔周边等处，均应设置防护栏杆，顶层的楼梯口，应随工程结构的进度而安装正式栏杆。由于此时，结构施工接近完成，这样做可以节约工时和材料。

2）架设安全网。高度超过 3.2m 的楼层周边，以及首层墙高度超过 3.2m 时的二层楼面周边，当无外脚手架时，必须在外围边沿，架设一道安全平网。

3）装设安全门。各种垂直运输用的平台，楼层边沿接料口等处，都应装设安全门或活动栏杆。

（2）洞口作业的防护

1）建筑物或构筑物在施工过程中，常常会出现各种预留洞口、通道口、上料口、楼梯口、电梯井口，在其附近工作，称为洞口作业。

2）通常将较小的洞口称为孔，较大的称为洞。并规定为：楼板、屋面、平台面等横向平面上，短边尺寸小于 25cm 的，以及墙上等竖向平面上，高度小于 75cm 的称孔。横向平面上，短边尺寸≥25cm 时，竖向平面上高度 75cm，宽度大于 45cm 的称洞。

3）凡深度≥2m 的桩孔、人孔，沟槽及管道孔洞等边沿上的施工作业，亦归入洞口作业的范围。

4）洞口作业的安全防护，根据不同类型，可按下列六类方式进行：

①各种板各墙的孔口和洞口，必须视具体情况分别设置牢固的盖板、防护栏杆、安全网或其他防坠落的防护设施。

②各种预留洞口、桩孔上口、杯形、条形基础上口、未回填的坑槽，以及人孔、天窗等处，均应设置稳固的盖板，防止人、物坠落。

③电梯井口必须设防栏杆或固定栅门。电梯井内应每隔两层并最多隔 10m 设一道安全平网。

④未安装踏步的楼梯口应像预留洞口一样覆盖。安装踏步后，楼梯边应设防护栏杆，或者用正式工程的楼梯栏杆代替临时防护栏杆。

⑤各类通道口、上料口的上方，必须设置防护棚，其尺寸大小及强度要求可视具体情况而定，但必须达到使在下面通行或工作的人员，不受任何落物的伤害。

⑥施工现场大的坑槽、陡坡等处，除需设置防护设施与安全标志外，夜间还应设红灯示警。

（3）悬空作业

施工现场，在周边临空的状态下进行作业时，高度不小于 2m，属于悬空高处作业。悬空高处作业的法定定义是："在无立足点或无牢靠立足点的条件下，进行的高处作业统称为悬空高处作业。"因此，悬空作业尚无立足点，必须适当地建立牢靠的立足点，如搭设操作平台、脚手架或吊篮等等，方可进行施工。

对悬空作业的另一要求为，凡作业所用索具、脚手架、吊篮、吊笼、平台、塔架等设备，均必须经过技术鉴定的合格产品或经过技术部门鉴定合格后，方可采用。

## 课题10　交叉作业安全防护

施工现场常会有上下立体交叉的作业。因此，凡在不同层次中，处于空间贯通状态下同时进行的作业，属于交叉作业。

进行交叉作业时，必须遵守下列安全规定：

1）支模、砌墙、粉刷等各工种，在交叉作业中，不得在同一垂直方向上下同时操作。下层作业的位置，必须处于依上层高度确定的可能坠落范围半径之外。不符合此条件，中间应设置安全防护层。

2）拆除脚手架与模板时，下方不得有其他操作人员。

3）拆下的模板、脚手架等部件，临时堆放处离楼层边沿应不小于1m。堆放高度不得超过1m。楼梯边口、通道口、脚手架边缘等处，严禁堆放拆下物件。

4）结构施工自二层起，凡人员进出的通道口（包括井架、施工用电梯的进出通道口），均应搭设安全防护棚。高层建筑施工中，对超过24m以上的防护棚的顶部，应设双层结构。

5）由于上方施工可能坠落物体，以及处于起重机抱杆回转范围之内的通道，其受影响的范围内，必须搭设顶部能防止穿透的双层防护盖或防护棚。

上述的各项内容，就是建筑施工中主要的安全技术措施，在施工中如能一一落实，即可有效地预防高处坠落、物体打击、触电、机械伤害等多发事故。

为了防止事故，建设部根据多年来发生的各类伤亡事故案例，利用系统工程学的原理，分析了事故的原因及发生的概率，并明确了应采取的措施。为使用方便，将分部分项工程都编制成了检查表。这个检查表可以检查时使用，每个分项都有扣分的标准；也可作为对分项防护措施落实情况的要求。共有11张检查表，包括：安全管理、外脚手架、工具式脚手架、龙门架（井字架）、塔吊、“三宝”“四口”、施工用电、施工机具、文明施工、基坑支护与模板工程、起重吊装等。

## 复习思考题

1. 施工现场道路的宽度和转弯半径有哪些规定？
2. 塔式起重机现场布置有哪些要求？
3. 现场施工供电设施布置有哪些规定？
4. 现场临时设施布置有哪些规定？
5. 土方开挖安全措施有哪些内容？
6. 桩基础施工安全措施有哪些内容？
7. 脚手架安全施工措施有哪些内容？
8. 保证模板安全施工有哪些基本规定？
9. 钢筋加工安装有哪些安全要求？
10. 混凝土现场作业安全技术有哪些内容？

11. 什么是高处作业？一般分哪几类？
12. 如何进行临边作业的安全防护？
13. 如何进行洞口作业的安全防护？
14. 如何进行悬空作业的安全防护？
15. 进行交叉作业应遵守哪些安全规定？

# 单元 10　施工机械与临时用电安全管理

**知 识 点：** 本章主要介绍施工机械与施工临时用电的安全管理及要求。

**教学目标：** 通过本章的学习使学生了解施工机械与临时用电安全的有关规定，掌握主要施工机械的防护要求和施工临时用电设施的检查与验收。

施工机械伤害和触电伤人在安全事故中均属多发事故，因此，必须要加强对施工现场机械设备与临时用电的安全管理。

## 课题 1　施工机械的安全管理

### 1.1　施工机械安全技术管理

1）施工企业技术部门应在工程项目开工前编制包括主要施工机械设备安装防护技术的安全技术措施，并报工程项目监理单位审查批准。

2）施工企业应认真贯彻执行经审查批准的安全技术措施。

3）施工项目总承包单位应对分包单位、机械租赁方执行安全技术措施的情况进行监督。分包单位、机械租赁方应接受项目经理部的统一管理，严格履行各自在机械设备安全技术管理方面的职责。

### 1.2　施工机械设备的安装与验收

1）施工单位对进入施工现场的机械设备的安全装置和操作人员的资质进行审验，不合格的机械和人员不得进入施工现场。

2）大型机械塔吊等设备安装前，施工单位应根据设备租赁方提供的参数进行安装设计架设、经验收合格后的机械设备，可由资质等级合格的设备安装单位组织安装。

3）设备安装单位完成安装工程后，报请当地行政主管部门验收，验收合格后方可办理移交手续；严格执行先验收、后使用的规定。

4）中、小型机械由分包单位组织安装后，施工企业机械管理部门组织验收，验收合格后方可使用。

5）所有机械设备验收资料均由机械管理部门统一保存，并交安全管理部门一份备案。

### 1.3　施工机械管理与定期检查

1）施工企业应根据机械使用规模，设置机械设备管理部门。机械管理人员应具备一定的专业管理能力，并熟悉掌握机械安全使用的有关规定与标准。

2）机械操作人员应经过专门的技术培训，并按规定取得安全操作证后，方可上岗作业；学员或取得学习证的操作人员，必须在持《操作证》人员监护下方准上岗。

3）机械管理部门应根据有关安全规程、标准制定项目机械安全管理制度并组织实施。

4）施工企业的机械管理部门应对现场机械设备组织定期检查，发现违章操作行为应立即纠正；对查出的隐患，要落实责任，限期整改。

5）施工企业机械管理部门负责组织落实上级管理部门和政府执法检查时下达的隐患整改指令。

# 课题2 主要施工机械安全防护

施工机械种类繁多、性能各异，因篇幅所限，以下仅介绍几种主要施工机械的安全防护要求。

## 2.1 塔式起重机的安全防护

塔式起重机（简称塔吊），在建筑施工中已经得到广泛的应用，成为建筑安装施工中不可缺少的建筑机械。

由于塔吊的起重臂与塔身可相互垂直，故可将塔吊靠近施工的建筑物安装，其有效工作幅度优越于履带、轮胎式起重机。特别是出现高层、超高层建筑后，塔吊的工作高度可达100～160m，更体现其优越性，再加上本身操作方便、变幅简单等特点，塔吊将仍然是今后建筑业垂直运输作业的主导施工机械。

### 2.1.1 类型

塔吊的类型由于分类方法不同，可按以下几种方法划分：

（1）按工作方法分

1）固定式塔吊。塔身不移动，工作范围由塔臂的转动和小车变幅决定，多用于高层建筑、构筑物、高炉安装工程。

2）运行式塔吊。它可由一个工作点移到另一个工作点，如轨道式塔吊，可以带负荷运行，在建筑群中使用可以不用拆卸，通过轨道直接开进新的工程幢号施工。固定式或运行式塔吊，可按照工程特点和施工条件选用。

（2）按旋转方式分

1）上旋式。塔身上旋转，在塔顶上安装可旋转的起重臂。因塔身不转动，所以塔臂旋转时塔身不受限制，因塔身不动，所以塔身与架体连接结构简单，但由于平衡重在塔吊上部，重心高不利稳定，另外当建筑物高度超过平衡臂时，塔吊的旋转角度受到了限制，给工作造成了一定困难。

2）下旋式。塔身与起重臂共同旋转。这种塔吊的起重臂与塔顶固定，平衡重和旋转支承装置布置在塔身下部。因平衡重及传动机构在起重机下部，所以重心低，稳定性好，又因起重臂与塔身一同转动，因此塔身受力变化小。司机室位置高，视线好，安装拆卸也较方便。但旋转支承装置构造复杂，另外因塔身经常旋转，需要较大的空间。

（3）按变幅方法分

1）动臂变幅。这种起重机变换工作半径是依靠变化起重臂的角度来实现的。其优点是可以充分发挥起重高度，起重臂的结构简单；缺点是吊物不能靠近塔身，作业幅度受到限制，同时变幅时要求空载动作。

2）小车运行变幅。这种起重机的起重臂仰角固定，不能上升、下降，工作半径是依靠起重臂上的载重小车运行来完成的。其优点是载重小车可靠近塔身，作业幅度范围大，变幅迅速，而且可以带负荷变幅；其缺点是起重臂受力复杂。结构制造要求高，起重高度必须低于起重臂固定工作高度，不能调整仰角。

(4) 按起重性能分

1）轻型塔吊。起重量在0.5～3t，适用于五层以下砖混结构施工。

2）中型塔吊。起重量在3～15t，适用于工业建筑综合吊装和高层建筑施工。

3）重型塔吊。适用于多层工业厂房以及锅炉设备安装。

### 2.1.2 基本参数

起重机的基本参数是生产、使用、选择起重机技术性能的依据。基本参数又有一个或二个为主的参数起主导作用。作为塔吊目前提出的基本参数有六项：即起重力矩、起重量、最大起重量、工作幅度，起升高度和轨距，其中起重力矩确定为主要参数。

(1) 起重力矩

起重力矩是衡量塔吊起重能力的主要参数。选用塔吊，不仅考虑起重量，而且还应考虑工作幅度。

即：　　　　　　起重力矩 = 起重量 × 工作幅度（t.m）

(2) 起重量

起重量是以起重吊钩上所悬挂的索具与重物的重量之和计算（t）。

关于起重量的考虑有两层含义：其一是最大工作幅度时的起重量。其二是最大额定起重量。在选择机型时，应按其说明书使用。因动臂式塔吊的工作幅度有限制范围，所以若以力矩值除以工作幅度，反算所得值并不准确。

(3) 工作幅度

工作幅度也称回转半径，是起重吊钩中心到塔吊回转中心线之间的水平距离（m），它是以建筑物尺寸和施工工艺的要求而确定的。

(4) 起升高度

起升高度是在最大工作幅度时，吊钩中心线至轨顶面（固定式至地面）的垂直距离（m），该值的确定是以建筑物尺寸和施工工艺的要求而确定的。

(5) 轨距

轨距值的确定是从塔吊的整体稳定和经济效果而定（m）。

### 2.1.3 工作机构和安全装置

(1) 行走机构和行程限位

行走机构由四个行走台车组成，由7.5kW电动机驱动。行走机构没有制动装置，避免刹车引起的震动和倾斜，司机停车采取由高速档转换到低速档，再到零位后滑行的方法。行程限位装置一般安装在主动台车内侧，装一个可以拨动搬把的行程开关，另在轨道的尽端（在塔吊运行限定的位置）安装一固定的极限位置挡板，当塔吊向前运行到达限定位置时，极限挡板即拨动行程开关的搬把，切断行走控制电源，当开关再闭合时，塔吊只能向相反方向行走。

(2) 起重机构和超高限位，钢丝绳脱槽限位，超载保险装置

1）起重机构由卷扬机（22kW）、钢丝绳、滑轮组成。QT3-8t塔吊起重卷扬机设在司机室下方，底座是悬挂式的，其中两个支点固定在横梁上，并以此支点为旋转轴，上下浮动；而另一端由防倾装置的弹簧拉杆来支承。起重钢丝绳由卷扬机经操作室的防护管到塔顶集电环蕊轴孔绕过塔帽滑轮至起重臂头部滑轮。钢丝绳尾端根据起重绳根数，固定在起重臂头部或吊钩耳板上。

超载保险装置安装在司机室内，下边与浮动卷扬机连杆相连。当吊起重物时，钢丝绳的张力拉着卷扬架上升，托起连杆压缩限位器的弹簧。当达到预先调定的限位时，推动杠杆撞板使限位器动作，切断至控制线路，使卷扬机停车。司机应在起重臂变幅后，及时按吨位标志调整限定起重量值。

钢丝绳脱槽限位安装在塔帽尖端，接近起重钢丝绳滑轮处装一个限位开关，滑轮处压板与钢丝绳之间保持一定间隙。当钢丝绳因故发生跳槽时，顶开杠杆压板，推动限位开关，切断主控制线路卷扬机停车。

高度限位位置安装在起重臂头部，由一杠杆架推动，当吊钩上升到极限时，托起杠杆架，压下限位开关，切断主控制线路，使卷扬机停车，再合闸时，只能使起重钩首先下降。

2）力矩限制器是新近研制的一种电子保护装置。它根据塔吊不同高度的塔身，不同臂长、不同幅度而有不同起重量的特点，以自动显示力矩、回转半径及起重量以满足使用。力矩限制器是由秤重传感器、放大器、显示表几部分组成。当塔吊起重绳吊物受拉时，秤重传感器受拉，应变筒弹性变形，而粘在应变筒上的电阻丝应变片也随之变形，则其电阻值发生变化，输出一个不平衡电压，经过放大器放大后，由显示表指示出起重量；幅度检测采用余弦电位器，余弦电位器旋钮与起重臂同步转动，其输出电压即能表示为起重臂的幅度值。

力矩限制器采用比较器电路，将允许起重电压与电子秤输出的实际起重电压相比较，当实际起重电压超出允许起重电压时，比较器翻转，吸合继电器报警，并切断塔吊相关电路，从而使塔吊停车。力矩限制器有指针式和数字式两种，数字式读数方便。

(3) 回转机构

起重机旋转部分与固定部分的相对转动，是借助电动机驱动的单独机构来实现的。QT3－8t塔吊属于塔帽式（塔身不动，塔臂随塔帽旋转），塔帽顶端由内塔架的竖轴来支内锁承，垂直载荷通过竖轴传递给塔身。塔帽下部连接带内滚道的内齿轮，滚道内由安装在塔架（塔顶）内的8个水平滚轮支承，以承受由荷载及平衡重产生的水平力。

电动机的轴上装有一个锁紧制动装置，主要用于有风的情况下，工作时可将起重臂Q锁定在一定位置上，以保证构件准确就位。此装置是待旋转的电动机停止后才使用的，而不能做为刹车机构。

(4) 变幅机构与幅度限位装置

变幅机构有两个用途，一是改变起重高度；二是改变吊物的回转半径。QT3-8t塔吊的变幅机构是由装在起重臂头部与塔帽之间的滑轮组和安装在平衡臂上的变幅卷扬机组成，用7.5kW电动机驱动。

此装置装在塔帽轴的外端架子上，由一活动半圆形盘、抱杆及两个限位开关组成。抱杆与起重臂同时转动，电刷根据不同角度分别接通指标灯触点，将角度位置通过指示灯光信号，传递到操作室指示盘上，根据指示灯信号，可知起重臂的仰角，由此可查出相应起重量。当臂杆变化到两个极限位置时（上、下限时），则分别压下限位开关，切断主控制线路，变幅电动机停车。

## 2.2 龙门架、井字架垂直升降机的安全防护

龙门架、井字架升降机都是用做施工中的物料垂直运输机械。龙门架、井字架的叫法，是随架体的外形结构而得名。

龙门架由天梁及两立柱组成，形如门框，井架由四边的杆件组成，形如“井”字的截面架体，提升货物的吊篮在架体中间上下运行。

### 2.2.1 构造

升降机架体的主要构件有立柱、天梁，上料吊篮，导轨及底盘。架体的固定方法可采用在架体上拴缆风绳，其另一端固定在地锚处；或沿架体每隔一定高度，设一道附墙杆件，与建筑物的结构部位连接牢固，从而保持架体的稳定。

(1) 立柱

立柱制作材料可选用型钢或钢管，焊成格构式标准节，其断面可组合成三角形、方形，其具体尺寸经计算选定。井架的架体也可制作成杆件，在施工现场进行组装。高度较低的井架其架体也可参照钢管扣件脚手架的材料要求和搭设方法，在施工现场按规定进行选材搭设。

(2) 天梁

天梁是安装在架体顶部的横梁，是主要受力部位，以承受吊篮自重及其物料重量，断面经计算选定，载荷1t时，天梁可选用2根14号槽钢，背对背焊接，中间装有滑轮及固定钢丝绳尾端的销轴。

(3) 吊篮（吊笼）

吊篮是装载物料沿升降机导轨作上下运行的部件，由型钢及连接板焊成吊篮框架，其底板铺5cm厚木板（当采用钢板时应焊防滑条），吊篮两侧应有高度不小于1m的安全档板或档网，上料口与卸料口应装防护门，防止上下运行中物料或小车落下，此防护门对卸料人员在高处作业时，又是一可靠的临边防护。高架升降机（高度30m以上）使用的吊篮应有防护顶板形成吊笼。

(4) 导轨

导轨可选用工字钢或钢管。龙门架的导轨可做成单滑道或双滑道与架体焊在一起，双滑道可减少吊篮运行中的晃动；井字架的导轨也可设在架体内的四角，在吊篮的四角装置滚轮沿导轨运行，有较好的稳定作用。

(5) 底盘

架体的最下部装有底盘，用于架体与基础连接。

(6) 滑轮

装在天梁上的滑轮习惯称天轮，装在架体最底部的滑轮称地轮，钢丝绳通过天轮、地轮及吊篮上的滑轮穿绕后，一端固定在天梁的锁轴上，另一端与卷扬机卷筒锚固。滑轮应按钢丝绳的直径选用，钢丝绳直径与滑轮直径的比值越大，钢丝绳产生的弯曲应力也就越小。当其比值符合有关规定时，对钢丝绳的受力，基本上可不考虑弯曲的

影响。

（7）卷扬机

卷扬机宜选用正反转卷扬机，即吊篮的上下运行都依靠卷扬机的动力。当前，一些施工单位使用的卷扬机没有反转，吊篮上升时靠卷扬机动力，当吊篮下降时卷筒脱开离合器，靠吊篮自重和物料的重力作自由降落，虽然司机用手刹车控制，但往往因只图速度快使架体晃动，加大了吊篮与导轨的间隙，不但容易发生吊篮脱轨，同时也加大了钢丝绳的磨损。高架升降机不能使用这种卷扬机。

（8）摇臂抱杆

摇臂为解决一些过长材料的运输，可在架体的一侧安装一根起重臂杆，用另一台卷扬机为动力，控制吊钩上下，臂杆的转向由人工拉缆风绳操作。臂杆可选用无缝管或用型钢焊成格构断面，增加摇臂抱杆后，应对架体进行核算和加强。

2.2.2 安全防护装置

（1）安全停靠装置

必须在吊篮到位时，有一种安全装置，使吊篮稳定停靠，在人员进入吊篮内作业时有安全感。目前各地区停靠装置形式不一，有自动型和手动型，即吊篮到位后，由弹簧控制或由人工搬动，使支承杠伸到架体的承托架上，其荷载全部由停靠装置承担，此时钢丝绳不受力，只起保险作用。

（2）断绳保护装置

当钢丝绳突然断开时，此装置即弹出，两端将吊篮卡在架体上，使吊篮不坠落，保护吊篮内作业人员不受伤害。

（3）吊篮安全门

安全门在吊篮运行中起防护作用，最好制成自动开启型，即当吊篮落地时，安全门自动开启，吊篮上升时，安全门自行关闭，这样可避免因操作人员忘记关闭，安全门失效。

（4）楼层口停靠栏杆

升降机与各层进料口的结合处搭设了运料通道以运送材料，当吊篮上下运行时，各通道口处于危险的边缘，卸料人员在此等候运料应给予封闭，以防发生高处坠落事故。此护栏（或门）应呈封闭状，待吊篮运行到位停靠时，方可开启。

（5）上料口防护棚

升降机地面进料口是运料人员经常出入和停留的地方，易发生落物伤人。为此要在距离地面一定高度处搭设护棚，其材料需能承受一定的冲击荷载。尤其当建筑物较高时，其尺寸不能小于坠落半径的规定。

（6）超高限位装置

当司机因误操作或机械电气故障而引起的吊篮失控时，为防止吊篮上升与天梁碰撞事故的发生而安装超高限位装置，需按提升高度进行调试。

（7）下极限限位装置

主要用于高架升降机，为防止吊笼下行时不停机，压迫缓冲装置造成事故。安装时将下限位调试到碰撞缓冲器之前，可自动切断电源保证安全运行。

（8）超载限位器

为防止装料过多以及司机对各类散状重物难以估计重量造成的超载运行而设置的。当吊笼内载荷达到额定载荷90%时发出信号，达到100%时切断起升电源。

(9) 通信装置

它是在使用高架升降机时或利用建筑物内通道升降运行的升降机，因司机视线障碍不能清楚地看到各楼层，而增加的设施。司机与各层运料人员靠通信装置及信号装置进行联系来确定吊篮实际运行的情况。

## 课题3 施工临时用电安全要求

为了与正式工程上电气工程的区别，将施工过程中所使用的施工用电称为“临时用电”。1988年建设部颁发了部颁标准《施工现场临时用电安全技术规范》(JGJ46—88)。按照规范的规定，临时用电应遵守的主要原则为：

1) 施工现场的用电设备在5台及5台以上或设备总容量在50kW以上者，应编制临时用电施工组织设计，它是临时用电方面的基础性技术安全资料。它包括的内容有：

① 现场勘探；

② 确定电源进线和变电所、配电室、总配电箱等的装设位置及线路走向；

③ 负荷计算；

④ 选择变压器容量、导线截面和电器的类型、规格；

⑤ 绘制电气平面图、立面图和接线系统图；

⑥ 制定安全用电技术措施和电气防火措施。

2) 在施工现场专用电源（电力变压器等）为中性点直接接地的电力线路中，必须采用TN-S接零保护系统。即电气设备的金属外壳必须与专用保护零线连接。专用保护零线应由工作接地线、配电室的零线或第一级漏电保护器电源侧的零线引出。所谓TN－S系统就是电气设备金属外壳的保护零线要与工作零线分开，而单独敷设。也就是说在三相四线制的施工现场中，要使用五根线，第五根即为保护零线－PE线。

3) 施工现场的配电线路包括室外线路和室内线路，其敷设方式：室外线路主要有绝缘导线架空敷设（架空线路）和绝缘电缆埋地敷设（埋地电缆线路）两种，也有电缆线路架空明敷设的；室内线路通常有绝缘导线和电缆的明敷设和暗敷设两种。

架空线路的安全要求：

① 架空线必须采用绝缘导线；

② 架空线的档距不得大于35m，线间距不得小于30mm，最大弧垂处与地面的最小垂直距离为：施工场所为4m、机动车道6m、铁路轨道为5～7m；

③用做架空线路的铝绞线截面不得小于16mm$^2$；铜线截面不得小于10mm$^2$；跨越公路、铁路、河流、电力线路档距内的铝线截面不得小于35mm$^2$；

④架空线路必须设在专用电杆上，严禁设在树木和脚手架上。

电缆线路的安全要求：

①室外电缆的敷设分为埋地和架空两种，以埋地为宜，因为安全可靠，对人身危害大量减少；

②埋设地点应保证电缆不受机械损伤或其他热辐射，并应避开建筑物和热能管道；

③电缆埋深不能小于0.6m，并在电缆上下各均匀铺设不小于50mm厚的细砂，然后覆

盖砖等硬质物体的保护层；

④ 橡皮电缆架空敷设时，应沿墙或电杆设置，严禁用金属裸线做绑线，电缆的最大弧垂距地面不得小于 2m。

4）施工现场临时用电工程应采用放射型与树干型相结合的分级配电形式。第一级为配电室的配电屏（盘）或总配电箱，第二级为分配电箱，第三级为开关箱，开关箱以下就是用电设备，并且实行“一机一闸”制。

5）施工现场的漏电保护系统至少应按两级设置，并应具备分级分段漏电保护功能。

第一级漏电保护应设在开关箱，即在开关箱中必须装设漏电保护器。一般场所，其额定漏电的动作电流应不大于 30mA，额定漏电动作时间应小于 0.1s；使用于潮湿场所和有腐蚀介质场所的漏电保护器，其额定漏电动作电流应不大于 15mA，额定漏电动作时间应小于 0.1s，并应采用防溅型产品。

第二级漏电保护应设在配电屏（盘）或总配电箱，即在配电屏（盘）或总配电箱中也必须装设漏电保护器。

为了充分体现漏电保护系统的分级分段保护功能，即开关箱以下用电设备的漏电由开关箱中的漏电保护器保护，开关箱以上，配电屏（盘）或总配电箱以下配电系统的漏电由配电屏（盘）或总配电箱中的漏电动作电流值和额定漏电的动作时间来控制，但为保护其漏电保护功能，其额定漏电动作电流与额定漏电动作时间之乘积 I·t，应小于国际公认的安全界限值 30mA·s。

6）照明装置。在施工现场的电气设备中，照明装置与人的接触最为经常和普通。为了从技术上保证现场工作人员免受发生在照明装置上的触电伤害，照明装置必须采取如下措施：

①照明开关箱（板）中的所有正常不带电的金属部件，都必须作保护接零；所有灯具的金属外壳，必须作保护接零。

②照明开关箱（板）应装设漏电保护器。

③照明线路的相线必须经过开关，才能进入照明器，不得直接进入照明器。否则，只要照明线路不停电，即使照明器不亮，灯头也是带电的，这就增加了不安全因素。

④螺口灯头的中心触头必须与相线连接，其螺口部分必须与工作零线连接。否则，在更换和擦拭照明器时，容易意外地触及螺口相线部分，而发生触电。

⑤灯具的安装高度既要符合施工现场实际，又要符合安装要求。按照《施工现场临时用电安全技术规范》（JGJ 46—1988）要求，室外灯具距地不得低于 3m；室内灯具距地不得低于 2.4m。其中室内灯具对地高度与国家标准有关，正式工程中，室内照明灯具对地高度 2.5m，不会给安全带来不利影响。

# 课题 4　施工临时用电设施检查与验收

## 4.1　架空线路检查验收

1）导线的型号和截面应符合设计图纸要求；

2）导线接头应符合工艺标准的要求；
3）电杆的材质和规格符合设计要求；
4）进户线高度、导线弧垂距地面高度符合规范规定。

### 4.2 电缆线路检查验收

1）电缆敷设方式符合 JGJ 46—88 中规定及设计图纸要求；
2）电线穿过建筑物、道路、易损部位应加导管保护；
3）架空电缆绑扎、最大弧垂距地面高度，符合规范规定；
4）电缆接头应符合规范规定。

### 4.3 室内配线检查验收

1）导线型号及规格、距地高度符合设计图纸要求；
2）室内敷设导线应用瓷瓶、瓷夹；
3）导线截面应满足规范、标准规定。

### 4.4 设备安装检查验收

1）配电箱、开关箱位置应符合规范规定和设计要求；
2）动力、照明系统应分开设置；
3）箱内开关、电器应固定，并在箱内接线；
4）保护零线与工作零线的端子应分开设置；
5）检查漏电保护器是否有效。

### 4.5 接地接零检查验收

1）保护接地、重复接地、防雷接地的装置应符合规范要求；
2）各种接地电阻的电阻值符合设计要求；
3）机械设备的接地螺栓应紧固；
4）高大井架、防雷接地的引下线与接地装置的做法应符合规范规定。

### 4.6 电气防护检查验收

1）高低压线下方应无障碍；
2）架子与架空线路的距离；塔吊旋转部位或被吊物边缘与架空线路距离应符合规范规定。

### 4.7 照明装置检查验收

1）照明箱内应有漏电保护器，且工作有效；
2）零线截面及室内导线型号、截面应符合设计要求；
3）室内外灯具距地高度符合规范规定；
4）螺口灯接线、开关断线是否是相线；
5）开关灯具的位置应符合规范规定和设计要求。

# 复习思考题

1. 施工机械安装技术管理有哪些内容?
2. 施工机械设备的安装与验收有哪些规定?
3. 如何对施工机械进行安全管理和检查?
4. 塔式起重机有哪些安全防护装置?
5. 龙门架、井字架有哪些安全防护装置?
6. 现场临时用电施工组织设计应包括哪些内容?
7. 施工现场专用电源设置有哪些规定?
8. 施工现场漏电保护系统应如何设置?
9. 施工临时用电设施应检查哪些项目?

# 单元11　施工现场防火安全管理

**知 识 点**：本章主要介绍了施工现场防火安全管理的一般规定和防火管理的要求，特殊场地防火，季节防火及防火检查与灭火。

**教学目标**：通过本章的学习使学生能够掌握施工现场防火安全管理的相关知识和工作方法。

## 课题1　施工现场防火安全管理概述

### 1.1　防火安全管理的一般规定

1）施工现场防火工作，必须认真贯彻“预防为主，防消结合”的方针，立足于自防自救，坚持安全第一，实行“谁主管，谁负责”的原则，在防火业务上要接受当地行政主管部门和当地公安消防机构的监督和指导。

2）施工单位应对职工进行经常性的防火宣传教育，普及消防知识，增强消防观念，自觉遵守各项防火规章制度。

3）施工应根据工程的特点和要求，在制定施工方案或施工组织设计的时候制定消防防火方案，并按规定程序实行审批。

4）施工现场必须设置防火警示标志，施工现场办公室内应挂有防火责任人、防火领导小组成员名单、防火制度。

5）施工现场实行层级防火责任制，落实各级防火责任人，各负其责，项目经理是施工现场防火责任人，全面负责施工现场的防火工作，由公司发给任命书，施工现场必须成立防火领导小组，由防火责任人任组长，成员由项目相关职能部门人员组成，防火领导小组定期召开防火工作会议。

6）施工单位必须建立和健全岗位防火责任制，明确各岗位的防火责任区和职责，使职工懂得本岗位火灾危险性，懂得防火措施，懂得灭火方法，会报警，会使用灭火器材，会处理事故苗头。

7）按规定实施防火安全检查，对查出的火险隐患及时整改，本部门难以解决的要及时上报。

8）施工现场必须根据防火的需要、配置相应种类、数量的消防器材、设备和设施。

### 1.2　防火安全管理的职责

(1) 项目消防安全领导小组职责

1）在公司级防火责任人领导下，把工地的防火工作纳入到生产管理中，做到生产计划、布置、检查、总结、评比“五同时”。

2）负责工地的防火教育工作，普及消防知识，保证各项防火安全制度的贯彻执行。

3）定期组织消防检查，发现隐患及时整改，对项目部解决不了的火险隐患，提出整改意见，报公司级防火责任人。

4）督促配置必要的消防器材，要保证随时完整好用，不准随便作它用。

5）发生火灾事故，责任人提出处理意见，及时上报公司或公安消防机关。

6）每月召开各班组防火责任人会议，分析防火工作，布置下月防火安全工作。

(2) 义务消防队队员职责

1）积极宣传消防工作的方针、意义和安全消防知识。

2）模范地遵守和执行防火安全制度，认真做好工地的防火安全工作，发现问题及时整改或向上级汇报。

3）要熟悉工地的要害部位，火灾危害性及水源、道路、消防器材设置等情况，并定期进行消防业务学习和技术培训。

4）做好消防器材，消防设备的维修和保养工作，保证灭火器材的完好使用。

5）严格动火审批制度，并实行谁审批谁负责原则，明确职责，认真履行。

6）训练掌握各种灭火器材的应用和适用范围，每年举行不少于2次的灭火学习。

7）实行全天候值班巡逻制度，发现问题及时处理整改，定期向消防领导小组书面汇报现场消防安全工作情况。

8）对违反消防安全管理条件的单位、个人遵照规定给予处罚。

(3) 班组级防火责任人职责

1）贯彻落实消防领导小组及义务消防队布置的防火工作任务，检查和监督本班组人员执行安全制度情况。

2）严格执行项目部制度的各项消防安全管理制度、动火制度及有关奖罚条例等。

3）教会有关操作人员正确使用灭火器材，掌握适用范围。

4）督促做好本班组的防火安全检查工作，做到工完场清，不留火险隐患，杜绝事故发生。

5）负责本班组人员所操作的机械电气设备的防火安全装置，运转和安全使用管理工作。

6）发现问题及时处理，发生事故立即补救，并及时向义务消防队和消防领导小组汇报。

## 课题2　施工现场防火安全管理的要求

### 2.1 火 源 管 理

严格执行临时动火“三级”审批制度，领取动火作业许可证后，方能动火作业。动火作业必须做到“八不”、“四要”、“一清理”。

(1)“三级”动火审批制度

1）一级动火。即可能发生一般火灾事故的（没有明显危险因素的场所），由项目部的技安部门和保卫部门提出意见，经项目部的防火责任人审批；

2）二级动火。即可能发生重大火灾事故的，由项目部的技术安全部门和保卫部门提出意见，项目部防火责任人加具意见，报公司技术安全科会同保卫科共同审核，报公司防火责任人审批，并报市消防部门备案。如有疑难问题，还须邀请市劳动、公安、消防等有关部门的专业人员共同研究审批。

3）三级动火。即可能发生特大火灾事故的，由公司技术安全科和保卫科提出意见，公司防火责任人审批，并报市消防部门备案。如有疑难问，还须邀请市劳动、公安、消防等有关部门的专业人员共同研究审批。

（2）动火前“八不”

1）防火、灭火措施不落实不动火；

2）周围的易燃杂物未清除不动火；

3）附近难以移动的易燃结构未采取安全防范措施不动火；

4）盛装过油类等易燃液体的容器、管道，未经洗刷干净、排除残存的油质不动火；

5）盛装过气体受热膨胀并有爆炸危险的容器和管道未清除不动火；

6）储存有易燃、易爆物品的车间、仓库和场所，未经排除易燃、易爆危险的不动火；

7）在高处进行焊接或切割作业时，下面的可燃物品未清理或未采取安全防护措施的不动火；

8）没有配备相应的灭火器材不动火。

（3）动火中“四要”

1）动火前要指定现场安全负责人；

2）现场安全负责人和动火人员必须经常注意动火情况，发现不安全苗头时要立即停止动火；

3）发生火灾、爆炸事故时，要及时补救；

4）动火人员要严格执行安全操作规程。

（4）动火后“一清理”

1）动火人员和现场安全责任人在动火后，应彻底清理现场火种后，才能离开现场。

2）高处焊、割作业时要有专人监焊，必须落实防止焊渣飞溅、切割物下跌的安全措施。

3）动火作业前后要告知防火检查员或值班人员。

4）装修工程施工期间，在施工范围内不准吸烟，严禁油漆及木制作作业与动火作业同时进行。

5）乙炔气瓶应直立放置，使用时不得靠近热源，应距明火点不少于10m，与氧气瓶应保持不少于5m距离，不得露天存放、曝晒。

## 2.2 电气防火管理

1）施工现场的一切电气线路、设备必须由持有上岗操作证的电工安装、维修，并严格执行中华人民共和国国家标准《建设工程施工现场供电安全规范》（GB 50194—93）（以下简称GB 50194—93）和国家建设部《施工现场临时用电安全技术规范》（JGJ 46—88）（以下简称JGJ 46—88）规定。

2）电线绝缘层老化、破损要及时更换。

3）严禁在外脚手架上架设电线（JGJ 46—88 第 6.1.2 条）和使用碘钨灯，因施工需要在其他位置使用碘钨灯，架设要牢固，碘钨灯距易燃物不少于 50cm，且不得直接照射易燃物。当间距不够时，应采取隔热措施（GB 50194—93 第 7.0.9 条），施工完毕要及时拆除。

4）临时建筑设施的电气安装要求：

①电线必须与铁制烟囱保持不少于 50cm 的距离；

②电气设备和电线不准超过安全负荷，接头处要牢固，绝缘性良好；室内、外电线架设应有瓷管或瓷瓶与其他物体隔离，室内电线不得直接敷设在可燃物、金属物上，要套防火绝缘线管；

③照明灯具下方一般不准堆放物品，其垂直下方与堆放物品水平距离不得少于 50cm；

④临时建筑设施内的照明必须做到一灯一制一保险，不准使用 60W 以上的照明灯具；宿舍内照明应按每 $10m^2$ 有一盏不低于 40W 的照明灯具，并安装带保险的插座；

⑤每栋临时建筑以及临时建筑内每个单元的用电必须设有电源总开关和漏电保护开关，做到人离断电；

⑥凡是能够产生静电引起爆炸或火灾的设备容器，必须设置消除静电的装置。

## 2.3　电焊、气割的防火安全管理

1）从事电焊、气割操作人员，应经专门培训，掌握焊割的安全技术、操作规程，考试合格，取得操作合格证后方可持证上岗。学徒工不能单独操作，应在师傅的监护下进行作业。

2）严格执行用火审批程序和制度，操作前应办理动火申请手续，经单位领导同意及消防或安全技术部门检查批准，领取动火许可证后方可进行作业。

3）用火审批人员要认真负责，严格把关。审批前要深入动火地点查看，确认无火险隐患后再行审批。批准动火应采取定时（时间）、定位（层、段、档）、定人（操作人、看火人）、定措施（应采取的具体防火措施），部位变动或仍需继续操作，应事先更换动火证。动火证只限当日本人使用，并在随身携带，以备消防保卫人员检查。

4）进行电焊、气割前，应由施工员或班组长向操作、看火人员进行消防安全技术措施交底，任何领导不能以任何借口让电、气焊工人进行冒险操作。

5）装过或有易燃、可燃液体、气体及化学危险物品的容器、管道和设备，在未彻底清洗干净前，不得进行焊割。

6）严禁在有可燃气体、粉尘或禁止用火的危险性场所焊割。在这些场所附近进行焊割时，应按有关规定，保持防火距离。

7）遇有 5 级以上大风气候时，应停止高空和露天焊割作业。

8）要合理安排工艺和编制施工进度，在有可燃材料保温的部位，不准进行焊割作业。必要时，应在工艺安排和施工方法上采取严格的防火措施。焊割不准在油漆、喷漆、脱漆、木工等易燃、易爆物品和可燃物上作业。

9）焊割结束或离开操作现场时，应切断电源、气源。赤热的焊嘴、以及焊条头等，禁止放在易燃、易爆物品和可燃物上。

10）禁止使用不合格的焊割工具和设备，电焊的导线不能与装有气体的气接触，也不能与气焊的软管或气体的导管放在一起。焊把线和气焊的软管不得从生产、使用、储存易燃、易爆物品的场所或部位穿过。

11）焊割现场应配备灭火器材，危险性较大的应有专人现场监护。

12）监护人职责：

①清理焊割部位附近的易燃、可燃物品；对不能清除的易燃、可燃物品要用水浇湿或盖上石棉布等非燃材料，以隔绝火星。

②坚守岗位，要与电、气焊工密切配合，随时注视焊割周围的情况，一旦起火及时扑救。

③在高空焊割时，要用非燃材料做成接火盘和风挡，以接住和控制火花的溅落。

④在焊割过程时，随时进行检查，操作结束后，要对焊割地点进行仔细检查确认无危险后方可离开。在隐蔽场所或部位（如闷顶、隔墙、电梯井、通风道、电缆沟和管道井等）焊、割操作完毕后，0.5～4h内要反复检查，以防阴燃起火。

⑤备好适用的灭火器材和防火设备（石棉布、接火盘、风挡等），做好灭火准备。

⑥发现电、气焊操作人员违反电、气焊防火管理规定、操作规程或动火部位有火灾、爆炸危险时，有权责令停止操作，收回动火许可证及操作证，及时向领导汇报。

13）电焊工的操作要求：

①电焊工在操作前，要严格检查所用工具（包括电焊机设备、线路敷设、电缆线的接点等），使用的工具均应符合标准，保持完好状态。

②电焊机应有单独开关，装在防火、防雨的闸箱内，电焊机应设防雨棚（罩）。开关的保险丝容量应为该机的1.5倍。保险丝不准用铜丝或铁丝代替。

③焊割部位应与氧气瓶、乙炔瓶、乙炔发生器及各种易燃、可燃材料隔离，两瓶之间不得小于5m，与明火之间不得小于10m。

④电焊机应设专用接地线，直接放在焊件上，接地线不准接在建筑物、机械设备、各种管道、避雷引下线和金属架上借路使用，防止接触火花，造成起火事故。

⑤电焊机一、二次线应用线鼻子压接牢固，同时应加装防护罩，防止松动、短路放弧、引燃可燃物。

⑥严格执行防火规定和操作规程，操作时采取相应的防火措施，与看火人员密切配合，防止火灾。

14）气焊工的操作要求：

①乙炔发生器、乙炔瓶、氧气瓶和焊割具的安全设备应齐全有效。

②乙炔发生器、乙炔瓶、液化石油气灌和氧气瓶在新建、维修工程内存放，应设置专用房间分别存放、专人管理，并有灭火器材和防火标识。

③乙炔发生器和乙炔瓶等与氧气瓶应保持一定距离，在乙炔发生器处严禁一切火源。夜间添加电石时，应使用防爆手电筒照明，禁止用明火照明。

④乙炔发生器、乙炔瓶和氧气瓶不准放在高低架空线路下方或变压器旁，在高空焊割时，也不得放在焊割部位的下方，应保持一定的水平距离。

⑤乙炔瓶、氧气瓶应直立使用，禁止平放卧倒使用，油脂或沾油的物品不要接触氧气瓶、导管及其零部件。

⑥氧气瓶、乙炔瓶严禁曝晒、撞击，防止受热膨胀，缓慢开启阀门，防止升压过速产

生高温、火花引起爆炸和火灾。

⑦乙炔发生器、回火阻止器及导管发生冻结时，只能用蒸汽、热水等解冻，严禁使用火烤或金属敲打。测定气体导管及其分配装置有无漏气现象时，应用气体探测仪或用肥皂等简单方法测试，严禁用明火测试。

⑧操作乙炔发生器和电石桶时，应使用不产生火花的工具，在乙炔发生器上不能装有纯铜的配件，加入乙炔发生器的水，不能含油脂，以免油脂与氧气接触发生反应，引起燃烧或爆炸。

⑨防爆膜失去作用后，要及时更换，严禁随意更换防爆膜规格、型号，禁止使用胶皮等代替防爆。浮桶式乙炔发生器上面不准堆压其他物品。

⑩电石应放在电石库内，不准在潮湿场所和露天存放。

⑪焊割时要严格执行操作规程，焊割操作时先开乙炔气点燃，然后再开氧气进行调火。操作完毕时按相反程序关闭。瓶内气体不能用尽，必须留有余气。

⑫工作完毕，应将乙炔发生器内电石、污水及其残渣清除干净。堆放在指定地点，并排除内腔和其他部分的气体。禁止电石、污水到处乱放。

## 2.4 易燃易爆物品防火安全管理

1）现场不应设立易燃易爆物品仓，如工程确需存放易燃易爆物品，应按照防火有关规定要求，经公司保卫处或市消防部门审批同意后，方能存放，存放量不得超过3天的使用总量。

2）易爆物品仓必须设专人看管，严格收发、回仓登记手续。

3）易爆物品严禁露天存放。严禁将化学性质或防护、灭火方法相抵触的化学易燃易爆物品在同一仓内存放。氧气和乙炔气要分别独立存放。

4）使用化学易燃易爆物品，应实行限额领料和领料记录。在使用化学易燃易爆物品场所，严禁动火作业；禁止在作业场所内分装、调料；严禁使用乙炔发生器作业；严格控制使用液化石油气，确需使用时，必须落实安全措施，安装减压装置，并必须经施工现场防火责任人书面批准。

5）易燃易爆物品仓的照明必须使用防爆灯具、线路、开关、设备。

6）严禁携带BP机、手提电话机、对讲机进入易燃易爆物品仓。

## 2.5 木工操作间的防火安全管理

1）操作间建筑应采用阻燃材料搭建。

2）冬季宜采用暖气（水暖）供暖，如用火炉取暖时，应在四周采取挡火措施；不准燃烧劈柴、刨花代煤取暖。每个火炉都要有专人负责，下班时将余火熄灭。

3）电气设备的安装要符合要求。抛光、电锯等部位的电气设备应采用密封式或防爆式。刨花、锯末较多部位的电动机，应安装防尘罩。

4）操作间内严禁吸烟和用明火作业。

5）操作间只能存放当班的用料，成品及半成品及时运走。木器工厂做到活完场地清，刨花、锯末下班时要打扫干净，堆放在指定的地点。

6）严格遵守操作规程，对旧木料经检查，起出铁钉等后，方可上锯。

7）配电盘、刀闸下方不能堆入成品、半成品及废料。

8）工作完毕后应拉闸断电，并经检查确无火险后方可离开。

## 2.6　临时设施及宿舍防火管理

（1）现场搭建临时设施的防火要求

1）临时建筑的围蔽和骨架必须使用不燃材料搭建（门、窗除外），厨房、茶水房、易燃易爆物品仓必须单独设置，用砖墙围蔽。施工现场材料仓宜搭建在门卫值班室旁；

2）临时建筑必须整齐划一、牢固且远离火灾危险性大的场所，每栋临时建筑占地面积不宜大于 $200m^2$，室内地面要平整，其四周应当修建排水明渠；

3）每栋临时建筑的居住人数不准超过 50 人，每 25 人要有一个可以直接出入的门口，门的宽度不得少于 1.2m，高度不应低于 2m，室内的通道宽不少于 1.2m，床架搭建不得超过 2 层，床位不准围蔽，临时建筑的高度不低于 3m，门窗要往外开；

4）临时建筑一般不宜搭建两层，如确因施工用地所限，需搭建两层的宿舍其围蔽必须用砖砌，楼面应使用不燃材料铺设，二层住人应按每 50 人有一座疏散楼梯，楼梯的宽度不少于 1.2m，坡度不大于 45°，栏杆扶手的高度不应低于 1m；

5）搭建二栋以上（含二栋）临时宿舍共用同一疏散通道，其通道净宽不少于 5m，临时建筑与厨房、变电房之间防火距离不少于 3m；

6）贮存、使用易燃易爆物品的设施要独立搭建，并远离其他临时建筑；

7）临时建筑不要修建在高压架空电线下面，并距离高压架空电线的水平距离不少于 6m。

（2）施工现场宿舍必须做好的防火工作

1）每间宿舍必须设立一名防火责任人，负责宿舍日常的防火工作；

2）严禁躺在床上吸烟、乱丢烟头；

3）严禁在宿舍内烧香拜神和使用蜡烛照明；

4）严禁乱拉乱接电线和使用电炉，不准使用电热器具（煮饭、煲水设立专用地方），电线上不得挂衣物；

5）保持宿舍道路畅通，不准在宿舍通道、门口堆放物品和作业；

6）严禁携带易燃易爆物品进入宿舍和在宿舍内存放摩托车。

施工现场有条件的要修筑消防车道，其宽度不应少于 3.5m，保持通道畅通，夜间应有照明灯。

搭建临时建筑必须先报建，经有关部门批准后建设。搭建申请表应按要求如实填写，由项目防火责任人加具意见后送公司保卫处，由公司保卫处与市消防部门共同到现场审批。经批准搭建的临时建筑不得擅自更改位置、面积、结构和用途，如发生更改，必须重新报批。

## 2.7　防火资料档案管理

必须建立健全施工现场防火资料档案，并有专人管理，其内容应有：

1）工程建设项目和装修工程消防报批资料；

2）工程消防方案；

3）搭建临时建筑和外脚手架的消防报批许可证；

4）防火机构人员名单（包括义务消防队员、专兼职防火检查员名单）；

5）对职工、外来工、义务消防队员的培训、教育计划及有关资料记录；

6）每次防火会议和各级防火检查记录，隐患整改记录；

7）各项防火制度；

8）动火作业登记簿；

9）消防器材种类、数量、保养、期限、维修记录。

## 课题3 特殊施工场地防火

### 3.1 地下工程施工防火

1）施工现场的临时电源线不宜直接敷设在墙壁或土墙上，应用绝缘材料架空安装。配电箱应采取防水措施，潮湿地段或渗水部位照明应安装防潮灯具。

2）施工现场应有不少于两个出入口或坡道，长距离施工应适当增加出入口的数量。施工区面积不超过 $50m^2$，施工人员不超过20人时，可设一个直通地上的安全出口。

3）安全出入口、疏散走道和楼梯的宽度应按其通过人数每100人不小于1m的净宽计算。每个出入口的疏散人数不应超过250人。安全出入口、疏散走道、楼梯的最小净宽不小于1m。

4）疏散通道、楼梯及坡道内，不应设置突出物或堆放施工材料和机具。

5）疏散通道、安全出入口、疏散楼梯、操作区域等部位，应设置火灾事故照明灯。

6）疏散通道及其交叉口、拐弯处、安全出口处应设置疏散指示标识灯。疏散标识灯的间距不宜过大，距地面高度应为1～1.2m。

7）火灾事故照明灯和疏散指示灯工作电源断电后，应能自动投合。

8）地下工程施工区域应设置消防给水管道和消火栓，消防给水管道可以与施工用水管道合用。特殊地下工程不能设置消防用水时，应配备足够数量的轻便消防器材。

9）大面积油漆粉刷和喷漆应在地面施工，局部的粉刷可在地下工程内部进行，但一次粉刷的量不宜过多，同时在粉刷区域内禁止一切火源，加强通风。

10）禁止中压式乙炔发生器在地下工程内部使用及存放。

11）制定应急的疏散计划。

### 3.2 古建筑工程施工防火

1）电源线、照明灯具不应直接敷设在古建筑的柱、梁上。照明灯具应安装在支架上或吊装，同时安装防护罩。

2）古建筑工程的修缮若是在雨季施工，应考虑安装避雷设备对古建筑及架子进行保护。

3）加强用火管理，对电、气焊实施动焊的审批管理制度。

4）室内油漆彩画时，应逐项进行，每次安排油漆彩画量不宜过大，以不达到局部形成爆炸极限为前题。油漆彩画时禁止一切火源。夏季对剩下的油皮子及时处理，防止因高温造成自燃。施工中的油棉丝、手套、油皮子等不要乱扔，应集中进行处理。

5）冬季进行油彩画时，不应使用炉火进行采暖，尽量使用暖气采暖。

6）古建筑施工中，剩余的刨花、锯末、贴金纸等可燃材料，应随时进行清理，做到活完料清。

7）易燃、可燃材料应选择在安全地点存放，不宜靠近树林等。

8）施工现场应设置消防给水设施、水池或消防水桶。

# 课题 4 季节防火要求

## 4.1 冬季施工的防火要求

强化冬季防火安全教育，提高全体员工的防火意识。对施工员工进行冬季施工的防火安全教育是做好冬季施工防火安全工作的关键。只要人人重视防火工作，处处想着防火工作，在做每一件工作时都与防火工作相联系，不断提高全体员工防火意识，冬季施工防火工作就有了保证。

（1）供暖锅炉房的防火要求

1）锅炉房宜建造在施工现场的下风方向，距在建工程、易燃可燃建筑、露天可燃材料堆场、料库等有一定距离；

2）锅炉房应不低于二级耐火等级，锅炉房的门应向外开启，锅炉正面与墙的距离应不小于 3m，锅炉与锅炉之间不小于 1m 的距离。

3）锅炉房应有适当采光，锅炉上的安全设备应有良好照明。

4）锅炉烟道和烟囱与可燃物应保持一定的距离。金属烟囱距可燃结构不小于 10cm；已做防火保护层的可燃结构不小于 70cm；砖砌的烟囱和烟道其内表面距可燃结构不小于 50cm，其外表面不小于 10cm。未采取消烟除尘措施的锅炉，其烟囱应设防火星帽。

5）严格值班检查制度，锅炉开火以后，司炉人员不准离开工作岗位，值班时间绝不允许睡觉或做无关的事。司炉人员下班时，须向下班人员作好交接班，并记录锅炉运行情况。

（2）火炉安装与使用的防火要求

1）各种金属与砖砌火炉，必须完整良好，不得有裂缝，各种金属火炉与楼板支柱、斜撑、拉杆等可燃物的距离不小于 1m，已做保护层的火炉距可燃物的距离不小于 70cm。各种砖砌火炉壁厚不得小于 30cm。在没有烟囱的火炉上方不得有拉杆、斜撑等可燃物，必要时须架设铁板等非燃材料隔热，其隔热板应比炉顶外围的每一边都多出 15cm 以上。

2）在木地板上安装火炉，必须设置炉盘，有脚的火炉炉盘厚度不得小于 12cm，无脚的火炉炉盘厚度不得小于 18cm。炉盘应伸出炉门前 50cm，伸出炉后左右各 15cm。各种火炉应根据需要设置高出炉身的火档。

3）金属烟囱一节插入另一节的尺寸不得小于烟囱的半径，衔接地方要牢固。各种金属烟囱与板壁、支柱、模板等可燃物的距离不得小于 30cm。距已作保护层的可燃物不得小于 15cm。各种小型加热火炉的金属烟囱穿过板壁、窗户、挡风墙、暖棚等必须设铁板，从烟囱周边到铁板的尺寸，不得小于 5cm。

4）各种火炉的炉身、烟囱出口等部分与电源线和电气设备应保持 50cm 以上的距离。

5）火炉由受过安全消防常识教育的人看守。移动各种加热火炉时，先将火熄灭后方准移动。掏出的炉灰必须随时用水浇灭后倒在指定地点。不准在火炉上熬炼油料、烘烤易燃物品。每层都应配备灭火器材。

（3）易燃、可燃材料的防火要求

1）使用可燃材料进行保温的工程，必须设专人进行监护巡逻检查。

2）合理安排施工工序及网络图，一般是将用火作业安排在前，保温材料安排在后。

3）保温材料定位后，禁止一切用火、用电作业，特别是下层进行保温作业，上层进行用火、用电作业。

4）照明线路、照明灯具应远离可燃的保温材料。

5）保温材料使用完以后，要随时进行清理，集中进行存放保管。

（4）消防器材的保温防冻工作

1）冬期施工工地，应尽量安装地下消火栓，在入冬前应进行一次试水，加少量润滑油，消火栓用草帘、锯木等覆盖，以防冻结。

2）及时扫除消火栓上的积雪，以免雪化后将消火栓井盖冻住。高层消防竖管应进行保温或将水放空，消防水泵内应考虑采暖措施，以免冻结。

3）做好消防水池的保温防冻工作，随时进行检查，发现冻结时应进行破冻处理。一般方法是在水池上盖上木板，木板上再盖上不小于 40～50cm 厚的稻草、锯末等。

4）入冬前应将泡沫灭火器、清水灭火器等放入有采暖的地方，并套上保温套。

## 4.2 雨季和夏季施工的防火要求

1）雨季施工到来之前，应对每个配电箱、用电设备进行一次检查，并采取相应的防雨措施，防止因短路造成起火事故。

2）在雨季要随时检查有树木地方电线的情况，及时改变线路的方向或砍掉离电线过近的树枝。

3）油库、易燃易爆物品库房、塔吊、卷扬机架、脚手架、在施工的高层建筑工程等部位及设施都应安装避雷设施。

4）防止雷击的方法是安装避雷装置，其基本原理是将雷电引入大地而消失以达到防雷的目的。所安装的避雷装置必须能保护住受保护的部位及设施。避雷装置三个组成部分必须符合规定，接地电阻不应大于规定欧姆的数值。

5）每年雨季之前，应对避雷装置进行一次全面检查，并用仪器进行遥测，发现问题及时解决，使避雷装置处于良好状态。

6）电石、乙炔气瓶、氧气瓶、易燃液体等，禁止露天存放，防止受雷雨、日晒发生起火事故。

7）生石灰、石灰粉的堆放应远离可燃材料，防止因受潮或雨淋产生高热，引起周围可燃材料起火。

# 课题5　施工现场防火检查及灭火

## 5.1　施工现场防火检查

(1) 防火检查内容

1) 检查用火、用电和易燃易爆物品及其他重点部位生产储存、运输过程中的防火安全情况和临建结构、平面布置、水源、道路是否符合防火要求。

2) 火险隐患整改情况。

3) 检查义务和专职消防队组织及活动情况。

4) 检查各级防火责任制、岗位责任制、八大工种责任书和各项防火安全制度执行情况。

5) 检查三级动火审批及动火证、操作证、消防设施、器材管理及使用情况。

6) 检查防火安全宣传教育，外包工管理等情况。

7) 检查十项标准是否落实，基础管理是否健全，防火档案资料是否齐全，发生事故是否按“三不放过”原则进行处理。

(2) 火险隐患整改的要求

1) 领导重视。火险隐患能不能及时进行整改，关键在于领导。有些重大火险隐患，之所以成了“老检查、老问题、老不改”的“老大难”问题，是与有的领导不够重视防火安全分不开的。事实证明：光检查不整改，势必养患成灾，届时想改也来不及了。一旦发生了火灾事故，与整改隐患比较起来，在人力、物力、财力等各个方面所付出的代价不知要高出多少倍。因此，迟改不如早改。

2) 边查边改。以检查出来的火险隐患，要求施工单位能立即纠正的，就立即纠正，不要拖延。

3) 对立即不能解决的火险隐患，检查人员逐件登记、定项、定人、定措施，限期整改；并建立立案、销案制度。

4) 对重大火险隐患，经施工单位自身的努力仍得不到解决的，公安消防监督机关应该督促他们及时向上级主管机关报告，求得解决，同时采取可靠的临时性措施。对能够整改而又不认真整改的部门、单位，公安消防监督机关要发出重大火险隐患通知书。

5) 对遗留下来的建筑规划布局、消防通道、水源等方面的问题，一时确实无法解决的，公安消防监督机关应提请有关部门纳入建设规划，逐步加以解决。在没有解决前，要采取临时性的补救措施，以保证安全。

## 5.2　施工现场灭火

(1) 灭火方法

1) 窒息灭火方法。就用阻止空气流入燃烧区，或用不燃物质（气体）冲淡空气，使燃烧物质断绝氧气的助燃而使火熄灭。这种灭火方法，仅适应扑救比较密闭的房间、地下室和生产装置设备等部位发生的火灾。

在火场上运用窒息法扑灭火灾时，可采用浸湿的棉被、帆布、海草席等不燃或难燃材料覆盖燃烧物或封闭孔洞；用水蒸汽，惰性气体或二氧化碳、氮气充入燃烧区域内；利用建筑物原有的门、窗以及生产贮运设备上的部件，封闭燃烧区，阻止新鲜空气流入，以降低燃烧区内氧气的含量，从而达到窒息燃烧的目的。此外，在万不得已且条件又允许的情况下，也可采用水淹没（灌注）的方法扑灭火灾。

采取窒息法扑救火灾时，应注意以下事项：

①燃烧部位的空间必须较小，又容易堵塞封闭，且在燃烧区域内没有氧化剂物质存在时。

②采取水淹方法扑救火灾时，必须考虑到水对可燃物质作用后，不致产生不良的后果。

③采取窒息法灭火后，必须在确认火已熄灭时，方可打开孔洞进行检查，严防因过早打开封闭的房间或生产装置，而使新鲜空气流入燃烧区，引起新的燃烧，导致火势猛烈发展。

④在条件允许的情况下，为阻止火势迅速蔓延，争取灭火战斗的准备时间，可采取临时性的封闭窒息措施或先不打开门窗，使燃烧速度控制在最低程度，在组织好扑救力量后再打开门、窗，解除窒息封闭措施。

⑤采用惰性气体灭火时，必须要保证燃烧区域内的惰性气体的数量，使燃烧区域内氧气的含量控制在14%以下，以达到灭火的目的。

2）冷却灭火法。就是将灭火剂直接喷洒在燃烧物体上，使可燃物质的温度降低到燃点以下，以终止燃烧。在火场上，除了用冷却法扑灭火灾外，在必要的情况下可用冷却剂冷却建筑构件、生产装置、设备容器等，防止建筑结构变形造成更大的损失。

3）隔离灭火法。就是将燃烧物体与附近的可燃物质隔离或疏散开，使燃烧失去可燃物质而停止。这种方法适用于扑救各种固体、液体和气体火灾。

采取隔离灭火法的具体措施是将燃烧区附近的可燃、易燃和助燃物质，转移到安全地点。关闭阀门，阻止气体、液体流入燃烧区；设法阻拦流散的易燃、可燃液体或扩散的可燃气体，拆除与燃烧区相毗连的可燃建筑物，形成防止火势蔓延的间距。

4）抑制灭火法。与前三种灭火方法不同。它是使灭火剂参与燃烧反应过程，使燃烧过程中产生的游离基消失，从而形成稳定分子或低活性的游离基，使燃烧反应停止。目前抑制法灭火常用的灭火剂有1211、1202、1301灭火剂。

（2）消防设施布置要求

1）消防给水的设置原则：

① 高度超过24m的工程；

② 层数超过10层的工程；

③ 重要的及施工面积较大的工程。

2）消防给水管网：

① 工程临时竖管不应少于两条，成环状布置，每根竖管的直径应根据要求的水柱股数，按最上层消火栓出水计算，但不小于100mm。

②高度小于50m，每层面积不超过500m$^2$的普通塔式住宅及公共建筑，可设一条临时竖管。

3）临时消火栓布置：

① 工程内临时消火栓应分设于各层明显且便于使用的地点，并保证消火栓的充实水柱能到达工程任何部位。栓口出水方向宜与墙壁成90°角，离地面1.2m。

② 消火栓口径应为65mm，配备的水带每节长度不宜超过20m，水枪喷嘴口径不小于19mm。每个消火栓处宜设启动消防水泵的按钮。

③ 临时消火栓的布置应保证充实水柱能到达工程内任何部位。

4）施工现场灭火器的配备：

①一般临时设施区，每100$m^2$配备两个10L灭火器，大型临时设施总面积超过1200$m^2$的，应备有专供消防用的太平桶、积水桶（池）、黄砂池等器材设施。

②木工间、油漆间、机具间等每25$m^2$应配置一个合适的灭火器；油库、危险品仓库应配备足够数量、种类的灭火器。

③仓库或堆料场内，应根据灭火对象的特性，分组布置酸碱、泡沫、清水、二氧化碳等灭火器。每组灭火器不少于4个，每组灭火器之间的距离不大于30m。

## 复习思考题

1. 简述防火安全管理的一般规定及项目防火领导小组的责任。
2. 火源管理的具体内容？
3. 电器防火管理的具体内容？
4. 易燃易爆物品防火安全管理的具体内容？
5. 防火的资料档案的具体内容？
6. 地下工程防火的具体要求？
7. 冬季防火的具体要求？
8. 简述防火安全检查的主要内容及火险隐患整改的要求。
9. 简述施工现场的灭火方法及施工现场灭火器材的配备。

# 单元12 文明施工与环境保护

**知 识 点**：本章主要介绍了文明施工与环境保护的概念与意义、组织管理，及现场文明施工的主要内容。

**教学目标**：通过本章学习使学生能够基本掌握如何实施现场文明施工和进行环境保护。

## 课题1 文明施工与环境保护概述

### 1.1 文明施工与环境保护的概念及意义

（1）文明施工与环境保护概念

1）文明施工是保持施工现场良好的作业环境、卫生环境和工作秩序。文明施工主要包括以下几个方面工作：

①规范施工现场的场容，保持作业环境的整洁卫生；

②科学组织施工，使生产有序进行；

③减少施工对周围居民和环境的影响；

④保证职工的安全和身体健康。

2）环境保护是按照法律法规、各级主管部门和企业的要求，保护和改善作业现场的环境，控制现场的各种粉尘、废水、废气、固体废弃物、噪声、振动等对环境的污染和危害。环境保护也是文明施工的重要内容之一。

（2）文明施工的意义

1）文明施工能促进企业综合管理水平的提高。保护良好的作业环境和秩序，对促进安全生产、加快施工进度、保证工程质量、降低工程成本、提高经济和社会效益有较大作用。文明施工涉及人、财、物各个方面，贯穿于施工全过程之中，体现了企业在工程项目施工现场的综合管理水平。

2）文明施工是适应现代化施工的客观要求。现代化施工更需要采用先进的技术、工艺、材料、设备和科学的施工方案，需要严密组织、严格要求、标准化管理和较好的职工素质等。文明施工能适应现代化施工的要求，是实现优质、高效、低耗、安全、清洁、卫生的有效手段。

3）文明施工代表企业的形象。良好的施工环境与施工秩序，可以得到社会的支持和信赖，提高企业的知名度和市场竞争力。

4）文明施工有利于员工的身体健康，有利于培养和提高施工企业的整体素质。文明施工可以提高职工队伍的文化、技术和思想素质，培养尊重科学、遵守纪律、团结协作的大生产意识，促进企业精神文明建设，从而还可以促进施工队伍整体素质的提高。

(3) 现场环境保护的意义

1) 保护和改善施工环境是保证人们身体健康和社会文明的需要。采取专项措施防止粉尘、噪声和水源污染，保护好作业现场及其周围的环境，是保证职工和相关人员身体健康、体现社会总体文明的一项利国利民的重要工作。

2) 保护和改善施工现场环境是消除外部干扰保证施工顺利进行的需要。随着人们法制观念和自我保护意识的增强，尤其在城市中，施工扰民问题反映突出，应及时采取防治措施，减少对环境的污染和对市民的干扰，也是施工顺利进行的基本条件。

3) 保护和改善施工环境是现代化生产的客观要求。现代化施工广泛使用新设备、新技术、新的生产工艺，这些对环境质量要求很高，如果粉尘、振动超标就可能影响设备功能发挥，使设备难以发挥作用。

4) 节约能源、保护人类生存环境、保证社会和企业可持续发展的需要。人类社会即将面临环境污染和能源危机的挑战。为了保护子孙后代赖以生存的环境条件，每个公民和企业都有责任和义务来保护环境。良好的环境和生存条件，也是企业发展的基础和动力。

## 1.2 文明施工组织与管理

(1) 组织和制度管理

1) 施工现场应成立以项目经理为第一责任人的文明施工管理组织。分包单位应服从总包单位的文明施工管理组织的统一管理，并接受监督检查。

2) 各项施工现场管理制度应有文明施工的规定。包括个人岗位责任制、经济责任制、安全检查制度、持证上岗制度、奖惩制度、竞赛制度和各项专业管理制度等。

3) 加强和落实现场文明检查、考核及奖惩管理，以促进文明施工管理工作提高。检查范围内容应全面周到，包括生产区、生活区、场容场貌、环境文明及制度落实等内容。检查发现的问题应采取整改措施。

(2) 建立收集文明施工的资料及其保存的措施

1) 上级关于文明施工的标准、规定、法律法规等资料；

2) 施工组织设计（方案）中对文明施工的管理规定，各阶段施工现场文明施工的措施；

3) 文明施工自检资料；

4) 文明施工教育、培训、考核计划；

5) 文明施工活动各项记录和教育。

(3) 加强文明施工的宣传和教育

1) 在坚持岗位练兵基础上，要采取派出去、请进来、短期培训、上技术课、登黑板报、广播、看录像、看电视等方法狠抓教育工作；

2) 要特别注意对临时工的岗前教育；

3) 专业管理人员应熟悉掌握文明施工的规定。

## 1.3 现场文明施工的一般规定

1) 施工现场必须设置明显的标牌，标明工程项目名称、建设单位、设计单位、施工单位、项目经理和施工现场总代表人的姓名、竣工日期、施工许可证批准文号等。施工单位负责施工现场标牌的保护工作。

2）施工现场的管理人员应当佩戴证明其身份的证卡。

3）应当按照施工总平面布置图设置各项临时设施。现场堆放的大宗材料、成品、半成品和机具设备不得侵占场内道路及安全防护等设施。

4）施工现场的用电线路、用电设施的安装和使用必须符合安装规范和安全操作规程，并按照施工组织设计进行架设，严禁任意拉线接电。施工现场必须设有保证施工安全要求的夜间照明；危险潮湿场所的照明以及手持照明灯具，必须采用符合安全要求的电压。

5）施工机械应当按照施工总平面布置图规定的位置和线路设置，不得任意侵占场内道路。施工机械进场须经过安全检查，经检查合格的方能使用。施工机械操作人员必须建立机组责任制，并依照有关规定持证上岗，禁止无证人员操作。

6）应保证施工现场道路畅道，排水系统处于良好的使用状态；保持场容场貌的整洁，随时清理建筑垃圾。在车辆、行人通行的地方施工，应当设置施工标志，并对沟井坎穴进行覆盖。

7）施工现场的各种安全设施和劳动保护器具，必须定期进行检查和维护，及时消除隐患，保证其安全有效。

8）施工现场应当设置各类必要的职工生活设施，并符合卫生、通风、照明等要求。职工的膳食、饮水供应等应当符合卫生要求。

9）应当做好施工现场安全保卫工作，采取必要的防盗措施，在现场周边设立围护设施。

10）应当严格依照《中华人民共和国消防条例》的规定，在施工现场建立和执行防火管理制度，设置符合消防要求的消防设施，并保持完好的备用状态。在容易发生火灾的地区施工，或者储存、使用易燃易爆器材时，应当采取特殊的消防安全措施。

11）施工现场发生工程建设重大事故的处理，依照《工程建设重大事故报告和调查程序规定》执行。

# 课题2 文 明 施 工

## 2.1 现 场 围 墙

1）现场围墙必须有项目技术负责人设计的详细施工图及设计说明，经项目经理审核，报公司批准后方可施工。围墙做法在满足各企业要求的同时，必须满足各地地方政府的要求，围墙做到“美观、大方、节约”。

若无特殊要求，可以按如下方案施工：围墙厚度一律采用240mm砖墙；围墙内外侧要用砂浆抹平，刷白；临街工程围墙高度不低于2.5m，用砂浆抹平，外侧距地面50cm及距围顶端30cm刷标准蓝色带，中间刷白色，非临街工程围墙高度不低于1.8m，内外侧采用砂浆抹平刷白，外侧距地面30cm及距墙顶20cm刷标准蓝色带，中间刷白部分一律书写红色楷书标语；围墙顶部均为简易仿古压顶（刷暗红色）。

2）施工现场围墙必须连接设置，做到全封闭施工。

## 2.2 封 闭 管 理

1）施工现场要设置大门，位置要适宜人员和车辆进入。

2）紧靠大门内侧设治安室，室外悬挂治安保卫制度、责任人及治安保卫电话，并配备专职保安人员。门口应有来访人员登记本及值班人员交接班记录。

3）进入施工现场人员必须佩带工作卡，项目经理、技术负责人为红色，管理人员为绿色，工人为白色。

4）大门上应设立企业标志，门梁高度应大于4m。

## 2.3 施 工 现 场

1）施工现场场地应做硬化处理，造价在1000万元以上的工程，道路必须采用混凝土硬化，而对于小型工程现场道路应采用3:7灰土，砂石路面硬化，但搅拌机场地、物料提升机场地，砂石堆放场地及其他原材料堆放场地等易积水场地，必须混凝土硬化，其他场地可采用砖铺地或砂石硬化。

2）道路必须畅通，施工现场道路应在施工总平面图上标示清楚，道路不得堆放设备或建筑材料。

3）施工现场场地应有排水坡度、排水管、热电厂水沟等排水设施，做到排水畅通、无堵塞、无积水。

4）施工现场应设污水沉淀池，防止污水、泥浆不经处理直接外排造成堵塞下水道，污染环境。

5）施工现场不准随意吸烟，应设专用吸烟室，既要方便作业人员吸烟，又要防止火灾发生。

6）现场绿化：温暖季节，施工现场必须有适当绿化，如盆景、图画，并尽量与城市绿化协调。

## 2.4 材 料 堆 放

1）施工现场办公室挂总平面布置图，现场材料堆放应与总平面图标示位置一致，不得随意堆放。

2）堆放材料应有标示牌，其内容为：名称、规格型号、批量、产地、质量等内容。

3）材料堆放应做到整齐，并按下列规定堆放：

钢筋堆放垫高30cm，一头齐，并按不同型号分开放置。

钢模板堆放垫高20~30cm，一竖一丁，成方扣放，不得仰放。

钢管堆放垫高20~30cm，一头齐，并按不同型号分开堆放。

机砖堆放应成丁成排，堆放高度不得超过10层。

砂、石堆放在砌高60~80cm高的池子内，池内外壁抹水泥砂浆。

袋装水泥堆放：水泥库要有门有锁，有防潮措施，堆放高度小于10层，远离墙壁10~20cm，并应挂设品名标牌。

建筑废旧材料应集中堆放于废旧材料堆放场，堆放场应封闭挂牌。

4）施工现场应建立清扫制度，落实到人，做到工完料清、场地清，不用的机械设备、机具及时出场。

5）建筑垃圾应及时存放于建筑垃圾堆放池，池内外壁抹水泥砂浆，并定时清运，严禁随意堆放，垃圾堆放处应挂设标牌，显示名称及品种。

6）易燃物品应分类堆放，易爆物品应有专门仓库存放，存放点附近不得有火源，并有禁火标示及责任人标示。

## 2.5 现场临建设施

1）在建工程不得兼做住宿及办公，施工楼层严禁住人。

2）施工现场的生产区与生活办公区原则上应相互分离，并有隔离带。对于施工现场特别狭窄难以分开的，必须做好安全防护工作。生产区进口应设整容镜，两边写对联“用好保护用品、保障安全生产”或“为了个人和他人安全，请用好安全防护用品”等标语，生产区进口应有值班人员，不戴安全帽、穿拖鞋等违规人员及小孩禁止入内。生活区，应设茶水处，并有责任人和形象标示，茶水桶应落锁。

3）现场临建设施（一般包括办公室、会议室、娱乐室、项目部工会小组办公室、食堂、餐厅、宿舍、仓库、厕所、淋浴室、门卫室、医疗室、配电室、钢筋棚、木工棚等）檐高应大于3m，临建设施除钢筋棚、木工棚、厂棚外，都应有吊顶、纱门和纱窗、窗不要设前后窗，窗口面积大于1.5m×1.8m，并在搭建前必须由项目技术人员负责设计施工图，并经项目技术负责人及项目经理审核，报公司总工程师批准后方可搭建。

4）宿舍应确保主体结构安全，设施完好，禁止油毡、竹板等易燃材料搭设的简易工棚做宿舍，宿舍内应有通风、透光、保暖、消防、防署、防中毒、防蚊虫叮咬等措施。六人以上宿舍门应向外开，室内电线排线整齐，可统一使用钢管床，床与床应留1~1.5m的活动空间，宿舍要配备职工贮柜、碗柜和学习用具等，并在墙上悬挂卫生管理制度、宿舍人员名单、责任人及值日表和其他有关标语；用品摆放整齐，床头应设床头卡，内容显示：姓名、性别、年龄、工种、籍贯、身份证号码等，夏季宿舍必须安装电扇。

5）宿舍周围应清洁卫生，有排水明沟不积水，宿舍有防盗措施，保安人员要经常巡逻检查。

6）施工现场应设住外人员更衣室，内配更衣柜、衣架等设施。

7）施工现场适当位置（一般设大门口附近）设安全生产教育台，两侧可写对联“安全第一，预防为主”标语，横批写“安全生产教育台”。

## 2.6 现场防火

1）建立消防制度，配备灭火器材，并有消防措施。

2）消防器材配备，灭火器一般每处不少于3个，并保证满足消防要求。

3）制定动火审批手续和实行防火监护制度。

4）下列工程应设临时消防给水：

①高度超过24m的工程；

②层数超过10层的工程。

施工面积较大（超过施工现场内临时消防栓保护范围）的工程，工程消防给水，可以与施工用水合用。

5）工程消防给水管网，工程临时消防栓，竖管不应少于两条，宜成环状布置，每根竖管的直径应根据要求的水柱股数，按最上层消防栓出水量计算，但应不小于100mm。高度小于50m，且每层面积不超过500m$^2$的塔式住宅及公共建筑可设一条临时竖管。

6）工程临时消防栓及其布置。工程临时消防栓应设于各层明显且便于使用的地点。并保证消防栓的充实水柱能达到工程内任何部位，栓口出水方向宜与墙壁成90°，离地面1.2m高。

消防栓口直径为65mm，配备水带每节长度不宜超过20m，水枪喷嘴口径应不小于19mm，每个消防栓处，宜设起动消防水泵的按钮。

7）施工现场灭火器配备：

①一般临时设施区，每100m$^2$配备10L灭火器1只。

②大型临时设施总面积超过1200m$^2$的应配备有专供消防用的太平桶、积水桶（池）、黄砂池等器材设施，上述设施周围不得堆放物品，保障人员畅通。

③临时木工间、油漆间、木工机具间等，每25m$^2$应配置一个种类合适的灭火器。油库、危险品仓库应配备足量种类的灭火器。

④仓库或堆放场内，应根据灭火对象的特性，分组布置酸碱、泡沫、清水、二氧化炭等类型灭火器，每组灭火器不少于四个，每组灭火器之间的距离不大于30m。

## 2.7 治安综合治理

1）生活区内应设供职工学习和娱乐的场所（学习室、娱乐室）。

2）建立治安保卫制度，防范措施得力，责任分解到人，并应与当地派出所签订社会治安综合治理责任书，同时要与有关部门签订流动人口计划生育责任书。

## 2.8 施工标牌

1）设立读报栏、宣传栏、黑板报等。

2）大门口处应悬挂“五牌一图”，即工程概况牌、管理人员名单及监督电话牌、消防保卫牌、安全生产牌、文明施工牌、施工现场平面图。但现在施工现场仅悬挂“五牌一图”已经略显不足，因此推荐悬挂“八牌二图”，即施工单位名称牌、工程概况牌、门卫制度牌、工地名称牌、安全大纪律宣传标语牌、安全大事故计数牌、工地主要管理人员名单牌、立功竞赛榜等宣传牌，施工总平面图、卫生责任包干图。

“八牌二图”要以板报形式设在大门附近醒目处，下框边沿距地面大于1m。

操作规程牌按其性质，有固定场所的挂于操作处，无固定场所时集中挂于施工场地明显位置处。严禁将“八牌二图”挂在外脚手架上。

3）标牌挂设应做到规格统一，字迹端正，线条清晰，表示明确，摆放位置合理。

4）施工现场应悬挂安全宣传和警示牌，标牌悬挂牢固可靠，特别是主要施工部位，作业点和危险区及主要通道口都必须有针对性地悬挂安全警示牌。

5）现场大门外，还应该有企业及工程简介和企业的有关荣誉奖牌彩印件，以提高施工企业在社会上形象。

6）现场防护棚，安全通道的顶部防护层下所有钢管，防护栏杆均要刷红白相间安全色，以提高文明施工气氛。防护棚及安全通道要设上、下两层竹笆，间隔70cm。

## 2.9 生活设施

1）厕所墙壁贴白色瓷砖，高度≥1.8m，有条件的设置水冲式厕所，否则便槽必须加盖密封。厕所不得漏天设置，对于孔洞，要有纱门或纱网封闭，门口挂形象标示。六层以上建筑，应隔层设小便设施，并保持清洁卫生无气味，做到专人负责，及时清理。要有灭蚊蝇滋生措施。

2）职工食堂应有良好的通风和洁卫措施，保持卫生整洁，防蝇防鼠，炉堂门应设在室外，灶台上方必须加设大型换气扇，凡是有孔洞的地方均要用纱网防护，食堂门底部要加设20cm高薄钢板，地面硬化，内墙面贴高度≥1.8m的白瓷片，案板台也应全部贴瓷砖。

食堂内要达到有关食品卫生的法律、法规规定的标准，并办理《卫生许可证》，炊事员要穿戴白色工作服、帽、持《健康证》上岗，闲杂人员禁止入内，同时食堂内应功能分隔，如灶前、灶后、仓储间等特别是生熟食案必须分开并有纱网、纱罩。食堂内要有灭鼠器具，食堂物品不准随意堆放。

食堂餐厅要干净卫生，要配茶水桶、碗柜、吃饭桌椅、灭蝇灯、洗碗池、泔水桶、生活垃圾箱等设施，并要有责任人和管理制度，泔水桶和生活垃圾箱要加盖密封，并定时清理。

3）施工现场应设固定的男女淋浴室，墙壁刷白，并贴2m高的瓷砖墙壁。门口要喷涂形象标示，挂纱席或纱门，顶部出气孔要用纱网封闭。室内应配更衣柜、更衣椅、防水灯等设施。

4）施工现场应设茶水供应设施，茶水桶要落锁，专人管理。

5）现场仓库严禁住人、做饭，各种物品应推放整齐，建立材料收发管理制度及登记卡。

6）现场卫生要定人分区分片管理，并建立相应卫生责任制。

## 2.10 保 健 急 救

1）对于较大工地，应设医务室，有专职医生值班，而对一般工地无条件设医务室的，应配备经过培训合格的急救人员，该人员应能撑握常用的“人工呼吸”、“固定绑扎”、“止血”等急救措施，并会使用简单的急救器材，并同时配备就近医院的医生及巡回医疗的联系电话。

2）一般工地应配备医药保健箱及急救药品（如创可贴、胶带、纱布、藿香正气水、仁丹、碘酒、红汞、酒精等）和急救器材（如担架、止血带、氧气袋、药箱、镊子、剪刀等），以便在意外情况发生时，能够及时抢救，不扩大险情。

3）为保障职工身体健康，应在流行病高发季节及平时定期开展卫生防病宣传教育，并在适当位置张贴卫生知识宣传挂图。

## 2.11 社 区 服 务

1）施工现场应制定防粉尘、防噪声措施，并在工程开工前15天内向工程所在地人民政府环境保护主管部门申报。

2）对夜间施工产生噪声的工序，以及因生产工艺等特殊情况必须在夜间连续施工的工程项目，应经当地政府环境保护行政部门批准，办理夜间施工许可证后方可夜间施工。

3）施工现场除设有符合规定的装置外，不得在施工现场熔融沥青或焚烧油毡、油漆以及其他会产生有毒、有害烟尘和恶臭气体的物质。

4）施工现场应制定因夜间施工的机械噪声、运料车辆影响周围道路交通及施工时砖块和其他物品高处坠落损坏附近居民房屋、烟尘污染周围环境等方面的不扰民措施。

### 2.12 文明施工检查

1）场容场貌与工地环境卫生检查应每周检查记录一次。

2）防火安全检查记录，按要求每周检查记录一次，特殊情况可适当增加检查次数。

### 2.13 防汛、防台风

1）各施工现场必须建立防台风、防汛机构。

2）在防台风、防汛期中，必须落实值班人员，并有交接班记录。

3）各工程项目应建立防汛制度及防汛值班人员名单，并应及时上报。

4）若遇到暴雨及特大台风时，要及时进行检查，有险情及时上报，不得隐瞒。

## 复习思考题

1. 简述文明施工与环境保护的概念及意义。
2. 简述文明施工组织与管理的主要内容。
3. 简述现场文明施工的一般规定。
4. 简述施工现场文明施工的主要内容。
5. 简述现场临建设施的文明施工的主要内容。

附录一

# 中华人民共和国建筑法

## 中华人民共和国主席令

第91号

《中华人民共和国建筑法》已由中华人民共和国第八届全国人民代表大会常务委员会第二十八次会议于1997年11月1日通过，现予公布，自1998年3月1日起施行。

中华人民共和国主席　江泽民

1997年11月1日

中华人民共和国建筑法

（1997年11月1日第八届全国人大常委会第28次会议通过）



## 总　则

**第一条**　为了加强对建筑活动的监督管理，维护建筑市场秩序，保证建筑工程的质量和安全，促进建筑业健康发展，制定本法。

**第二条**　在中华人民共和国境内从事建筑活动，实施对建筑活动的监督管理，应当遵守本法。

本法所称建筑活动，是指各类房屋建筑及其附属设施的建造和与其配套的线路、管道、设备的安装活动。

**第三条**　建筑活动应当确保建筑工程质量和安全，符合国家的建筑工程安全标准。

**第四条**　国家扶持建筑业的发展，支持建筑科学技术研究，提高房屋建筑设计水平，鼓励节约能源和保护环境，提倡采用先进技术、先进设备、先进工艺、新型建筑材料和现代管理方式。

**第五条** 从事建筑活动应当遵守法律、法规，不得损害社会公共利益和他人的合法权益。

任何单位和个人都不得妨碍和阻挠依法进行的建筑活动。

**第六条** 国务院建设行政主管部门对全国的建筑活动实施统一监督管理。

## 建 筑 许 可

### 第一节 建筑工程施工许可

**第七条** 建筑工程开工前，建设单位应当按照国家有关规定向工程所在地县级以上人民政府建设行政主管部门申请领取施工许可证；但是，国务院建设行政主管部门确定的限额以下的小型工程除外。

按照国务院规定的权限和程序批准开工报告的建筑工程，不再领取施工许可证。

**第八条** 申请领取施工许可证，应当具备下列条件：

（一）已经办理该建筑工程用地批准手续；

（二）在城市规划区的建筑工程，已经取得规划许可证；

（三）需要拆迁的，其拆迁进度符合施工要求；

（四）已经确定建筑施工企业；

（五）有满足施工需要的施工图纸及技术资料；

（六）有保证工程质量和安全的具体措施；

（七）建设资金已经落实；

（八）法律、行政法规规定的其他条件。

建设行政主管部门应当自收到申请之日起十五日内，对符合条件的申请颁发施工许可证。

**第九条** 建设单位应当自领取施工许可证之日起三个月内开工。因故不能按期开工的，应当向发证机关申请延期；延期以两次为限，每次不超过三个月。既不开工又不申请延期或者超过延期时限的，施工许可证自行废止。

**第十条** 在建的建筑工程因故中止施工的，建设单位应当自中止施工之日起一个月内，向发证机关报告，并按照规定做好建筑工程的维护管理工作。

建筑工程恢复施工时，应当向发证机关报告；中止施工满一年的工程恢复施工前，建设单位应当报发证机关核验施工许可证。

**第十一条** 按照国务院有关规定批准开工报告的建筑工程，因故不能按期开工或者中止施工的，应当及时向批准机关报告情况。因故不能按期开工超过六个月的，应当重新办理开工报告的批准手续。

### 第二节 从 业 资 格

**第十二条** 从事建筑活动的建筑施工企业、勘察单位、设计单位和工程监理单位，应当具备下列条件：

（一）有符合国家规定的注册资本；

（二）有与其从事的建筑活动相适应的具有法定执业资格的专业技术人员；

（三）有从事相关建筑活动所应有的技术装备；

（四）法律、行政法规规定的其他条件。

**第十三条** 从事建筑活动的建筑施工企业、勘察单位、设计单位和工程监理单位，按照其拥有的注册资本、专业技术人员、技术装备和已完成的建筑工程业绩等资质条件，划分为不同的资质等级，经资质审查合格，取得相应等级的资质证书后，方可在其资质等级许可的范围内从事建筑活动。

**第十四条** 从事建筑活动的专业技术人员，应当依法取得相应的执业资格证书，并在执业资格证书许可的范围内从事建筑活动。

## 建筑工程发包与承包

### 第一节 一 般 规 定

**第十五条** 建筑工程的发包单位与承包单位应当依法订立书面合同，明确双方的权利和义务。

发包单位和承包单位应当全面履行合同约定的义务。不按照合同约定履行义务的，依法承担违约责任。

**第十六条** 建筑工程发包与承包的招标投标活动，应当遵循公开、公正、平等竞争的原则，择优选择承包单位。

建筑工程的招标投标，本法没有规定的，适用有关招标投标法律的规定。

**第十七条** 发包单位及其工作人员在建筑工程发包中不得收受贿赂、回扣或者索取其他好处。

承包单位及其工作人员不得利用向发包单位及其工作人员行贿、提供回扣或者给予其他好处等不正当手段承揽工程。

**第十八条** 建筑工程造价应当按照国家有关规定，由发包单位与承包单位在合同中约定。公开招标发包的，其造价的约定，须遵守招标投标法律的规定。

发包单位应当按照合同的约定，及时拨付工程款项。

### 第二节 发 包

**第十九条** 建筑工程依法实行招标发包，对不适于招标发包的可以直接发包。

**第二十条** 建筑工程实行公开招标的，发包单位应当依照法定程序和方式，发布招标公告，提供载有招标工程的主要技术要求、主要的合同条款、评标的标准和方法以及开标、评标、定标的程序等内容的招标文件。

开标应当在招标文件规定的时间、地点公开进行。开标后应当按照招标文件规定的评标标准和程序对标书进行评价、比较，在具备相应资质条件的投标者中，择优选定中标者。

**第二十一条** 建筑工程招标的开标、评标、定标由建设单位依法组织实施，并接受有关行政主管部门的监督。

**第二十二条** 建筑工程实行招标发包的，发包单位应当将建筑工程发包给依法中标的承包单位。建筑工程实行直接发包的，发包单位应当将建筑工程发包给具有相应资质条件的承包单位。

**第二十三条** 政府及其所属部门不得滥用行政权力，限定发包单位将招标发包的建筑工程发包给指定的承包单位。

**第二十四条** 提倡对建筑工程实行总承包，禁止将建筑工程肢解发包。

建筑工程的发包单位可以将建筑工程的勘察、设计、施工、设备采购一并发包给一个工程总承包单位，也可以将建筑工程勘察、设计、施工、设备采购的一项或者多项发包给一个工程总承包单位；但是，不得将应当由一个承包单位完成的建筑工程肢解成若干部分发包给几个承包单位。

**第二十五条** 按照合同约定，建筑材料、建筑构配件和设备由工程承包单位采购的，发包单位不得指定承包单位购入用于工程的建筑材料、建筑构配件和设备或者指定生产厂、供应商。

## 第三节 承 包

**第二十六条** 承包建筑工程的单位应当持有依法取得的资质证书，并在其资质等级许可的业务范围内承揽工程。禁止建筑施工企业超越本企业资质等级许可的业务范围或者以任何形式用其他建筑施工企业的名义承揽工程。

禁止建筑施工企业以任何形式允许其他单位或者个人使用本企业的资质证书、营业执照，以本企业的名义承揽工程。

**第二十七条** 大型建筑工程或者结构复杂的建筑工程，可以由两个以上的承包单位联合共同承包。共同承包的各方对承包合同的履行承担连带责任。

两个以上不同资质等级的单位实行联合共同承包的，应当按照资质等级低的单位的业务许可范围承揽工程。

**第二十八条** 禁止承包单位将其承包的全部建筑工程转包给他人，禁止承包单位将其承包的全部建筑工程肢解以后以分包的名义分别转包给他人。

**第二十九条** 建筑工程总承包单位可以将承包工程中的部分工程发包给具有相应资质条件的分包单位；但是，除总承包合同中约定的分包外，必须经建设单位认可。施工总承包的，建筑工程主体结构的施工必须由总承包单位自行完成。

建筑工程总承包单位按照总承包合同的约定对建设单位负责；分包单位按照分包合同的约定对总承包单位负责。总承包单位和分包单位就分包工程对建设单位承担连带责任。

禁止总承包单位将工程分包给不具备相应资质条件的单位。禁止分包单位将其承包的工程再分包。

## 建筑工程监理

**第三十条** 国家推行建筑工程监理制度。

国务院可以规定实行强制监理的建筑工程的范围。

**第三十一条** 实行监理的建筑工程，由建设单位委托具有相应资质条件的工程监理单位监理。建设单位与其委托的工程监理单位应当订立书面委托监理合同。

**第三十二条** 建筑工程监理应当依照法律、行政法规及有关的技术标准、设计文件和建筑工程承包合同，对承包单位在施工质量、建设工期和建设资金使用等方面，代表建设单位实施监督。

工程监理人员认为工程施工不符合工程设计要求、施工技术标准和合同约定的，有权要求建筑施工企业改正。

工程监理人员发现工程设计不符合建筑工程质量标准或者合同约定的质量要求的，应当报告建设单位要求设计单位改正。

**第三十三条** 实施建筑工程监理前，建设单位应当将委托的工程监理单位、监理的内容及监理权限，书面通知被监理的建筑施工企业。

**第三十四条** 工程监理单位应当在其资质等级许可的监理范围内，承担工程监理业务。

工程监理单位应当根据建设单位的委托，客观、公正地执行监理任务。

工程监理单位与被监理工程的承包单位以及建筑材料、建筑构配件和设备供应单位不得有隶属关系或者其他利害关系。

工程监理单位不得转让工程监理业务。

**第三十五条** 工程监理单位不按照委托监理合同的约定履行监理义务，对应当监督检查的项目不检查或者不按照规定检查，给建设单位造成损失的，应当承担相应的赔偿责任。

工程监理单位与承包单位串通，为承包单位谋取非法利益，给建设单位造成损失的，应当与承包单位承担连带赔偿责任。

## 建筑安全生产管理

**第三十六条** 建筑工程安全生产管理必须坚持安全第一、预防为主的方针，建立健全安全生产的责任制度和群防群治制度。

**第三十七条** 建筑工程设计应当符合按照国家规定制定的建筑安全规程和技术规范，保证工程的安全性能。

**第三十八条** 建筑施工企业在编制施工组织设计时，应当根据建筑工程的特点制定相应的安全技术措施；对专业性较强的工程项目，应当编制专项安全施工组织设计，并采取安全技术措施。

**第三十九条** 建筑施工企业应当在施工现场采取维护安全、防范危险、预防火灾等措施；有条件的，应当对施工现场实行封闭管理。

施工现场对毗邻的建筑物、构筑物和特殊作业环境可能造成损害的，建筑施工企业应当采取安全防护措施。

**第四十条** 建设单位应当向建筑施工企业提供与施工现场相关的地下管线资料，建筑施工企业应当采取措施加以保护。

**第四十一条** 建筑施工企业应当遵守有关环境保护和安全生产的法律、法规的规定，采取控制和处理施工现场的各种粉尘、废气、废水、固体废物以及噪声、振动对环境的污染和危害的措施。

**第四十二条** 有下列情形之一的，建设单位应当按照国家有关规定办理申请批准手续：

（一）需要临时占用规划批准范围以外场地的；

（二）可能损坏道路、管线、电力、邮电通讯等公共设施的；

（三）需要临时停水、停电、中断道路交通的；

（四）需要进行爆破作业的；

（五）法律、法规规定需要办理报批手续的其他情形。

**第四十三条** 建设行政主管部门负责建筑安全生产的管理，并依法接受劳动行政主管部门对建筑安全生产的指导和监督。

**第四十四条** 建筑施工企业必须依法加强对建筑安全生产的管理，执行安全生产责任制度，采取有效措施，防止伤亡和其他安全生产事故的发生。

建筑施工企业的法定代表人对本企业的安全生产负责。

**第四十五条** 施工现场安全由建筑施工企业负责。实行施工总承包的，由总承包单位负责。分包单位向总承包单位负责，服从总承包单位对施工现场的安全生产管理。

**第四十六条** 建筑施工企业应当建立健全劳动安全生产教育培训制度，加强对职工安全生产的教育培训；未经安全生产教育培训的人员，不得上岗作业。

**第四十七条** 建筑施工企业和作业人员在施工过程中，应当遵守有关安全生产的法律、法规和建筑行业安全规章、规程，不得违章指挥或者违章作业。作业人员有权对影响人身健康的作业程序和作业条件提出改进意见，有权获得安全生产所需的防护用品。作业人员对危及生命安全和人身健康的行为有权提出批评、检举和控告。

**第四十八条** 建筑施工企业必须为从事危险作业的职工办理意外伤害保险，支付保险费。

**第四十九条** 涉及建筑主体和承重结构变动的装修工程，建设单位应当在施工前委托原设计单位或者具有相应资质条件的设计单位提出设计方案；没有设计方案的，不得施工。

**第五十条** 房屋拆除应当由具备保证安全条件的建筑施工单位承担，由建筑施工单位负责人对安全负责。

**第五十一条** 施工中发生事故时，建筑施工企业应当采取紧急措施减少人员伤亡和事故损失，并按照国家有关规定及时向有关部门报告。

## 建筑工程质量管理

**第五十二条** 建筑工程勘察、设计、施工的质量必须符合国家有关建筑工程安全标准的要求，具体管理办法由国务院规定。

有关建筑工程安全的国家标准不能适应确保建筑安全的要求时，应当及时修订。

**第五十三条** 国家对从事建筑活动的单位推行质量体系认证制度。从事建筑活动的单位根据自愿原则可以向国务院产品质量监督管理部门或者国务院产品质量监督管理部门授权的部门认可的认证机构申请质量体系认证。经认证合格的，由认证机构颁发质量体系认证证书。

**第五十四条** 建设单位不得以任何理由，要求建筑设计单位或者建筑施工企业在工程设计或者施工作业中，违反法律、行政法规和建筑工程质量、安全标准，降低工程质量。

建筑设计单位和建筑施工企业对建设单位违反前款规定提出的降低工程质量的要求，应当予以拒绝。

**第五十五条** 建筑工程实行总承包的，工程质量由工程总承包单位负责，总承包单位将建筑工程分包给其他单位的，应当对分包工程的质量与分包单位承担连带责任。分包单位应当接受总承包单位的质量管理。

**第五十六条** 建筑工程的勘察、设计单位必须对其勘察、设计的质量负责。勘察、设计文件应当符合有关法律、行政法规的规定和建筑工程质量、安全标准、建筑工程勘察、设计技术规范以及合同的约定。设计文件选用的建筑材料、建筑构配件和设备，应当注明其规格、型号、性能等技术指标，其质量要求必须符合国家规定的标准。

**第五十七条** 建筑设计单位对设计文件选用的建筑材料、建筑构配件和设备，不得指定生产厂、供应商。

**第五十八条** 建筑施工企业对工程的施工质量负责。

建筑施工企业必须按照工程设计图纸和施工技术标准施工，不得偷工减料。工程设计的修改由原设计单位负责，建筑施工企业不得擅自修改工程设计。

**第五十九条** 建筑施工企业必须按照工程设计要求、施工技术标准和合同的约定，对建筑材料、建筑构配件和设备进行检验，不合格的不得使用。

**第六十条** 建筑物在合理使用寿命内，必须确保地基基础工程和主体结构的质量。

建筑工程竣工时，屋顶、墙面不得留有渗漏、开裂等质量缺陷；对已发现的质量缺陷，建筑施工企业应当修复。

**第六十一条** 交付竣工验收的建筑工程，必须符合规定的建筑工程质量标准，有完整的工程技术经济资料和经签署的工程保修书，并具备国家规定的其他竣工条件。建筑工程竣工经验收合格后，方可交付使用；未经验收或者验收不合格的，不得交付使用。

**第六十二条** 建筑工程实行质量保修制度。

建筑工程的保修范围应当包括地基基础工程、主体结构工程、屋面防水工程和其他土建工程，以及电气管线、上下水管线的安装工程，供热、供冷系统工程等项目；保修的期限应当按照保证建筑物合理寿命年限内正常使用，维护使用者合法权益的原则确定。具体的保修范围和最低保修期限由国务院规定。

**第六十三条** 任何单位和个人对建筑工程的质量事故、质量缺陷都有权向建设行政主管部门或者其他有关部门进行检举、控告、投诉。

## 法 律 责 任

**第六十四条** 违反本法规定，未取得施工许可证或者开工报告未经批准擅自施工的，责令改正，对不符合开工条件的责令停止施工，可以处以罚款。

**第六十五条** 发包单位将工程发包给不具有相应资质条件的承包单位的，或者违反本法规定将建筑工程肢解发包的，责令改正，处以罚款。

超越本单位资质等级承揽工程的，责令停止违法行为，处以罚款，可以责令停业整顿，降低资质等级；情节严重的，吊销资质证书；有违法所得的，予以没收。

未取得资质证书承揽工程的，予以取缔，并处罚款；有违法所得的，予以没收。

以欺骗手段取得资质证书的，吊销资质证书，处以罚款；构成犯罪的，依法追究刑事责任。

**第六十六条** 建筑施工企业转让、出借资质证书或者以其他方式允许他人以本企业的名义承揽工程的，责令改正，没收违法所得，并处罚款，可以责令停业整顿，降低资质等级；情节严重的，吊销资质证书。对因该项承揽工程不符合规定的质量标准造成的损失，建筑施工企业与使用本企业名义的单位或者个人承担连带赔偿责任。

**第六十七条** 承包单位将承包的工程转包的，或者违反本法规定进行分包的，责令改正，没收违法所得，并处罚款，可以责令停业整顿，降低资质等级；情节严重的，吊销资质证书。

承包单位有前款规定的违法行为的，对因转包工程或者违法分包的工程不符合规定的质量标准造成的损失，与接受转包或者分包的单位承担连带赔偿责任。

**第六十八条** 在工程发包与承包中索贿、受贿、行贿，构成犯罪的，依法追究刑事责任；不构成犯罪的，分别处以罚款，没收贿赂的财物，对直接负责的主管人员和其他直接责任人员给予处分。

对在工程承包中行贿的承包单位，除依照前款规定处罚外，可以责令停业整顿，降低资质等级或者吊销资质证书。

**第六十九条** 工程监理单位与建设单位或者建筑施工企业串通，弄虚作假、降低工程质量的，责令改正，处以罚款，降低资质等级或者吊销资质证书；有违法所得的，予以没收；造成损失的，承担连带赔偿责任；构成犯罪的，依法追究刑事责任。

工程监理单位转让监理业务的，责令改正，没收违法所得，可以责令停业整顿，降低资质等级；情节严重的，吊销资质证书。

**第七十条** 违反本法规定，涉及建筑主体或者承重结构变动的装修工程擅自施工的，责令改正，处以罚款；造成损失的，承担赔偿责任；构成犯罪的，依法追究刑事责任。

**第七十一条** 建筑施工企业违反本法规定，对建筑安全事故隐患不采取措施予以消除的，责令改正，可以处以罚款；情节严重的，责令停业整顿，降低资质等级或者吊销资质证书；构成犯罪的，依法追究刑事责任。

建筑施工企业的管理人员违章指挥、强令职工冒险作业，因而发生重大伤亡事故或者造成其他严重后果的，依法追究刑事责任。

**第七十二条** 建设单位违反本法规定，要求建筑设计单位或者建筑施工企业违反建筑工程质量、安全标准，降低工程质量的，责令改正，可以处以罚款；构成犯罪的，依法追究刑事责任。

**第七十三条** 建筑设计单位不按照建筑工程质量、安全标准进行设计的，责令改正，处以罚款；造成工程质量事故的，责令停业整顿，降低资质等级或者吊销资质证书，没收违法所得，并处罚款；造成损失的，承担赔偿责任；构成犯罪的，依法追究刑事责任。

**第七十四条** 建筑施工企业在施工中偷工减料的，使用不合格的建筑材料、建筑构配件和设备的，或者有其他不按照工程设计图纸或者施工技术标准施工的行为的，责令改正，处以罚款；情节严重的，责令停业整顿，降低资质等级或者吊销资质证书；造成建筑工程质量不符合规定的质量标准的，负责返工、修理，并赔偿因此造成的损失；构成犯罪的，依法追究刑事责任。

**第七十五条** 建筑施工企业违反本法规定，不履行保修义务或者拖延履行保修义务的，责令改正，可以处以罚款，并对在保修期内因屋顶、墙面渗漏、开裂等质量缺陷造成的损失，承担赔偿责任。

**第七十六条** 本法规定的责令停业整顿、降低资质等级和吊销资质证书的行政处罚，由颁发资质证书的机关决定；其他行政处罚，由建设行政主管部门或者有关部门依照法律和国务院规定的职权范围决定。

依照本法规定被吊销资质证书的，由工商行政管理部门吊销其营业执照。

**第七十七条** 违反本法规定，对不具备相应资质等级条件的单位颁发该等级资质证书的，由其上级机关责令收回所发的资质证书，对直接负责的主管人员和其他直接人员给予行政处分；构成犯罪的，依法追究刑事责任。

**第七十八条** 政府及其所属部门的工作人员违反本法规定，限定发包单位将招标发包的工程发包给指定的承包单位的，由上级机关责令改正；构成犯罪的，依法追究刑事责任。

**第七十九条** 负责颁发建筑工程施工许可证的部门及其工作人员对不符合施工条件的建筑工程颁发施工许可证的，负责工程质量监督检查或者竣工验收的部门及其工作人员对不合格的建筑工程出具质量合格文件或者按合格工程验收的，由上级机关责令改正，对责任人员给予行政处分；构成犯罪的，依法追究刑事责任；造成损失的，由该部门承担相应的赔偿责任。

**第八十条** 在建筑物的合理使用寿命内，因建筑工程质量不合格受到损害的，有权向责任者要求赔偿。

## 附　　则

**第八十一条** 本法关于施工许可、建筑施工企业资质审查和建筑工程发包、承包、禁止转包，以及建筑工程监理、建筑工程安全和质量管理的规定，适用于其他专业建筑工程的建筑活动，具体办法由国务院规定。

**第八十二条** 建设行政主管部门和其他有关部门在对建筑活动实施监督管理中，除按照国务院有关规定收取费用外，不得收取其他费用。

**第八十三条** 省、自治区、直辖市人民政府确定的小型房屋建筑工程的建筑活动，参照本法执行。

依法核定作为文物保护的纪念建筑物和古建筑等的修缮，依照文物保护的有关法律规定执行。

抢险救灾及其他临时性房屋建筑和农民自建低层住宅的建筑活动，不适用本法。

**第八十四条** 军用房屋建筑工程建筑活动的具体管理办法，由国务院、中央军事委员会依据本法制定。

**第八十五条** 本法自1998年3月1日起施行。

附录二

# 中华人民共和国安全生产法

## 中华人民共和国主席令

第70号

《中华人民共和国安全生产法》已由中华人民共和国第九届全国人民代表大会常务委员会第二十八次会议于2002年6月29日通过，现予公布，自2002年11月1日起施行。

中华人民共和国主席　江泽民

2002年6月29日

中华人民共和国安全生产法

## 第一章　总　　则

**第一条**　为了加强安全生产监督管理，防止和减少生产安全事故，保障人民群众生命和财产安全，促进经济发展，制定本法。

**第二条**　在中华人民共和国领域内从事生产经营活动的单位（以下统称生产经营单位）的安全生产，适用本法；有关法律、行政法规对消防安全和道路交通安全、铁路交通安全、水上交通安全、民用航空安全另有规定的，适用其规定。

**第三条**　安全生产管理，坚持安全第一、预防为主的方针。

**第四条**　生产经营单位必须遵守本法和其他有关安全生产的法律、法规，加强安全生产管理，建立、健全安全生产责任制度，完善安全生产条件，确保安全生产。

**第五条**　生产经营单位的主要负责人对本单位的安全生产工作全面负责。

**第六条**　生产经营单位的从业人员有依法获得安全生产保障的权利，并应当依法履行安全生产方面的义务。

**第七条**　工会依法组织职工参加本单位安全生产工作的民主管理和民主监督，维护职工在安全生产方面的合法权益。

**第八条**　国务院和地方各级人民政府应当加强对安全生产工作的领导，支持、督促各有关部门依法履行安全生产监督管理职责。

县级以上人民政府对安全生产监督管理中存在的重大问题应当及时予以协调、解决。

**第九条**　国务院负责安全生产监督管理的部门依照本法，对全国安全生产工作实施综合监督管理；县级以上地方各级人民政府负责安全生产监督管理的部门依照本法，对本行政区域内安全生产工作实施综合监督管理。

国务院有关部门依照本法和其他有关法律、行政法规的规定，在各自的职责范围内对有关的安全生产工作实施监督管理；县级以上地方各级人民政府有关部门依照本法和其他有关法律、法规的规定，在各自的职责范围内对有关的安全生产工作实施监督管理。

**第十条** 国务院有关部门应当按照保障安全生产的要求，依法及时制定有关的国家标准或者行业标准，并根据科技进步和经济发展适时修订。

生产经营单位必须执行依法制定的保障安全生产的国家标准或者行业标准。

**第十一条** 各级人民政府及其有关部门应当采取多种形式，加强对有关安全生产的法律、法规和安全生产知识的宣传，提高职工的安全生产意识。

**第十二条** 依法设立的为安全生产提供技术服务的中介机构，依照法律、行政法规和执业准则，接受生产经营单位的委托为其安全生产工作提供技术服务。

**第十三条** 国家实行生产安全事故责任追究制度，依照本法和有关法律、法规的规定，追究生产安全事故责任人员的法律责任。

**第十四条** 国家鼓励和支持安全生产科学技术研究和安全生产先进技术的推广应用，提高安全生产水平。

**第十五条** 国家对在改善安全生产条件、防止生产安全事故、参加抢险救护等方面取得显著成绩的单位和个人，给予奖励。

## 第二章 生产经营单位的安全生产保障

**第十六条** 生产经营单位应当具备本法和有关法律、行政法规和国家标准或者行业标准规定的安全生产条件；不具备安全生产条件的，不得从事生产经营活动。

**第十七条** 生产经营单位的主要负责人对本单位安全生产工作负有下列职责：

（一）建立、健全本单位安全生产责任制；

（二）组织制定本单位安全生产规章制度和操作规程；

（三）保证本单位安全生产投入的有效实施；

（四）督促、检查本单位的安全生产工作，及时消除生产安全事故隐患；

（五）组织制定并实施本单位的生产安全事故应急救援预案；

（六）及时、如实报告生产安全事故。

**第十八条** 生产经营单位应当具备的安全生产条件所必需的资金投入，由生产经营单位的决策机构、主要负责人或者个人经营的投资人予以保证，并对由于安全生产所必需的资金投入不足导致的后果承担责任。

**第十九条** 矿山、建筑施工单位和危险物品的生产、经营、储存单位，应当设置安全生产管理机构或者配备专职安全生产管理人员。

前款规定以外的其他生产经营单位，从业人员超过300人的，应当设置安全生产管理机构或者配备专职安全生产管理人员；从业人员在300人以下的，应当配备专职或者兼职的安全生产管理人员，或者委托具有国家规定的相关专业技术资格的工程技术人员提供安全生产管理服务。

生产经营单位依照前款规定委托工程技术人员提供安全生产管理服务的，保证安全生产的责任仍由本单位负责。

**第二十条** 生产经营单位的主要负责人和安全生产管理人员必须具备与本单位所从事的生产经营活动相应的安全生产知识和管理能力。

危险物品的生产、经营、储存单位以及矿山、建筑施工单位的主要负责人和安全生产管理人员，应当由有关主管部门对其安全生产知识和管理能力考核合格后方可任职。考核不得收费。

**第二十一条** 生产经营单位应当对从业人员进行安全生产教育和培训，保证从业人员具备必要的安全生产知识，熟悉有关的安全生产规章制度和安全操作规程，掌握本岗位的安全操作技能。未经安全生产教育和培训合格的从业人员，不得上岗作业。

**第二十二条** 生产经营单位采用新工艺、新技术、新材料或者使用新设备，必须了解、掌握其安全技术特性，采取有效的安全防护措施，并对从业人员进行专门的安全生产教育和培训。

**第二十三条** 生产经营单位的特种作业人员必须按照国家有关规定经专门的安全作业培训，取得特种作业操作资格证书，方可上岗作业。

特种作业人员的范围由国务院负责安全生产监督管理的部门会同国务院有关部门确定。

**第二十四条** 生产经营单位新建、改建、扩建工程项目（以下统称建设项目）的安全设施，必须与主体工程同时设计、同时施工、同时投入生产和使用。安全设施投资应当纳入建设项目概算。

**第二十五条** 矿山建设项目和用于生产、储存危险物品的建设项目，应当分别按照国家有关规定进行安全条件论证和安全评价。

**第二十六条** 建设项目安全设施的设计人、设计单位应当对安全设施设计负责。

矿山建设项目和用于生产、储存危险物品的建设项目的安全设施设计应当按照国家有关规定报经有关部门审查，审查部门及其负责审查的人员对审查结果负责。

**第二十七条** 矿山建设项目和用于生产、储存危险物品的建设项目的施工单位必须按照批准的安全设施设计施工，并对安全设施的工程质量负责。

矿山建设项目和用于生产、储存危险物品的建设项目竣工投入生产或者使用前，必须依照有关法律、行政法规的规定对安全设施进行验收；验收合格后，方可投入生产和使用。验收部门及其验收人员对验收结果负责。

**第二十八条** 生产经营单位应当在有较大危险因素的生产经营场所和有关设施、设备上，设置明显的安全警示标志。

**第二十九条** 安全设备的设计、制造、安装、使用、检测、维修、改造和报废，应当符合国家标准或者行业标准。

生产经营单位必须对安全设备进行经常性维护、保养，并定期检测，保证正常运转。维护、保养、检测应当作好记录，并由有关人员签字。

**第三十条** 生产经营单位使用的涉及生命安全、危险性较大的特种设备，以及危险物品的容器、运输工具，必须按照国家有关规定，由专业生产单位生产，并经取得专业资质的检测、检验机构检测、检验合格，取得安全使用证或者安全标志，方可投入使用。检测、检验机构对检测、检验结果负责。

涉及生命安全、危险性较大的特种设备的目录由国务院负责特种设备安全监督管理的部门制定，报国务院批准后执行。

**第三十一条** 国家对严重危及生产安全的工艺、设备实行淘汰制度。

生产经营单位不得使用国家明令淘汰、禁止使用的危及生产安全的工艺、设备。

**第三十二条** 生产、经营、运输、储存、使用危险物品或者处置废弃危险物品的，由有关主管部门依照有关法律、法规的规定和国家标准或者行业标准审批并实施监督管理。

生产经营单位生产、经营、运输、储存、使用危险物品或者处置废弃危险物品，必须执行有关法律、法规和国家标准或者行业标准，建立专门的安全管理制度，采取可靠的安全措施，接受有关主管部门依法实施的监督管理。

**第三十三条** 生产经营单位对重大危险源应当登记建档，进行定期检测、评估、监控，并制定应急预案，告知从业人员和相关人员在紧急情况下应当采取的应急措施。

生产经营单位应当按照国家有关规定将本单位重大危险源及有关安全措施、应急措施报有关地方人民政府负责安全生产监督管理的部门和有关部门备案。

**第三十四条** 生产、经营、储存、使用危险物品的车间、商店、仓库不得与员工宿舍在同一座建筑物内，并应当与员工宿舍保持安全距离。

生产经营场所和员工宿舍应当设有符合紧急疏散要求、标志明显、保持畅通的出口。禁止封闭、堵塞生产经营场所或者员工宿舍的出口。

**第三十五条** 生产经营单位进行爆破、吊装等危险作业，应当安排专门人员进行现场安全管理，确保操作规程的遵守和安全措施的落实。

**第三十六条** 生产经营单位应当教育和督促从业人员严格执行本单位的安全生产规章制度和安全操作规程；并向从业人员如实告知作业场所和工作岗位存在的危险因素、防范措施以及事故应急措施。

**第三十七条** 生产经营单位必须为从业人员提供符合国家标准或者行业标准的劳动防护用品，并监督、教育从业人员按照使用规则佩戴、使用。

**第三十八条** 生产经营单位的安全生产管理人员应当根据本单位的生产经营特点，对安全生产状况进行经常性检查；对检查中发现的安全问题，应当立即处理；不能处理的，应当及时报告本单位有关负责人。检查及处理情况应当记录在案。

**第三十九条** 生产经营单位应当安排用于配备劳动防护用品、进行安全生产培训的经费。

**第四十条** 两个以上生产经营单位在同一作业区域内进行生产经营活动，可能危及对方生产安全的，应当签订安全生产管理协议，明确各自的安全生产管理职责和应当采取的安全措施，并指定专职安全生产管理人员进行安全检查与协调。

**第四十一条** 生产经营单位不得将生产经营项目、场所、设备发包或者出租给不具备安全生产条件或者相应资质的单位或者个人。

生产经营项目、场所有多个承包单位、承租单位的，生产经营单位应当与承包单位、承租单位签订专门的安全生产管理协议，或者在承包合同、租赁合同中约定各自的安全生产管理职责；生产经营单位对承包单位、承租单位的安全生产工作统一协调、管理。

**第四十二条** 生产经营单位发生重大生产安全事故时，单位的主要负责人应当立即组织抢救，并不得在事故调查处理期间擅离职守。

**第四十三条** 生产经营单位必须依法参加工伤社会保险，为从业人员缴纳保险费。

## 第三章 从业人员的权利和义务

**第四十四条** 生产经营单位与从业人员订立的劳动合同，应当载明有关保障从业人员劳动安全、防止职业危害的事项，以及依法为从业人员办理工伤社会保险的事项。

生产经营单位不得以任何形式与从业人员订立协议，免除或者减轻其对从业人员因生产安全事故伤亡依法应承担的责任。

**第四十五条** 生产经营单位的从业人员有权了解其作业场所和工作岗位存在的危险因素、防范措施及事故应急措施，有权对本单位的安全生产工作提出建议。

**第四十六条** 从业人员有权对本单位安全生产工作中存在的问题提出批评、检举、控告；有权拒绝违章指挥和强令冒险作业。

生产经营单位不得因从业人员对本单位安全生产工作提出批评、检举、控告或者拒绝违章指挥、强令冒险作业而降低其工资、福利等待遇或者解除与其订立的劳动合同。

**第四十七条** 从业人员发现直接危及人身安全的紧急情况时，有权停止作业或者在采取可能的应急措施后撤离作业场所。

生产经营单位不得因从业人员在前款紧急情况下停止作业或者采取紧急撤离措施而降低其工资、福利等待遇或者解除与其订立的劳动合同。

**第四十八条** 因生产安全事故受到损害的从业人员，除依法享有工伤社会保险外，依照有关民事法律尚有获得赔偿的权利的，有权向本单位提出赔偿要求。

**第四十九条** 从业人员在作业过程中，应当严格遵守本单位的安全生产规章制度和操作规程，服从管理，正确佩戴和使用劳动防护用品。

**第五十条** 从业人员应当接受安全生产教育和培训，掌握本职工作所需的安全生产知识，提高安全生产技能，增强事故预防和应急处理能力。

**第五十一条** 从业人员发现事故隐患或者其他不安全因素，应当立即向现场安全生产管理人员或者本单位负责人报告；接到报告的人员应当及时予以处理。

**第五十二条** 工会有权对建设项目的安全设施与主体工程同时设计、同时施工、同时投入生产和使用进行监督，提出意见。

工会对生产经营单位违反安全生产法律、法规，侵犯从业人员合法权益的行为，有权要求纠正；发现生产经营单位违章指挥、强令冒险作业或者发现事故隐患时，有权提出解决的建议，生产经营单位应当及时研究答复；发现危及从业人员生命安全的情况时，有权向生产经营单位建议组织从业人员撤离危险场所，生产经营单位必须立即作出处理。

工会有权依法参加事故调查，向有关部门提出处理意见，并要求追究有关人员的责任。

## 第四章 安全生产的监督管理

**第五十三条** 县级以上地方各级人民政府应当根据本行政区域内的安全生产状况，组织有关部门按照职责分工，对本行政区域内容易发生重大生产安全事故的生产经营单位进行严格检查；发现事故隐患，应当及时处理。

**第五十四条** 依照本法第九条规定对安全生产负有监督管理职责的部门（以下统称负有安全生产监督管理职责的部门）依照有关法律、法规的规定，对涉及安全生产的事项需要审查批准（包括批准、核准、许可、注册、认证、颁发证照等，下同）或者验收的，必须严格依照有关法律、法规和国家标准或者行业标准规定的安全生产条件和程序进行审查；不符合有关法律、法规和国家标准或者行业标准规定的安全生产条件的，不得批准或者验收通过。对未依法取得批准或者验收合格的单位擅自从事有关活动的，负责行政审批的部门发现或者接到举报后应当立即予以取缔，并依法予以处理。对已经依法取得批准的单位，负责行政审批的部门发现其不再具备安全生产条件的，应当撤销原批准。

**第五十五条** 负有安全生产监督管理职责的部门对涉及安全生产的事项进行审查、验收，不得收取费用；不得要求接受审查、验收的单位购买其指定品牌或者指定生产、销售单位的安全设备、器材或者其他产品。

**第五十六条** 负有安全生产监督管理职责的部门依法对生产经营单位执行有关安全生产的法律、法规和国家标准或者行业标准的情况进行监督检查，行使以下职权：

（一）进入生产经营单位进行检查，调阅有关资料，向有关单位和人员了解情况。

（二）对检查中发现的安全生产违法行为，当场予以纠正或者要求限期改正；对依法应当给予行政处罚的行为，依照本法和其他有关法律、行政法规的规定作出行政处罚决定。

（三）对检查中发现的事故隐患，应当责令立即排除；重大事故隐患排除前或者排除过程中无法保证安全的，应当责令从危险区域内撤出作业人员，责令暂时停产停业或者停止使用；重大事故隐患排除后，经审查同意，方可恢复生产经营和使用。

（四）对有根据认为不符合保障安全生产的国家标准或者行业标准的设施、设备、器材予以查封或者扣押，并应当在 15 日内依法作出处理决定。

监督检查不得影响被检查单位的正常生产经营活动。

**第五十七条** 生产经营单位对负有安全生产监督管理职责的部门的监督检查人员（以下统称安全生产监督检查人员）依法履行监督检查职责，应当予以配合，不得拒绝、阻挠。

**第五十八条** 安全生产监督检查人员应当忠于职守，坚持原则，秉公执法。

安全生产监督检查人员执行监督检查任务时，必须出示有效的监督执法证件；对涉及被检查单位的技术秘密和业务秘密，应当为其保密。

**第五十九条** 安全生产监督检查人员应当将检查的时间、地点、内容、发现的问题及其处理情况，作出书面记录，并由检查人员和被检查单位的负责人签字；被检查单位的负责人拒绝签字的，检查人员应当将情况记录在案，并向负有安全生产监督管理职责的部门报告。

**第六十条** 负有安全生产监督管理职责的部门在监督检查中，应当互相配合，实行联合检查；确需分别进行检查的，应当互通情况，发现存在的安全问题应当由其他有关部门进行处理的，应当及时移送其他有关部门并形成记录备查，接受移送的部门应当及时进行处理。

**第六十一条** 监察机关依照行政监察法的规定，对负有安全生产监督管理职责的部门及其工作人员履行安全生产监督管理职责实施监察。

**第六十二条** 承担安全评价、认证、检测、检验的机构应当具备国家规定的资质条件，并对其作出的安全评价、认证、检测、检验的结果负责。

**第六十三条** 负有安全生产监督管理职责的部门应当建立举报制度，公开举报电话、信箱或者电子邮件地址，受理有关安全生产的举报；受理的举报事项经调查核实后，应当形成书面材料；需要落实整改措施的，报经有关负责人签字并督促落实。

**第六十四条** 任何单位或者个人对事故隐患或者安全生产违法行为，均有权向负有安全生产监督管理职责的部门报告或者举报。

**第六十五条** 居民委员会、村民委员会发现其所在区域内的生产经营单位存在事故隐患或者安全生产违法行为时，应当向当地人民政府或者有关部门报告。

**第六十六条** 县级以上各级人民政府及其有关部门对报告重大事故隐患或者举报安全生产违法行为的有功人员，给予奖励。具体奖励办法由国务院负责安全生产监督管理的部门会同国务院财政部门制定。

**第六十七条** 新闻、出版、广播、电影、电视等单位有进行安全生产宣传教育的义务，有对违反安全生产法律、法规的行为进行舆论监督的权利。

## 第五章　生产安全事故的应急救援与调查处理

**第六十八条** 县级以上地方各级人民政府应当组织有关部门制定本行政区域内特大生产安全事故应急救援预案，建立应急救援体系。

**第六十九条** 危险物品的生产、经营、储存单位以及矿山、建筑施工单位应当建立应急救援组织；生产经营规模较小，可以不建立应急救援组织的，应当指定兼职的应急救援人员。

危险物品的生产、经营、储存单位以及矿山、建筑施工单位应当配备必要的应急救援器材、设备，并进行经常性维护、保养，保证正常运转。

**第七十条** 生产经营单位发生生产安全事故后，事故现场有关人员应当立即报告本单位负责人。

单位负责人接到事故报告后，应当迅速采取有效措施，组织抢救，防止事故扩大，减少人员伤亡和财产损失，并按照国家有关规定立即如实报告当地负有安全生产监督管理职责的部门，不得隐瞒不报、谎报或者拖延不报，不得故意破坏事故现场、毁灭有关证据。

**第七十一条** 负有安全生产监督管理职责的部门接到事故报告后，应当立即按照国家有关规定上报事故情况。负有安全生产监督管理职责的部门和有关地方人民政府对事故情况不得隐瞒不报、谎报或者拖延不报。

**第七十二条** 有关地方人民政府和负有安全生产监督管理职责的部门的负责人接到重大生产安全事故报告后，应当立即赶到事故现场，组织事故抢救。

任何单位和个人都应当支持、配合事故抢救，并提供一切便利条件。

**第七十三条** 事故调查处理应当按照实事求是、尊重科学的原则，及时、准确地查清事故原因，查明事故性质和责任，总结事故教训，提出整改措施，并对事故责任者提出处理意见。事故调查和处理的具体办法由国务院制定。

**第七十四条** 生产经营单位发生生产安全事故，经调查确定为责任事故的，除了应当查明事故单位的责任并依法予以追究外，还应当查明对安全生产的有关事项负有审查批准和监督职责的行政部门的责任，对有失职、渎职行为的，依照本法第七十七条的规定追究法律责任。

**第七十五条** 任何单位和个人不得阻挠和干涉对事故的依法调查处理。

**第七十六条** 县级以上地方各级人民政府负责安全生产监督管理的部门应当定期统计分析本行政区域内发生生产安全事故的情况，并定期向社会公布。

## 第六章 法 律 责 任

**第七十七条** 负有安全生产监督管理职责的部门的工作人员，有下列行为之一的，给予降级或者撤职的行政处分；构成犯罪的，依照刑法有关规定追究刑事责任：

（一）对不符合法定安全生产条件的涉及安全生产的事项予以批准或者验收通过的；

（二）发现未依法取得批准、验收的单位擅自从事有关活动或者接到举报后不予取缔或者不依法予以处理的；

（三）对已经依法取得批准的单位不履行监督管理职责，发现其不再具备安全生产条件而不撤销原批准或者发现安全生产违法行为不予查处的。

**第七十八条** 负有安全生产监督管理职责的部门，要求被审查、验收的单位购买其指定的安全设备、器材或者其他产品的，在对安全生产事项的审查、验收中收取费用的，由其上级机关或者监察机关责令改正，责令退还收取的费用；情节严重的，对直接负责的主管人员和其他直接责任人员依法给予行政处分。

**第七十九条** 承担安全评价、认证、检测、检验工作的机构，出具虚假证明，构成犯罪的，依照刑法有关规定追究刑事责任；尚不够刑事处罚的，没收违法所得，违法所得在五千元以上的，并处违法所得二倍以上五倍以下的罚款，没有违法所得或者违法所得不足五千元的，单处或者并处五千元以上二万元以下的罚款，对其直接负责的主管人员和其他直接责任人员处五千元以上五万元以下的罚款；给他人造成损害的，与生产经营单位承担连带赔偿责任。

对有前款违法行为的机构，撤销其相应资格。

**第八十条** 生产经营单位的决策机构、主要负责人、个人经营的投资人不依照本法规定保证安全生产所必需的资金投入，致使生产经营单位不具备安全生产条件的，责令限期改正，提供必需的资金；逾期未改正的，责令生产经营单位停产停业整顿。

有前款违法行为，导致发生生产安全事故，构成犯罪的，依照刑法有关规定追究刑事责任；尚不够刑事处罚的，对生产经营单位的主要负责人给予撤职处分，对个人经营的投资人处二万元以上二十万元以下的罚款。

**第八十一条** 生产经营单位的主要负责人未履行本法规定的安全生产管理职责的，责令限期改正；逾期未改正的，责令生产经营单位停产停业整顿。

生产经营单位的主要负责人有前款违法行为，导致发生生产安全事故，构成犯罪的，依照刑法有关规定追究刑事责任；尚不够刑事处罚的，给予撤职处分或者处二万元以上二十万元以下的罚款。

生产经营单位的主要负责人依照前款规定受刑事处罚或者撤职处分的，自刑罚执行完毕或者受处分之日起，五年内不得担任任何生产经营单位的主要负责人。

**第八十二条** 生产经营单位有下列行为之一的，责令限期改正；逾期未改正的，责令停产停业整顿，可以并处二万元以下的罚款：

（一）未按照规定设立安全生产管理机构或者配备安全生产管理人员的；

（二）危险物品的生产、经营、储存单位以及矿山、建筑施工单位的主要负责人和安全生产管理人员未按照规定经考核合格的；

（三）未按照本法第二十一条、第二十二条的规定对从业人员进行安全生产教育和培训，或者未按照本法第三十六条的规定如实告知从业人员有关的安全生产事项的；

（四）特种作业人员未按照规定经专门的安全作业培训并取得特种作业操作资格证书，上岗作业的。

**第八十三条** 生产经营单位有下列行为之一的，责令限期改正；逾期未改正的，责令停止建设或者停产停业整顿，可以并处五万元以下的罚款；造成严重后果，构成犯罪的，依照刑法有关规定追究刑事责任：

（一）矿山建设项目或者用于生产、储存危险物品的建设项目没有安全设施设计或者安全设施设计未按照规定报经有关部门审查同意的；

（二）矿山建设项目或者用于生产、储存危险物品的建设项目的施工单位未按照批准的安全设施设计施工的；

（三）矿山建设项目或者用于生产、储存危险物品的建设项目竣工投入生产或者使用前，安全设施未经验收合格的；

（四）未在有较大危险因素的生产经营场所和有关设施、设备上设置明显的安全警示标志的；

（五）安全设备的安装、使用、检测、改造和报废不符合国家标准或者行业标准的；

（六）未对安全设备进行经常性维护、保养和定期检测的；

（七）未为从业人员提供符合国家标准或者行业标准的劳动防护用品的；

（八）特种设备以及危险物品的容器、运输工具未经取得专业资质的机构检测、检验合格，取得安全使用证或者安全标志，投入使用的；

（九）使用国家明令淘汰、禁止使用的危及生产安全的工艺、设备的。

**第八十四条** 未经依法批准，擅自生产、经营、储存危险物品的，责令停止违法行为或者予以关闭，没收违法所得，违法所得十万元以上的，并处违法所得一倍以上五倍以下的罚款，没有违法所得或者违法所得不足十万元的，单处或者并处二万元以上十万元以下的罚款；造成严重后果，构成犯罪的，依照刑法有关规定追究刑事责任。

**第八十五条** 生产经营单位有下列行为之一的，责令限期改正；逾期未改正的，责令停产停业整顿，可以并处二万元以上十万元以下的罚款；造成严重后果，构成犯罪的，依照刑法有关规定追究刑事责任：

（一）生产、经营、储存、使用危险物品，未建立专门安全管理制度、未采取可靠的安全措施或者不接受有关主管部门依法实施的监督管理的；

（二）对重大危险源未登记建档，或者未进行评估、监控，或者未制定应急预案的；

（三）进行爆破、吊装等危险作业，未安排专门管理人员进行现场安全管理的。

**第八十六条**　生产经营单位将生产经营项目、场所、设备发包或者出租给不具备安全生产条件或者相应资质的单位或者个人的，责令限期改正，没收违法所得；违法所得五万元以上的，并处违法所得一倍以上五倍以下的罚款；没有违法所得或者违法所得不足五万元的，单处或者并处一万元以上五万元以下的罚款；导致发生生产安全事故给他人造成损害的，与承包方、承租方承担连带赔偿责任。

生产经营单位未与承包单位、承租单位签订专门的安全生产管理协议或者未在承包合同、租赁合同中明确各自的安全生产管理职责，或者未对承包单位、承租单位的安全生产统一协调、管理的，责令限期改正；逾期未改正的，责令停产停业整顿。

**第八十七条**　两个以上生产经营单位在同一作业区域内进行可能危及对方安全生产的生产经营活动，未签订安全生产管理协议或者未指定专职安全生产管理人员进行安全检查与协调的，责令限期改正；逾期未改正的，责令停产停业。

**第八十八条**　生产经营单位有下列行为之一的，责令限期改正；逾期未改正的，责令停产停业整顿；造成严重后果，构成犯罪的，依照刑法有关规定追究刑事责任：

（一）生产、经营、储存、使用危险物品的车间、商店、仓库与员工宿舍在同一座建筑内，或者与员工宿舍的距离不符合安全要求的；

（二）生产经营场所和员工宿舍未设有符合紧急疏散需要、标志明显、保持畅通的出口，或者封闭、堵塞生产经营场所或者员工宿舍出口的。

**第八十九条**　生产经营单位与从业人员订立协议，免除或者减轻其对从业人员因生产安全事故伤亡依法应承担的责任的，该协议无效；对生产经营单位的主要负责人、个人经营的投资人处二万元以上十万元以下的罚款。

**第九十条**　生产经营单位的从业人员不服从管理，违反安全生产规章制度或者操作规程的，由生产经营单位给予批评教育，依照有关规章制度给予处分；造成重大事故，构成犯罪的，依照刑法有关规定追究刑事责任。

**第九十一条**　生产经营单位主要负责人在本单位发生重大生产安全事故时，不立即组织抢救或者在事故调查处理期间擅离职守或者逃匿的，给予降职、撤职的处分，对逃匿的处十五日以下拘留；构成犯罪的，依照刑法有关规定追究刑事责任。

生产经营单位主要负责人对生产安全事故隐瞒不报、谎报或者拖延不报的，依照前款规定处罚。

**第九十二条**　有关地方人民政府、负有安全生产监督管理职责的部门，对生产安全事故隐瞒不报、谎报或者拖延不报的，对直接负责的主管人员和其他直接责任人员依法给予行政处分；构成犯罪的，依照刑法有关规定追究刑事责任。

**第九十三条**　生产经营单位不具备本法和其他有关法律、行政法规和国家标准或者行业标准规定的安全生产条件，经停产停业整顿仍不具备安全生产条件的，予以关闭；有关部门应当依法吊销其有关证照。

**第九十四条**　本法规定的行政处罚，由负责安全生产监督管理的部门决定；予以关闭的行政处罚由负责安全生产监督管理的部门报请县级以上人民政府按照国务院规定的权限决定；给予拘留的行政处罚由公安机关依照治安管理处罚条例的规定决定。有关法律、行政法规对行政处罚的决定机关另有规定的，依照其规定。

**第九十五条**　生产经营单位发生生产安全事故造成人员伤亡、他人财产损失的，应当依法承担赔偿责任；拒不承担或者其负责人逃匿的，由人民法院依法强制执行。

生产安全事故的责任人未依法承担赔偿责任，经人民法院依法采取执行措施后，仍不能对受害人给予足额赔偿的，应当继续履行赔偿义务；受害人发现责任人有其他财产的，可以随时请求人民法院执行。

## 第七章 附 则

**第九十六条** 本法下列用语的含义：

危险物品，是指易燃易爆物品、危险化学品、放射性物品等能够危及人身安全和财产安全的物品。

重大危险源，是指长期地或者临时地生产、搬运、使用或者储存危险物品，且危险物品的数量等于或者超过临界量的单元（包括场所和设施）。

**第九十七条** 本法自2002年11月1日起施行。

附录三

# 建设工程安全生产管理条例

## 中华人民共和国国务院令

（第393号）

《建设工程安全生产管理条例》已经2003年11月12日国务院第28次常务会议通过，现予公布，自2004年2月1日起施行。

总理　温家宝

2003年11月24日

## 第一章　总　　则

**第一条**　为了加强建设工程安全生产监督管理，保障人民群众生命和财产安全，根据《中华人民共和国建筑法》、《中华人民共和国安全生产法》，制定本条例。

**第二条**　在中华人民共和国境内从事建设工程的新建、扩建、改建和拆除等有关活动及实施对建设工程安全生产的监督管理，必须遵守本条例。

本条例所称建设工程，是指土木工程、建筑工程、线路管道和设备安装工程及装修工程。

**第三条**　建设工程安全生产管理，坚持安全第一、预防为主的方针。

**第四条**　建设单位、勘察单位、设计单位、施工单位、工程监理单位及其他与建设工程安全生产有关的单位，必须遵守安全生产法律、法规的规定，保证建设工程安全生产，依法承担建设工程安全生产责任。

**第五条**　国家鼓励建设工程安全生产的科学技术研究和先进技术的推广应用，推进建设工程安全生产的科学管理。

## 第二章　建设单位的安全责任

**第六条**　建设单位应当向施工单位提供施工现场及毗邻区域内供水、排水、供电、供气、供热、通信、广播电视等地下管线资料，气象和水文观测资料，相邻建筑物和构筑物、地下工程的有关资料，并保证资料的真实、准确、完整。

建设单位因建设工程需要，向有关部门或者单位查询前款规定的资料时，有关部门或者单位应当及时提供。

**第七条** 建设单位不得对勘察、设计、施工、工程监理等单位提出不符合建设工程安全生产法律、法规和强制性标准规定的要求，不得压缩合同约定的工期。

**第八条** 建设单位在编制工程概算时，应当确定建设工程安全作业环境及安全施工措施所需费用。

**第九条** 建设单位不得明示或者暗示施工单位购买、租赁、使用不符合安全施工要求的安全防护用具、机械设备、施工机具及配件、消防设施和器材。

**第十条** 建设单位在申请领取施工许可证时，应当提供建设工程有关安全施工措施的资料。

依法批准开工报告的建设工程，建设单位应当自开工报告批准之日起 15 日内，将保证安全施工的措施报送建设工程所在地的县级以上地方人民政府建设行政主管部门或者其他有关部门备案。

**第十一条** 建设单位应当将拆除工程发包给具有相应资质等级的施工单位。

建设单位应当在拆除工程施工 15 日前，将下列资料报送建设工程所在地的县级以上地方人民政府建设行政主管部门或者其他有关部门备案：

（一）施工单位资质等级证明；

（二）拟拆除建筑物、构筑物及可能危及毗邻建筑的说明；

（三）拆除施工组织方案；

（四）堆放、清除废弃物的措施。

实施爆破作业的，应当遵守国家有关民用爆炸物品管理的规定。

## 第三章　勘察、设计、工程监理及其他有关单位的安全责任

**第十二条** 勘察单位应当按照法律、法规和工程建设强制性标准进行勘察，提供的勘察文件应当真实、准确，满足建设工程安全生产的需要。

勘察单位在勘察作业时，应当严格执行操作规程，采取措施保证各类管线、设施和周边建筑物、构筑物的安全。

**第十三条** 设计单位应当按照法律、法规和工程建设强制性标准进行设计，防止因设计不合理导致生产安全事故的发生。

设计单位应当考虑施工安全操作和防护的需要，对涉及施工安全的重点部位和环节在设计文件中注明，并对防范生产安全事故提出指导意见。

采用新结构、新材料、新工艺的建设工程和特殊结构的建设工程，设计单位应当在设计中提出保障施工作业人员安全和预防生产安全事故的措施建议。

设计单位和注册建筑师等注册执业人员应当对其设计负责。

**第十四条** 工程监理单位应当审查施工组织设计中的安全技术措施或者专项施工方案是否符合工程建设强制性标准。

工程监理单位在实施监理过程中，发现存在安全事故隐患的，应当要求施工单位整改；情况严重的，应当要求施工单位暂时停止施工，并及时报告建设单位。施工单位拒不整改或者不停止施工的，工程监理单位应当及时向有关主管部门报告。

工程监理单位和监理工程师应当按照法律、法规和工程建设强制性标准实施监理，并对建设工程安全生产承担监理责任。

**第十五条** 为建设工程提供机械设备和配件的单位，应当按照安全施工的要求配备齐全有效的保险、限位等安全设施和装置。

**第十六条** 出租的机械设备和施工机具及配件，应当具有生产（制造）许可证、产品合格证。

出租单位应当对出租的机械设备和施工机具及配件的安全性能进行检测，在签订租赁协议时，应当出具检测合格证明。

禁止出租检测不合格的机械设备和施工机具及配件。

**第十七条** 在施工现场安装、拆卸施工起重机械和整体提升脚手架、模板等自升式架设设施，必须由具有相应资质的单位承担。

安装、拆卸施工起重机械和整体提升脚手架、模板等自升式架设设施，应当编制拆装方案、制定安全施工措施，并由专业技术人员现场监督。

施工起重机械和整体提升脚手架、模板等自升式架设设施安装完毕后，安装单位应当自检，出具自检合格证明，并向施工单位进行安全使用说明，办理验收手续并签字。

**第十八条** 施工起重机械和整体提升脚手架、模板等自升式架设设施的使用达到国家规定的检验检测期限的，必须经具有专业资质的检验检测机构检测。经检测不合格的，不得继续使用。

**第十九条** 检验检测机构对检测合格的施工起重机械和整体提升脚手架、模板等自升式架设设施，应当出具安全合格证明文件，并对检测结果负责。

## 第四章 施工单位的安全责任

**第二十条** 施工单位从事建设工程的新建、扩建、改建和拆除等活动，应当具备国家规定的注册资本、专业技术人员、技术装备和安全生产等条件，依法取得相应等级的资质证书，并在其资质等级许可的范围内承揽工程。

**第二十一条** 施工单位主要负责人依法对本单位的安全生产工作全面负责。施工单位应当建立健全安全生产责任制度和安全生产教育培训制度，制定安全生产规章制度和操作规程，保证本单位安全生产条件所需资金的投入，对所承担的建设工程进行定期和专项安全检查，并做好安全检查记录。

施工单位的项目负责人应当由取得相应执业资格的人员担任，对建设工程项目的安全施工负责，落实安全生产责任制度、安全生产规章制度和操作规程，确保安全生产费用的有效使用，并根据工程的特点组织制定安全施工措施，消除安全事故隐患，及时、如实报告生产安全事故。

**第二十二条** 施工单位对列入建设工程概算的安全作业环境及安全施工措施所需费用，应当用于施工安全防护用具及设施的采购和更新、安全施工措施的落实、安全生产条件的改善，不得挪作他用。

**第二十三条** 施工单位应当设立安全生产管理机构，配备专职安全生产管理人员。

专职安全生产管理人员负责对安全生产进行现场监督检查。发现安全事故隐患，应当及时向项目负责人和安全生产管理机构报告；对违章指挥、违章操作的，应当立即制止。

专职安全生产管理人员的配备办法由国务院建设行政主管部门会同国务院其他有关部门制定。

**第二十四条** 建设工程实行施工总承包的，由总承包单位对施工现场的安全生产负总责。

总承包单位应当自行完成建设工程主体结构的施工。

总承包单位依法将建设工程分包给其他单位的，分包合同中应当明确各自的安全生产方面的权利、义务。总承包单位和分包单位对分包工程的安全生产承担连带责任。

分包单位应当服从总承包单位的安全生产管理，分包单位不服从管理导致生产安全事故的，由分包单位承担主要责任。

**第二十五条** 垂直运输机械作业人员、安装拆卸工、爆破作业人员、起重信号工、登高架设作业人员等特种作业人员，必须按照国家有关规定经过专门的安全作业培训，并取得特种作业操作资格证书后，方可上岗作业。

**第二十六条** 施工单位应当在施工组织设计中编制安全技术措施和施工现场临时用电方案，对下列达到一定规模的危险性较大的分部分项工程编制专项施工方案，并附具安全验算结果，经施工单位技术负责人、总监理工程师签字后实施，由专职安全生产管理人员进行现场监督：

（一）基坑支护与降水工程；

（二）土方开挖工程；

（三）模板工程；

（四）起重吊装工程；

（五）脚手架工程；

（六）拆除、爆破工程；

（七）国务院建设行政主管部门或者其他有关部门规定的其他危险性较大的工程。

对前款所列工程中涉及深基坑、地下暗挖工程、高大模板工程的专项施工方案，施工单位还应当组织专家进行论证、审查。

本条第一款规定的达到一定规模的危险性较大工程的标准，由国务院建设行政主管部门会同国务院其他有关部门制定。

**第二十七条** 建设工程施工前，施工单位负责项目管理的技术人员应当对有关安全施工的技术要求向施工作业班组、作业人员作出详细说明，并由双方签字确认。

**第二十八条** 施工单位应当在施工现场入口处、施工起重机械、临时用电设施、脚手架、出入通道口、楼梯口、电梯井口、孔洞口、桥梁口、隧道口、基坑边沿、爆破物及有害危险气体和液体存放处等危险部位，设置明显的安全警示标志。安全警示标志必须符合国家标准。

施工单位应当根据不同施工阶段和周围环境及季节、气候的变化，在施工现场采取相应的安全施工措施。施工现场暂时停止施工的，施工单位应当做好现场防护，所需费用由责任方承担，或者按照合同约定执行。

**第二十九条** 施工单位应当将施工现场的办公、生活区与作业区分开设置，并保持安全距离；办公、生活区的选址应当符合安全性要求。职工的膳食、饮水、休息场所等应当符合卫生标准。施工单位不得在尚未竣工的建筑物内设置员工集体宿舍。

施工现场临时搭建的建筑物应当符合安全使用要求。施工现场使用的装配式活动房屋应当具有产品合格证。

**第三十条** 施工单位对因建设工程施工可能造成损害的毗邻建筑物、构筑物和地下管线等，应当采取专项防护措施。

施工单位应当遵守有关环境保护法律、法规的规定，在施工现场采取措施，防止或者减少粉尘、废气、废水、固体废物、噪声、振动和施工照明对人和环境的危害和污染。

在城市市区内的建设工程，施工单位应当对施工现场实行封闭围挡。

**第三十一条** 施工单位应当在施工现场建立消防安全责任制度，确定消防安全责任人，制定用火、用电、使用易燃易爆材料等各项消防安全管理制度和操作规程，设置消防通道、消防水源，配备消防设施和灭火器材，并在施工现场入口处设置明显标志。

**第三十二条** 施工单位应当向作业人员提供安全防护用具和安全防护服装，并书面告知危险岗位的操作规程和违章操作的危害。

作业人员有权对施工现场的作业条件、作业程序和作业方式中存在的安全问题提出批评、检举和控告，有权拒绝违章指挥和强令冒险作业。

在施工中发生危及人身安全的紧急情况时，作业人员有权立即停止作业或者在采取必要的应急措施后撤离危险区域。

**第三十三条** 作业人员应当遵守安全施工的强制性标准、规章制度和操作规程，正确使用安全防护用具、机械设备等。

**第三十四条** 施工单位采购、租赁的安全防护用具、机械设备、施工机具及配件，应当具有生产（制造）许可证、产品合格证，并在进入施工现场前进行查验。

施工现场的安全防护用具、机械设备、施工机具及配件必须由专人管理，定期进行检查、维修和保养，建立相应的资料档案，并按照国家有关规定及时报废。

**第三十五条** 施工单位在使用施工起重机械和整体提升脚手架、模板等自升式架设设施前，应当组织有关单位进行验收，也可以委托具有相应资质的检验检测机构进行验收；使用承租的机械设备和施工机具及配件的，由施工总承包单位、分包单位、出租单位和安装单位共同进行验收。验收合格的方可使用。

《特种设备安全监察条例》规定的施工起重机械，在验收前应当经有相应资质的检验检测机构监督检验合格。

施工单位应当自施工起重机械和整体提升脚手架、模板等自升式架设设施验收合格之日起30日内，向建设行政主管部门或者其他有关部门登记。登记标志应当置于或者附着于该设备的显著位置。

**第三十六条** 施工单位的主要负责人、项目负责人、专职安全生产管理人员应当经建设行政主管部门或者其他有关部门考核合格后方可任职。

施工单位应当对管理人员和作业人员每年至少进行一次安全生产教育培训，其教育培训情况记入个人工作档案。安全生产教育培训考核不合格的人员，不得上岗。

**第三十七条**　作业人员进入新的岗位或者新的施工现场前，应当接受安全生产教育培训。未经教育培训或者教育培训考核不合格的人员，不得上岗作业。

施工单位在采用新技术、新工艺、新设备、新材料时，应当对作业人员进行相应的安全生产教育培训。

**第三十八条**　施工单位应当为施工现场从事危险作业的人员办理意外伤害保险。

意外伤害保险费由施工单位支付。实行施工总承包的，由总承包单位支付意外伤害保险费。意外伤害保险期限自建设工程开工之日起至竣工验收合格止。

## 第五章　监　督　管　理

**第三十九条**　国务院负责安全生产监督管理的部门依照《中华人民共和国安全生产法》的规定，对全国建设工程安全生产工作实施综合监督管理。

县级以上地方人民政府负责安全生产监督管理的部门依照《中华人民共和国安全生产法》的规定，对本行政区域内建设工程安全生产工作实施综合监督管理。

**第四十条**　国务院建设行政主管部门对全国的建设工程安全生产实施监督管理。国务院铁路、交通、水利等有关部门按照国务院规定的职责分工，负责有关专业建设工程安全生产的监督管理。

县级以上地方人民政府建设行政主管部门对本行政区域内的建设工程安全生产实施监督管理。县级以上地方人民政府交通、水利等有关部门在各自的职责范围内，负责本行政区域内的专业建设工程安全生产的监督管理。

**第四十一条**　建设行政主管部门和其他有关部门应当将本条例第十条、第十一条规定的有关资料的主要内容抄送同级负责安全生产监督管理的部门。

**第四十二条**　建设行政主管部门在审核发放施工许可证时，应当对建设工程是否有安全施工措施进行审查，对没有安全施工措施的，不得颁发施工许可证。

建设行政主管部门或者其他有关部门对建设工程是否有安全施工措施进行审查时，不得收取费用。

**第四十三条**　县级以上人民政府负有建设工程安全生产监督管理职责的部门在各自的职责范围内履行安全监督检查职责时，有权采取下列措施：

（一）要求被检查单位提供有关建设工程安全生产的文件和资料；

（二）进入被检查单位施工现场进行检查；

（三）纠正施工中违反安全生产要求的行为；

（四）对检查中发现的安全事故隐患，责令立即排除；重大安全事故隐患排除前或者排除过程中无法保证安全的，责令从危险区域内撤出作业人员或者暂时停止施工。

**第四十四条**　建设行政主管部门或者其他有关部门可以将施工现场的监督检查委托给建设工程安全监督机构具体实施。

**第四十五条**　国家对严重危及施工安全的工艺、设备、材料实行淘汰制度。具体目录由国务院建设行政主管部门会同国务院其他有关部门制定并公布。

**第四十六条**　县级以上人民政府建设行政主管部门和其他有关部门应当及时受理对建设工程生产安全事故及安全事故隐患的检举、控告和投诉。

## 第六章　生产安全事故的应急救援和调查处理

**第四十七条**　县级以上地方人民政府建设行政主管部门应当根据本级人民政府的要求，制定本行政区域内建设工程特大生产安全事故应急救援预案。

**第四十八条**　施工单位应当制定本单位生产安全事故应急救援预案，建立应急救援组织或者配备应急救援人员，配备必要的应急救援器材、设备，并定期组织演练。

**第四十九条**　施工单位应当根据建设工程施工的特点、范围，对施工现场易发生重大事故的部位、环节进行监控，制定施工现场生产安全事故应急救援预案。实行施工总承包的，由总承包单位统一组织编制建设工程生产安全事故应急救援预案，工程总承包单位和分包单位按照应急救援预案，各自建立应急救援组织或者配备应急救援人员，配备救援器材、设备，并定期组织演练。

**第五十条**　施工单位发生生产安全事故，应当按照国家有关伤亡事故报告和调查处理的规定，及时、如实地向负责安全生产监督管理的部门、建设行政主管部门或者其他有关部门报告；特种设备发生事故的，还应当同时向特种设备安全监督管理部门报告。接到报告的部门应当按照国家有关规定，如实上报。

实行施工总承包的建设工程，由总承包单位负责上报事故。

**第五十一条**　发生生产安全事故后，施工单位应当采取措施防止事故扩大，保护事故现场。需要移动现场物品时，应当做出标记和书面记录，妥善保管有关证物。

**第五十二条**　建设工程生产安全事故的调查、对事故责任单位和责任人的处罚与处理，按照有关法律、法规的规定执行。

## 第七章　法　律　责　任

**第五十三条**　违反本条例的规定，县级以上人民政府建设行政主管部门或者其他有关行政管理部门的工作人员，有下列行为之一的，给予降级或者撤职的行政处分；构成犯罪的，依照刑法有关规定追究刑事责任：

（一）对不具备安全生产条件的施工单位颁发资质证书的；

（二）对没有安全施工措施的建设工程颁发施工许可证的；

（三）发现违法行为不予查处的；

（四）不依法履行监督管理职责的其他行为。

**第五十四条**　违反本条例的规定，建设单位未提供建设工程安全生产作业环境及安全施工措施所需费用的，责令限期改正；逾期未改正的，责令该建设工程停止施工。

建设单位未将保证安全施工的措施或者拆除工程的有关资料报送有关部门备案的，责令限期改正，给予警告。

**第五十五条**　违反本条例的规定，建设单位有下列行为之一的，责令限期改正，处20万元以上50万元以下的罚款；造成重大安全事故，构成犯罪的，对直接责任人员，依照刑法有关规定追究刑事责任；造成损失的，依法承担赔偿责任：

（一）对勘察、设计、施工、工程监理等单位提出不符合安全生产法律、法规和强制性标准规定的要求的；

（二）要求施工单位压缩合同约定的工期的；

（三）将拆除工程发包给不具有相应资质等级的施工单位的。

**第五十六条** 违反本条例的规定，勘察单位、设计单位有下列行为之一的，责令限期改正，处10万元以上30万元以下的罚款；情节严重的，责令停业整顿，降低资质等级，直至吊销资质证书；造成重大安全事故，构成犯罪的，对直接责任人员，依照刑法有关规定追究刑事责任；造成损失的，依法承担赔偿责任：

（一）未按照法律、法规和工程建设强制性标准进行勘察、设计的；

（二）采用新结构、新材料、新工艺的建设工程和特殊结构的建设工程，设计单位未在设计中提出保障施工作业人员安全和预防生产安全事故的措施建议的。

**第五十七条** 违反本条例的规定，工程监理单位有下列行为之一的，责令限期改正；逾期未改正的，责令停业整顿，并处10万元以上30万元以下的罚款；情节严重的，降低资质等级，直至吊销资质证书；造成重大安全事故，构成犯罪的，对直接责任人员，依照刑法有关规定追究刑事责任；造成损失的，依法承担赔偿责任：

（一）未对施工组织设计中的安全技术措施或者专项施工方案进行审查的；

（二）发现安全事故隐患未及时要求施工单位整改或者暂时停止施工的；

（三）施工单位拒不整改或者不停止施工，未及时向有关主管部门报告的；

（四）未依照法律、法规和工程建设强制性标准实施监理的。

**第五十八条** 注册执业人员未执行法律、法规和工程建设强制性标准的，责令停止执业3个月以上1年以下；情节严重的，吊销执业资格证书，5年内不予注册；造成重大安全事故的，终身不予注册；构成犯罪的，依照刑法有关规定追究刑事责任。

**第五十九条** 违反本条例的规定，为建设工程提供机械设备和配件的单位，未按照安全施工的要求配备齐全有效的保险、限位等安全设施和装置的，责令限期改正，处合同价款1倍以上3倍以下的罚款；造成损失的，依法承担赔偿责任。

**第六十条** 违反本条例的规定，出租单位出租未经安全性能检测或者经检测不合格的机械设备和施工机具及配件的，责令停业整顿，并处5万元以上10万元以下的罚款；造成损失的，依法承担赔偿责任。

**第六十一条** 违反本条例的规定，施工起重机械和整体提升脚手架、模板等自升式架设设施安装、拆卸单位有下列行为之一的，责令限期改正，处5万元以上10万元以下的罚款；情节严重的，责令停业整顿，降低资质等级，直至吊销资质证书；造成损失的，依法承担赔偿责任：

（一）未编制拆装方案、制定安全施工措施的；

（二）未由专业技术人员现场监督的；

（三）未出具自检合格证明或者出具虚假证明的；

（四）未向施工单位进行安全使用说明，办理移交手续的。

施工起重机械和整体提升脚手架、模板等自升式架设设施安装、拆卸单位有前款规定的第（一）项、第（三）项行为，经有关部门或者单位职工提出后，对事故隐患仍不采取措施，因而发生重大伤亡事故或者造成其他严重后果，构成犯罪的，对直接责任人员，依照刑法有关规定追究刑事责任。

**第六十二条** 违反本条例的规定，施工单位有下列行为之一的，责令限期改正；逾期未改正的，责令停业整顿，依照《中华人民共和国安全生产法》的有关规定处以罚款；造成重大安全事故，构成犯罪的，对直接责任人员，依照刑法有关规定追究刑事责任：

（一）未设立安全生产管理机构、配备专职安全生产管理人员或者分部分项工程施工时无专职安全生产管理人员现场监督的；

（二）施工单位的主要负责人、项目负责人、专职安全生产管理人员、作业人员或者特种作业人员，未经安全教育培训或者经考核不合格即从事相关工作的；

（三）未在施工现场的危险部位设置明显的安全警示标志，或者未按照国家有关规定在施工现场设置消防通道、消防水源、配备消防设施和灭火器材的；

（四）未向作业人员提供安全防护用具和安全防护服装的；

（五）未按照规定在施工起重机械和整体提升脚手架、模板等自升式架设设施验收合格后登记的；

（六）使用国家明令淘汰、禁止使用的危及施工安全的工艺、设备、材料的。

**第六十三条** 违反本条例的规定，施工单位挪用列入建设工程概算的安全生产作业环境及安全施工措施所需费用的，责令限期改正，处挪用费用20%以上50%以下的罚款；造成损失的，依法承担赔偿责任。

**第六十四条** 违反本条例的规定，施工单位有下列行为之一的，责令限期改正；逾期未改正的，责令停业整顿，并处5万元以上10万元以下的罚款；造成重大安全事故，构成犯罪的，对直接责任人员，依照刑法有关规定追究刑事责任：

（一）施工前未对有关安全施工的技术要求作出详细说明的；

（二）未根据不同施工阶段和周围环境及季节、气候的变化，在施工现场采取相应的安全施工措施，或者在城市市区内的建设工程的施工现场未实行封闭围挡的；

（三）在尚未竣工的建筑物内设置员工集体宿舍的；

（四）施工现场临时搭建的建筑物不符合安全使用要求的；

（五）未对因建设工程施工可能造成损害的毗邻建筑物、构筑物和地下管线等采取专项防护措施的。

施工单位有前款规定第（四）项、第（五）项行为，造成损失的，依法承担赔偿责任。

**第六十五条** 违反本条例的规定，施工单位有下列行为之一的，责令限期改正；逾期未改正的，责令停业整顿，并处10万元以上30万元以下的罚款；情节严重的，降低资质等级，直至吊销资质证书；造成重大安全事故，构成犯罪的，对直接责任人员，依照刑法有关规定追究刑事责任；造成损失的，依法承担赔偿责任：

（一）安全防护用具、机械设备、施工机具及配件在进入施工现场前未经查验或者查验不合格即投入使用的；

（二）使用未经验收或者验收不合格的施工起重机械和整体提升脚手架、模板等自升式架设设施的；

（三）委托不具有相应资质的单位承担施工现场安装、拆卸施工起重机械和整体提升脚手架、模板等自升式架设设施的；

（四）在施工组织设计中未编制安全技术措施、施工现场临时用电方案或者专项施工方案的。

**第六十六条** 违反本条例的规定，施工单位的主要负责人、项目负责人未履行安全生产管理职责的，责令限期改正；逾期未改正的，责令施工单位停业整顿；造成重大安全事故、重大伤亡事故或者其他严重后果，构成犯罪的，依照刑法有关规定追究刑事责任。

作业人员不服管理、违反规章制度和操作规程冒险作业造成重大伤亡事故或者其他严重后果，构成犯罪的，依照刑法有关规定追究刑事责任。

施工单位的主要负责人、项目负责人有前款违法行为，尚不够刑事处罚的，处2万元以上20万元以下的罚款或者按照管理权限给予撤职处分；自刑罚执行完毕或者受处分之日起，5年内不得担任任何施工单位的主要负责人、项目负责人。

**第六十七条** 施工单位取得资质证书后，降低安全生产条件的，责令限期改正；经整改仍未达到与其资质等级相适应的安全生产条件的，责令停业整顿，降低其资质等级直至吊销资质证书。

**第六十八条** 本条例规定的行政处罚，由建设行政主管部门或者其他有关部门依照法定职权决定。

违反消防安全管理规定的行为，由公安消防机构依法处罚。

有关法律、行政法规对建设工程安全生产违法行为的行政处罚决定机关另有规定的，从其规定。

## 第八章 附 则

**第六十九条** 抢险救灾和农民自建低层住宅的安全生产管理，不适用本条例。

**第七十条** 军事建设工程的安全生产管理，按照中央军事委员会的有关规定执行。

**第七十一条** 本条例自2004年2月1日起施行。(完)

附录四

# 建设工程质量管理条例

《建设工程质量管理条例》已经2000年1月10日国务院第25次常务会议通过，现予发布，自发布之日起施行。

总理　朱镕基

2000年1月30日

## 第一章　总　　则

**第一条**　为了加强对建设工程质量的管理，保证建设工程质量，保护人民生命和财产安全，根据《中华人民共和国建筑法》，制定本条例。

**第二条**　凡在中华人民共和国境内从事建设工程的新建、扩建、改建等有关活动及实施对建设工程质量监督管理的，必须遵守本条例。

本条例所称建设工程，是指土木工程、建筑工程、线路管道和设备安装工程及装修工程。

**第三条**　建设单位、勘察单位、设计单位、施工单位、工程监理单位依法对建设工程质量负责。

**第四条**　县级以上人民政府建设行政主管部门和其他有关部门应当加强对建设工程质量的监督管理。

**第五条**　从事建设工程活动，必须严格执行基本建设程序，坚持先勘察、后设计、再施工的原则。

县级以上人民政府及其有关部门不得超越权限审批建设项目或者擅自简化基本建设程序。

**第六条**　国家鼓励采用先进的科学技术和管理方法，提高建设工程质量。

## 第二章　建设单位的质量责任和义务

**第七条**　建设单位应当将工程发包给具有相应资质等级的单位。

建设单位不得将建设工程肢解发包。

**第八条**　建设单位应当依法对工程建设项目的勘察、设计、施工、监理以及与工程建设有关的重要设备、材料等的采购进行招标。

**第九条**　建设单位必须向有关的勘察、设计、施工、工程监理等单位提供与建设工程有关的原始资料。

原始资料必须真实、准确、齐全。

**第十条** 建设工程发包单位不得迫使承包方以低于成本的价格竞标，不得任意压缩合理工期。

建设单位不得明示或者暗示设计单位或者施工单位违反工程建设强制性标准，降低建设工程质量。

**第十一条** 建设单位应当将施工图设计文件报县级以上人民政府建设行政主管部门或者其他有关部门审查。施工图设计文件审查的具体办法，由国务院建设行政主管部门会同国务院其他有关部门制定。

施工图设计文件未经审查批准的，不得使用。

**第十二条** 实行监理的建设工程，建设单位应当委托具有相应资质等级的工程监理单位进行监理，也可以委托具有工程监理相应资质等级并与被监理工程的施工承包单位没有隶属关系或者其他利害关系的该工程的设计单位进行监理。

下列建设工程必须实行监理：

（一）国家重点建设工程；

（二）大中型公用事业工程；

（三）成片开发建设的住宅小区工程；

（四）利用外国政府或者国际组织贷款、援助资金的工程；

（五）国家规定必须实行监理的其他工程。

**第十三条** 建设单位在领取施工许可证或者开工报告前，应当按照国家有关规定办理工程质量监督手续。

**第十四条** 按照合同约定，由建设单位采购建筑材料、建筑构配件和设备的，建设单位应当保证建筑材料、建筑构配件和设备符合设计文件和合同要求。

建设单位不得明示或者暗示施工单位使用不合格的建筑材料、建筑构配件和设备。

**第十五条** 涉及建筑主体和承重结构变动的装修工程，建设单位应当在施工前委托原设计单位或者具有相应资质等级的设计单位提出设计方案；没有设计方案的，不得施工。

房屋建筑使用者在装修过程中，不得擅自变动房屋建筑主体和承重结构。

**第十六条** 建设单位收到建设工程竣工报告后，应当组织设计、施工、工程监理等有关单位进行竣工验收。

建设工程竣工验收应当具备下列条件：

（一）完成建设工程设计和合同约定的各项内容；

（二）有完整的技术档案和施工管理资料；

（三）有工程使用的主要建筑材料、建筑构配件和设备的进场试验报告；

（四）有勘察、设计、施工、工程监理等单位分别签署的质量合格文件；

（五）有施工单位签署的工程保修书。

建设工程经验收合格的，方可交付使用。

**第十七条** 建设单位应当严格按照国家有关档案管理的规定，及时收集、整理建设项目各环节的文件资料，建立、健全建设项目档案，并在建设工程竣工验收后，及时向建设行政主管部门或者其他有关部门移交建设项目档案。

## 第三章　勘察、设计单位的质量责任和义务

**第十八条**　从事建设工程勘察、设计的单位应当依法取得相应等级的资质证书，并在其资质等级许可的范围内承揽工程。

禁止勘察、设计单位超越其资质等级许可的范围或者以其他勘察、设计单位的名义承揽工程。禁止勘察、设计单位允许其他单位或者个人以本单位的名义承揽工程。

勘察、设计单位不得转包或者违法分包所承揽的工程。

**第十九条**　勘察、设计单位必须按照工程建设强制性标准进行勘察、设计，并对其勘察、设计的质量负责。

注册建筑师、注册结构工程师等注册执业人员应当在设计文件上签字，对设计文件负责。

**第二十条**　勘察单位提供的地质、测量、水文等勘察成果必须真实、准确。

**第二十一条**　设计单位应当根据勘察成果文件进行建设工程设计。

设计文件应当符合国家规定的设计深度要求，注明工程合理使用年限。

**第二十二条**　设计单位在设计文件中选用的建筑材料、建筑构配件和设备，应当注明规格、型号、性能等技术指标，其质量要求必须符合国家规定的标准。

除有特殊要求的建筑材料、专用设备、工艺生产线等外，设计单位不得指定生产厂、供应商。

**第二十三条**　设计单位应当就审查合格的施工图设计文件向施工单位作出详细说明。

**第二十四条**　设计单位应当参与建设工程质量事故分析，并对因设计造成的质量事故，提出相应的技术处理方案。

## 第四章　施工单位的质量责任和义务

**第二十五条**　施工单位应当依法取得相应等级的资质证书，并在其资质等级许可的范围内承揽工程。

禁止施工单位超越本单位资质等级许可的业务范围或者以其他施工单位的名义承揽工程。禁止施工单位允许其他单位或者个人以本单位的名义承揽工程。

施工单位不得转包或者违法分包工程。

**第二十六条**　施工单位对建设工程的施工质量负责。

施工单位应当建立质量责任制，确定工程项目的项目经理、技术负责人和施工管理负责人。

建设工程实行总承包的，总承包单位应当对全部建设工程质量负责；建设工程勘察、设计、施工、设备采购的一项或者多项实行总承包的，总承包单位应当对其承包的建设工程或者采购的设备的质量负责。

**第二十七条**　总承包单位依法将建设工程分包给其他单位的，分包单位应当按照分包合同的约定对其分包工程的质量向总承包单位负责，总承包单位与分包单位对分包工程的质量承担连带责任。

**第二十八条** 施工单位必须按照工程设计图纸和施工技术标准施工，不得擅自修改工程设计，不得偷工减料。

施工单位在施工过程中发现设计文件和图纸有差错的，应当及时提出意见和建议。

**第二十九条** 施工单位必须按照工程设计要求、施工技术标准和合同约定，对建筑材料、建筑构配件、设备和商品混凝土进行检验，检验应当有书面记录和专人签字；未经检验或者检验不合格的，不得使用。

**第三十条** 施工单位必须建立、健全施工质量的检验制度，严格工序管理，作好隐蔽工程的质量检查和记录。隐蔽工程在隐蔽前，施工单位应当通知建设单位和建设工程质量监督机构。

**第三十一条** 施工人员对涉及结构安全的试块、试件以及有关材料，应当在建设单位或者工程监理单位监督下现场取样，并送具有相应资质等级的质量检测单位进行检测。

**第三十二条** 施工单位对施工中出现质量问题的建设工程或者竣工验收不合格的建设工程，应当负责返修。

**第三十三条** 施工单位应当建立、健全教育培训制度，加强对职工的教育培训；未经教育培训或者考核不合格的人员，不得上岗作业。

## 第五章 工程监理单位的质量责任和义务

**第三十四条** 工程监理单位应当依法取得相应等级的资质证书，并在其资质等级许可的范围内承担工程监理业务。

禁止工程监理单位超越本单位资质等级许可的范围或者以其他工程监理单位的名义承担工程监理业务。禁止工程监理单位允许其他单位或者个人以本单位的名义承担工程监理业务。

工程监理单位不得转让工程监理业务。

**第三十五条** 工程监理单位与被监理工程的施工承包单位以及建筑材料、建筑构配件和设备供应单位有隶属关系或者其他利害关系的，不得承担该项建设工程的监理业务。

**第三十六条** 工程监理单位应当依照法律、法规以及有关技术标准、设计文件和建设工程承包合同，代表建设单位对施工质量实施监理，并对施工质量承担监理责任。

**第三十七条** 工程监理单位应当选派具备相应资格的总监理工程师和监理工程师进驻施工现场。

未经监理工程师签字，建筑材料、建筑构配件和设备不得在工程上使用或者安装，施工单位不得进行下一道工序的施工。未经总监理工程师签字，建设单位不拨付工程款，不进行竣工验收。

**第三十八条** 监理工程师应当按照工程监理规范的要求，采取旁站、巡视和平行检验等形式，对建设工程实施监理。

## 第六章 建设工程质量保修

**第三十九条** 建设工程实行质量保修制度。

建设工程承包单位在向建设单位提交工程竣工验收报告时，应当向建设单位出具质量保修书。质量保修书中应当明确建设工程的保修范围、保修期限和保修责任等。

**第四十条** 在正常使用条件下，建设工程的最低保修期限为：

(一) 基础设施工程、房屋建筑的地基基础工程和主体结构工程，为设计文件规定的该工程的合理使用年限；

(二) 屋面防水工程、有防水要求的卫生间、房间和外墙面的防渗漏，为5年；

(三) 供热与供冷系统，为2个采暖期、供冷期；

(四) 电气管线、给排水管道、设备安装和装修工程，为2年。

其他项目的保修期限由发包方与承包方约定。

建设工程的保修期，自竣工验收合格之日起计算。

**第四十一条** 建设工程在保修范围和保修期限内发生质量问题的，施工单位应当履行保修义务，并对造成的损失承担赔偿责任。

**第四十二条** 建设工程在超过合理使用年限后需要继续使用的，产权所有人应当委托具有相应资质等级的勘察、设计单位鉴定，并根据鉴定结果采取加固、维修等措施，重新界定使用期。

## 第七章 监督管理

**第四十三条** 国家实行建设工程质量监督管理制度。

国务院建设行政主管部门对全国的建设工程质量实施统一监督管理。国务院铁路、交通、水利等有关部门按照国务院规定的职责分工，负责对全国的有关专业建设工程质量的监督管理。

县级以上地方人民政府建设行政主管部门对本行政区域内的建设工程质量实施监督管理。县级以上地方人民政府交通、水利等有关部门在各自的职责范围内，负责对本行政区域内的专业建设工程质量的监督管理。

**第四十四条** 国务院建设行政主管部门和国务院铁路、交通、水利等有关部门应当加强对有关建设工程质量的法律、法规和强制性标准执行情况的监督检查。

**第四十五条** 国务院发展计划部门按照国务院规定的职责，组织稽察特派员，对国家出资的重大建设项目实施监督检查。

国务院经济贸易主管部门按照国务院规定的职责，对国家重大技术改造项目实施监督检查。

**第四十六条** 建设工程质量监督管理，可以由建设行政主管部门或者其他有关部门委托的建设工程质量监督机构具体实施。

从事房屋建筑工程和市政基础设施工程质量监督的机构，必须按照国家有关规定经国务院建设行政主管部门或者省、自治区、直辖市人民政府建设行政主管部门考核；从事专业建设工程质量监督的机构，必须按照国家有关规定经国务院有关部门或者省、自治区、直辖市人民政府有关部门考核。经考核合格后，方可实施质量监督。

**第四十七条** 县级以上地方人民政府建设行政主管部门和其他有关部门应当加强对有关建设工程质量的法律、法规和强制性标准执行情况的监督检查。

**第四十八条** 县级以上人民政府建设行政主管部门和其他有关部门履行监督检查职责时，有权采取下列措施：

（一）要求被检查的单位提供有关工程质量的文件和资料；

（二）进入被检查单位的施工现场进行检查；

（三）发现有影响工程质量的问题时，责令改正。

**第四十九条** 建设单位应当自建设工程竣工验收合格之日起15日内，将建设工程竣工验收报告和规划、公安消防、环保等部门出具的认可文件或者准许使用文件报建设行政主管部门或者其他有关部门备案。

建设行政主管部门或者其他有关部门发现建设单位在竣工验收过程中有违反国家有关建设工程质量管理规定行为的，责令停止使用，重新组织竣工验收。

**第五十条** 有关单位和个人对县级以上人民政府建设行政主管部门和其他有关部门进行的监督检查应当支持与配合，不得拒绝或者阻碍建设工程质量监督检查人员依法执行职务。

**第五十一条** 供水、供电、供气、公安消防等部门或者单位不得明示或者暗示建设单位、施工单位购买其指定的生产供应单位的建筑材料、建筑构配件和设备。

**第五十二条** 建设工程发生质量事故，有关单位应当在24小时内向当地建设行政主管部门和其他有关部门报告。对重大质量事故，事故发生地的建设行政主管部门和其他有关部门应当按照事故类别和等级向当地人民政府和上级建设行政主管部门和其他有关部门报告。

特别重大质量事故的调查程序按照国务院有关规定办理。

**第五十三条** 任何单位和个人对建设工程的质量事故、质量缺陷都有权检举、控告、投诉。

## 第八章 罚 则

**第五十四条** 违反本条例规定，建设单位将建设工程发包给不具有相应资质等级的勘察、设计、施工单位或者委托给不具有相应资质等级的工程监理单位的，责令改正，处50万元以上100万元以下的罚款。

**第五十五条** 违反本条例规定，建设单位将建设工程肢解发包的，责令改正，处工程合同价款百分之零点五以上百分之一以下的罚款；对全部或者部分使用国有资金的项目，并可以暂停项目执行或者暂停资金拨付。

**第五十六条** 违反本条例规定，建设单位有下列行为之一的，责令改正，处20万元以上50万元以下的罚款：

（一）迫使承包方以低于成本的价格竞标的；

（二）任意压缩合理工期的；

（三）明示或者暗示设计单位或者施工单位违反工程建设强制性标准，降低工程质量的；

（四）施工图设计文件未经审查或者审查不合格，擅自施工的；

（五）建设项目必须实行工程监理而未实行工程监理的；

（六）未按照国家规定办理工程质量监督手续的；

（七）明示或者暗示施工单位使用不合格的建筑材料、建筑构配件和设备的；

（八）未按照国家规定将竣工验收报告、有关认可文件或者准许使用文件报送备案的。

**第五十七条** 违反本条例规定，建设单位未取得施工许可证或者开工报告未经批准，擅自施工的，责令停止施工，限期改正，处工程合同价款百分之一以上百分之二以下的罚款。

**第五十八条** 违反本条例规定，建设单位有下列行为之一的，责令改正，处工程合同价款百分之二以上百分之四以下的罚款；造成损失的，依法承担赔偿责任：

（一）未组织竣工验收，擅自交付使用的；

（二）验收不合格，擅自交付使用的；

（三）对不合格的建设工程按照合格工程验收的。

**第五十九条** 违反本条例规定，建设工程竣工验收后，建设单位未向建设行政主管部门或者其他有关部门移交建设项目档案的，责令改正，处1万元以上10万元以下的罚款。

**第六十条** 违反本条例规定，勘察、设计、施工、工程监理单位超越本单位资质等级承揽工程的，责令停止违法行为，对勘察、设计单位或者工程监理单位处合同约定的勘察费、设计费或者监理酬金1倍以上2倍以下的罚款；对施工单位处工程合同价款百分之二以上百分之四以下的罚款，可以责令停业整顿，降低资质等级；情节严重的，吊销资质证书；有违法所得的，予以没收。

未取得资质证书承揽工程的，予以取缔，依照前款规定处以罚款；有违法所得的，予以没收。

以欺骗手段取得资质证书承揽工程的，吊销资质证书，依照本条第一款规定处以罚款；有违法所得的，予以没收。

**第六十一条** 违反本条例规定，勘察、设计、施工、工程监理单位允许其他单位或者个人以本单位名义承揽工程的，责令改正，没收违法所得，对勘察、设计单位和工程监理单位处合同约定的勘察费、设计费和监理酬金1倍以上2倍以下的罚款；对施工单位处工程合同价款百分之二以上百分之四以下的罚款；可以责令停业整顿，降低资质等级；情节严重的，吊销资质证书。

**第六十二条** 违反本条例规定，承包单位将承包的工程转包或者违法分包的，责令改正，没收违法所得，对勘察、设计单位处合同约定的勘察费、设计费百分之二十五以上百分之五十以下的罚款；对施工单位处工程合同价款百分之零点五以上百分之一以下的罚款；可以责令停业整顿，降低资质等级；情节严重的，吊销资质证书。

工程监理单位转让工程监理业务的，责令改正，没收违法所得，处合同约定的监理酬金百分之二十五以上百分之五十以下的罚款；可以责令停业整顿，降低资质等级；情节严重的，吊销资质证书。

**第六十三条** 违反本条例规定，有下列行为之一的，责令改正，处10万元以上30万元以下的罚款：

（一）勘察单位未按照工程建设强制性标准进行勘察的；

（二）设计单位未根据勘察成果文件进行工程设计的；

（三）设计单位指定建筑材料、建筑构配件的生产厂、供应商的；

（四）设计单位未按照工程建设强制性标准进行设计的。

有前款所列行为，造成工程质量事故的，责令停业整顿，降低资质等级；情节严重的，吊销资质证书；造成损失的，依法承担赔偿责任。

**第六十四条** 违反本条例规定，施工单位在施工中偷工减料的，使用不合格的建筑材料、建筑构配件和设备的，或者有不按照工程设计图纸或者施工技术标准施工的其他行为的，责令改正，处工程合同价款百分之二以上百分之四以下的罚款；造成建设工程质量不符合规定的质量标准的，负责返工、修理，并赔偿因此造成的损失；情节严重的，责令停业整顿，降低资质等级或者吊销资质证书。

**第六十五条** 违反本条例规定，施工单位未对建筑材料、建筑构配件、设备和商品混凝土进行检验，或者未对涉及结构安全的试块、试件以及有关材料取样检测的，责令改正，处10万元以上20万元以下的罚款；情节严重的，责令停业整顿，降低资质等级或者吊销资质证书；造成损失的，依法承担赔偿责任。

**第六十六条** 违反本条例规定，施工单位不履行保修义务或者拖延履行保修义务的，责令改正，处10万元以上20万元以下的罚款，并对在保修期内因质量缺陷造成的损失承担赔偿责任。

**第六十七条** 工程监理单位有下列行为之一的，责令改正，处50万元以上100万元以下的罚款，降低资质等级或者吊销资质证书；有违法所得的，予以没收；造成损失的，承担连带赔偿责任：

（一）与建设单位或者施工单位串通，弄虚作假、降低工程质量的；

（二）将不合格的建设工程、建筑材料、建筑构配件和设备按照合格签字的。

**第六十八条** 违反本条例规定，工程监理单位与被监理工程的施工承包单位以及建筑材料、建筑构配件和设备供应单位有隶属关系或者其他利害关系承担该项建设工程的监理业务的，责令改正，处5万元以上10万元以下的罚款，降低资质等级或者吊销资质证书；有违法所得的，予以没收。

**第六十九条** 违反本条例规定，涉及建筑主体或者承重结构变动的装修工程，没有设计方案擅自施工的，责令改正，处50万元以上100万元以下的罚款；房屋建筑使用者在装修过程中擅自变动房屋建筑主体和承重结构的，责令改正，处5万元以上10万元以下的罚款。

有前款所列行为，造成损失的，依法承担赔偿责任。

**第七十条** 发生重大工程质量事故隐瞒不报、谎报或者拖延报告期限的，对直接负责的主管人员和其他责任人员依法给予行政处分。

**第七十一条** 违反本条例规定，供水、供电、供气、公安消防等部门或者单位明示或者暗示建设单位或者施工单位购买其指定的生产供应单位的建筑材料、建筑构配件和设备的，责令改正。

**第七十二条** 违反本条例规定，注册建筑师、注册结构工程师、监理工程师等注册执业人员因过错造成质量事故的，责令停止执业1年；造成重大质量事故的，吊销执业资格证书，5年以内不予注册；情节特别恶劣的，终身不予注册。

**第七十三条** 依照本条例规定，给予单位罚款处罚的，对单位直接负责的主管人员和其他直接责任人员处单位罚款数额百分之五以上百分之十以下的罚款。

**第七十四条** 建设单位、设计单位、施工单位、工程监理单位违反国家规定，降低工程质量标准，造成重大安全事故，构成犯罪的，对直接责任人员依法追究刑事责任。

**第七十五条** 本条例规定的责令停业整顿，降低资质等级和吊销资质证书的行政处罚，由颁发资质证书的机关决定；其他行政处罚，由建设行政主管部门或者其他有关部门依照法定职权决定。

依照本条例规定被吊销资质证书的，由工商行政管理部门吊销其营业执照。

**第七十六条** 国家机关工作人员在建设工程质量监督管理工作中玩忽职守、滥用职权、徇私舞弊，构成犯罪的，依法追究刑事责任；尚不构成犯罪的，依法给予行政处分。

**第七十七条** 建设、勘察、设计、施工、工程监理单位的工作人员因调动工作、退休等原因离开该单位后，被发现在该单位工作期间违反国家有关建设工程质量管理规定，造成重大工程质量事故的，仍应当依法追究法律责任。

## 第九章 附 则

**第七十八条** 本条例所称肢解发包，是指建设单位将应当由一个承包单位完成的建设工程分解成若干部分发包给不同的承包单位的行为。本条例所称违法分包，是指下列行为：

（一）总承包单位将建设工程分包给不具备相应资质条件的单位的；

（二）建设工程总承包合同中未有约定，又未经建设单位认可，承包单位将其承包的部分建设工程交由其他单位完成的；

（三）施工总承包单位将建设工程主体结构的施工分包给其他单位的；

（四）分包单位将其承包的建设工程再分包的。

本条例所称转包，是指承包单位承包建设工程后，不履行合同约定的责任和义务，将其承包的全部建设工程转给他人或者将其承包的全部建设工程肢解以后以分包的名义分别转给其他单位承包的行为。

**第七十九条** 本条例规定的罚款和没收的违法所得，必须全部上缴国库。

**第八十条** 抢险救灾及其他临时性房屋建筑和农民自建低层住宅的建设活动，不适用本条例。

**第八十一条** 军事建设工程的管理，按照中央军事委员会的有关规定执行。

**第八十二条** 本条例自发布之日起施行。

附刑法有关条款

**第一百三十七条** 建设单位、设计单位、施工单位、工程监理单位违反国家规定，降低工程质量标准，造成重大安全事故的，对直接责任人员处五年以下有期徒刑或者拘役，并处罚金；后果特别严重的，处五年以上十年以下有期徒刑，并处罚金。

《建筑工程质量管理条例》已经2002年1月10日国务院第25次常务会议通过，现予发布，自发布之日起实行。

# 主 要 参 考 文 献


1 全国建筑企业项目经理培训教材编写委员会．施工项目质量与安全管理．北京：中国建筑工业出版社，2002

2 广州市建筑集团有限公司．实用建筑施工安全手册．北京：中国建筑工业出版社，1999

3 李世蓉，兰定筠．建筑工程安全生产管理条例实施指南．北京：中国建筑工业出版社，2004

4 筑龙网．建筑施工安全技术与管理．北京：中国电力出版社，2005

5 全国一级建造师执业资格考试用书编写委员会．建设工程项目管理．北京：中国建筑工业出版社，2004

6 杨文柱．建筑安全工程．北京；机械工业出版社，2004

7 质量管理体系标准．北京：国家质量技术监督局，2000

8 钱仲候，张公绪．质量专业理论与实务（中级）北京：中国人事出版社，2001

9 丁士昭．建设工程项目管理．北京：中国建筑工业出版社，2004

10 李坤宅．建筑施工安全资料手册．北京：中国建筑工业出版社，2003